U0158575

协同政府

流域水资源的公共治理之道

王勇 李胜 著

XIETONG ZHENGFU
LIUYU SHUIZIYUAN DE GONGGONG
ZHILI ZHIDAO

中国社会科学出版社

图书在版编目（CIP）数据

协同政府：流域水资源的公共治理之道／王勇，李胜著．—北京：中国社会科学出版社，2020.6

ISBN 978-7-5203-6583-3

Ⅰ．①协…　Ⅱ．①王…②李…　Ⅲ．①水资源—流域治理—研究—中国　Ⅳ．①TV88

中国版本图书馆CIP数据核字（2020）第092830号

出版人　赵剑英
责任编辑　刘　艳
责任校对　陈　晨
责任印制　戴　宽

出　　版　中国社会科学出版社
社　　址　北京鼓楼西大街甲158号
邮　　编　100720
网　　址　http://www.csspw.cn
发 行 部　010-84083685
门 市 部　010-84029450
经　　销　新华书店及其他书店

印　　刷　北京明恒达印务有限公司
装　　订　廊坊市广阳区广增装订厂
版　　次　2020年6月第1版
印　　次　2020年6月第1次印刷

开　　本　710×1000　1/16
印　　张　17.5
插　　页　2
字　　数　287千字
定　　价　99.00元

凡购买中国社会科学出版社图书，如有质量问题请与本社营销中心联系调换
电话：010-84083683
版权所有　侵权必究

序　言

改革开放以来，中国经济飞速发展，创造了令世人惊羡的奇迹。但与此同时，也衍生了诸多棘手问题需要一一解决，其中之一即为生态危机，流域水资源环境危机则是其中一个突出方面。就水量而言，大大小小的流域较普遍呈现水资源紧缺乃至枯竭的趋势；再就水质而言，各地流域水污染情况或多或少存在，一些地方的水污染形势甚至触目惊心，给公众身心健康、农业和旅游业等发展带来极大影响。总体评价，依据“水体污染控制与治理”科技重大专项课题组评估报告（《中国环境报》2018年1月30日以《以流域水生态功能分区方案支撑全国水环境管理》为题予以介绍），我国流域健康状态仅处于“一般”等级，个别流域如海河流域健康状况呈现“极差”状态。

针对流域水资源与水环境保护问题（可以进一步分解为流域水分配与污染治理两个紧密相关的方面），十八大以来，中央政府密集出台了诸多有力举措：2013年正式启动全国河流水量分配方案编制工作，为跨界水权配置与交易提供前提条件；2014年《环保法修订案》通过，为环保部门治理流域污染等环境破坏行为提供了一系列“长牙齿”的执法利器；2015年中央政治局审议通过“水十条”，提出在污水处理、工业废水、全面控制污染物排放等多方面强力监管、严格问责；2016年以来，中央政府先后发布《关于全面推行河长制的意见》《关于健全生态保护补偿机制的意见》《环境保护督察方案（试行）》《关于省以下环保机构监测监察执法垂直管理制度改革试点工作的指导意见》《生态环境监测网络建设方案》《关于开展领导干部自然资源资产离任审计的试点方案》《党政领导干部生态环境损害责任追究办法（试行）》；2016年1月至今，被媒体称为“环保钦差”的中央生态环境保护督察组奔赴各地督察政策落地，惩处不法，厉行整改；2018年党政机构改革组建大部门制的生态环境部与自然资源部，进一步厘清各部委间水资源管理与保护职责；2016 年、2019 年，长江经济带发展、黄河流域生态保护和高质量发展先后被确立为国家重大战略；2019 年 10 月底召开的十九届四中全会决议中明确提出："生态文明建设是关系中华民族永续发展的千年大计。必须践行绿水青山就是金山银山的理念，坚持节约资源和保护环境的基本国策……加强长江、黄河等大江大河生态保护和系统治理。"所有这些改革举措或会议精神，为流域水资源治理提供了良好的政策氛围和配套体制机制支持。

但我国流域水资源环境治理仍需较长的时间。2019 年 8 月召开的十三届全国人大常委会第二次全体会议上，栗战书委员长即坦陈："从总体上看，我国水生态环境状况不容乐观。""治水先治岸，治岸先治人，治人先治官"，除应持续推动产业转型以及发展治水科技之外，更重要的是，须摸准当前造成我国流域水资源环境问题的背后体制症结，进而通过制度层面的建设，理顺各种关系。其中一个很要紧的方面是，尊重流域的自然属性，同时又不改变现有的行政区划寄予流域的社会属性，建立健全流域水资源公共治理的地方政府协同机制，促进流域水资源与水环境治理的府际共识和集体行动的达成，打造流域社会与水资源治理共同体。

有鉴于此，笔者 2013 年申报国家社科基金青年项目"流域水分配和治理中的地方政府协同机制研究"（项目编号：13CZZ054）并获得立项，该课题研究实际上也是笔者之前十余年围绕相近议题的研究工作的进一步延伸，前后体现出理论承继与发展关系。由于一度为家庭事务和行政事务所羁绊，研究工作断断续续进行，以至有所拖延。好在一些学界同行、同窗不吝给予指导，笔者所在的温州大学课题管理部门亦始终给我以关心和支持，经过几年的探索，课题研究终于可以暂告一段落，课题前期成果先后发表于《政治学研究》《经济体制改革》等刊物，课题终期成果经评审后以"良好"的鉴定获得通过。又经过与课题参与者以及本书合著者江西财经大学财税与公共管理学院李胜博士一段时间的共同修改，于是形成了本书全部内容。书中第三章、第八章由李胜博士撰写，其余各章节内容均为笔者所撰写。温州大学硕士研究生张仕林、许永晶、张文参与了全书的校对工作，并提出了一些很好的修改意见。

本书现付诸出版，内心不免忐忑。实际上，对于论题还有很多研究工作要做，但碍于时间和精力所限，特别是著者个人学识和能力有限，无法一一涉猎和深究，目前拿出的这本书稿，虽然大略也有个面目，但还是留有一些缺憾之处，需以后进一步作出探讨或完善。

但不管怎么说，书稿毕竟付梓了，恳请读者在阅读过程中给予我们以批评和指点，也包括针对书中不可避免的诸多疏漏甚至错误之处，不吝赐教。

本书得以顺利出版，尤其得益于中国社会科学出版社刘艳女士给予的大力支持，对于刘艳女士为本书编辑工作付出的辛勤劳动，我们表示由衷的谢意！

王　勇

2019 年 12 月

目　　录

第一章

导　　论

第一节　问题的由来

按黄宗智理解，全球化的国际环境以及各级政府对于全球化的积极参与和利用、凭借土地和劳动力以及税收优惠和相对宽松的环境法规等来招商引资、民间以及党员干部中的大量创业人才、伴随国际资本而来的先进科技和中国人的实用创新能力等，这些因素相互交汇，推动了中国经济过去数十年的快速发展，但也造成了社会不公、压制性官僚体制与环境危机等弊病，环境危机也许是最难解决的[①]。这一看法是否确凿，仍待商榷，但长期快速、粗放发展所伴生的环境危机确实较难对付。而这其中，尤显严峻、尖锐的当数流域水资源环境问题，2018 年，生态环境部宣示的“三年污染防治攻坚战”七场标志性战役中至少有四场直接关涉流域水资源环境治理[②]。

步入新世纪，决策者愈发重视流域水资源环境治理，思路亦不断出新。在流域水资源管理上，从供水管理逐渐向需水管理转变，注重水资源保护和节约，实施最严格的水资源管理制度；在生态治理中，从重点治理

① 黄宗智：《中国经济是怎样如此快速发展的？——五种巧合的交汇》，《开放时代》2015 年第 3 期。

② 七场战役具体为：“打赢蓝天保卫战，打好柴油货车污染治理、城市黑臭水体治理、渤海综合治理、长江保护修复、水源地保护、农业农村污染治理。”［《生态环境部：三年污染防治攻坚战全面启动》（http：//www. sohu. com/a/238500540_ 118392）。］其中后四者直接关涉流域水资源环境治理。

向预防保护、综合治理、生态修复相结合转变，注重发挥大自然的自我修复能力[①]。2012 年党的十八大召开以来，生态文明升格为与政治、经济、文化、社会等量齐观的地位，自上而下推进环保的政治意愿空前强化，流域水资源环境治理迎来极为重要的政策窗口期，形成密集的政策（制度）群供给：2013 年正式启动全国河流水量分配方案编制工作，为跨界水权配置与交易提供前提条件；2014 年《环保法修订案》通过，为环保部门治理流域污染等环境破坏行为提供了一系列“长牙齿”的执法利器；2015 年中央政治局审议通过“水十条”，提出在污水处理、工业废水、全面控制污染物排放等多方面强力监管、严格问责；2016 年以来，中央政府先后发布《关于全面推行河长制的意见》《关于健全生态保护补偿机制的意见》《环境保护督察方案（试行）》《关于省以下环保机构监测监察执法垂直管理制度改革试点工作的指导意见》《生态环境监测网络建设方案》《关于开展领导干部自然资源资产离任审计的试点方案》《党政领导干部生态环境损害责任追究办法（试行）》；2016 年 1 月至今，被媒体称为“环保钦差”的中央生态环境保护督察组奔赴各地督察政策落地，惩处不法，厉行整改；2018 年党政机构改革组建大部门制的生态环境部与自然资源部，进一步厘清各部委间水资源管理与保护职责；2016 年、2019 年，长江经济带发展、黄河流域生态保护和高质量发展先后被确立为国家重大战略；在 2019 年 10 月底召开的十九届四中全会决议中明确提出：“生态文明建设是关系中华民族永续发展的千年大计。必须践行绿水青山就是金山银山的理念，坚持节约资源和保护环境的基本国策……加强长江、黄河等大江大河生态保护和系统治理。”[②] 所有这些改革举措或会议精神，为流域水资源环境治理提供了良好的政策氛围和配套体制机制支持。

分析生态环境部历年环境状况公报，也确可以发现近十余年来我国流域水资源环境治理成绩斐然，各主要流域Ⅰ—Ⅲ类水质断面比例从 2006 年的 46% 上升到 2018 年的 74.3%，增幅为 38.1%；相比之下，不宜饮用、尽失水功能的劣Ⅴ类水从占比 26% 下降至 6.7%，降幅高达 74.2%，如果反观同期中国经济较长时间内仍处于以能源高投入、高消耗为基础的快速扩张阶段，就可以判断这一成就的取得绝非易事。虽然如此，如十九大报

---

① 隋源：《治水思路不断完善》，《光明日报》2012 年 10 月 29 日第 11 版。

② 《中共中央关于坚持和完善中国特色社会主义制度　推进国家治理体系和治理能力现代化若干重大问题的决定》，《人民日报》2019 年 11 月 6 日第 1 版。

告指出："生态环境保护任重道远。"① 流域水资源环境治理亦然。以流域水质而论，根据生态环境部生态环境状况公报数据，2018 年全国七大流域中，Ⅰ—Ⅲ类水达到 80% 以上的，仅长江流域及珠江流域，人口分布众多的淮河流域、海河流域Ⅰ—Ⅲ类水分别仅为 57.2%、46.3%，即便长江流域，水环境形势其实也不容乐观，习近平总书记就曾评价："长江病了，而且病得还不轻"，号召"要科学运用中医整体观，追根溯源、诊断病因、找准病根、分类施策、系统治疗"②。再以流域水量来说，各主要流域水量不同程度显现总量不足或者相互间分布失衡的问题。长江流域和长江以南耕地只占全国的 31%，而水资源量却占全国的 70%③；黄、淮、海三大流域，水资源量只占全国的 8%，而耕地却占全国的 40%。三大流域环绕的华北地区因此是我国缺水最为严重的地区之一，多年平均水资源量只有全国的 4%。每年华北地区超采 55 亿立方米左右，其中京津冀地区超采 34.7 亿立方米④。概括评价，依据"水体污染控制与治理"科技重大专项课题组评估报告，我国流域健康综合评价平均得分为 0.46，显示健康状态仅处于一般等级，"洱海全流域综合评估平均得分为 0.67，生态系统健康整体呈'良好'状态；松花江、辽河、淮河、东江、太湖、巢湖、滇池水生态系统健康整体呈'一般'状态；黑河全流域水生态系统健康整体上呈'差'状态，海河流域健康状况呈现'极差'状态"⑤。事实上，2019 年 8 月召开的十三届全国人大常委会第二次全体会议上，栗战书委员长亦坦陈："从总体上看，我国水生态环境状况不容乐观。"⑥

缘何如此？除了一些自然本身存在的不可抗力因素（例如，由于降水量时空分布、流域特殊地形与水文构造等因素导致一些流域或其所经某些地区缺水，以及流域自净能力较弱等）以外，已有分析大多认为这一情况与现行分割状的流域属地管理体制有着密不可分的关系。正如有论者指

---

① 习近平：《决胜全面建成小康社会　夺取新时代中国特色社会主义伟大胜利——在中国共产党第十九次全国代表大会上的报告》，《人民日报》2017 年 10 月 19 日第 1 版。

② 《习近平为诊治"长江病"把脉开方》（http：//www.xinhuanet.com/politics/xxjxs/2018－06/14/c_1122987416.htm）。

③ 秦志伟：《水资源告急　农业命脉伤不起》，《中国科技报》2015 年 3 月 18 日第 5 版。

④ 王浩：《全国水资源节约成效显著（权威发布）》，《人民日报》2019 年 3 月 23 日第 3 版。

⑤ 鲁昕：《以流域水生态功能分区方案支撑全国水环境管理》，《中国环境报》2018 年 1 月 30 日第 4 版。

⑥ 郭薇：《全国人大常委会审议水污染防治法执法检查报告》，《中国环境报》2019 年 8 月 26 日第 1 版。

出，现代管理的基础就是精细化的专业分工，由此也使得现代组织日益形成各自“边界”。但问题是，当代公共事务越发体现跨界属性，流域水资源公共治理是跨界特性最为典型的公共事项之一，流域的整体性与流域属地管理时常呈现深刻矛盾，构成我国流域水资源环境监管与治理的体制痼疾[①]。在地方利益自主性衍生的地方保护主义驱使下，流域水资源治理往往陷入流域地方政府间各自为战乃至以邻为壑的“囚徒困境”。以流域跨界水污染治理来说，“严格执行国家的环境法律制度符合国家利益，但可能伤害地方经济利益，地方政府往往会背叛国家利益代表和维护者的身份而倒向地方利益”[②]，“趋利避害，转嫁责任，就成为地方政府实现自我利益的必然”[③]。再以流域跨界水分配及其所可能引发的水纠纷处理来说，地方政府通常倾向于财政上大力支持本地水利工程施工以抢夺流域水资源；地方水利部门也希望把水资源尽可能留在辖区，服务当地经济。在地方利益驱动下，在水纠纷协调阶段，肇事方地方政府或水利部门往往懈怠推诿，配合不力，放任事态发展[④]，或者将矛盾上交直至由中央出面处理。例如2018年，由水利部查实调处的省级边界水事矛盾纠纷就达27起，办理行政复议案件44件和行政应诉案件13件[⑤]。

一言以蔽之，求解水危机，实现流域水资源公共治理的根本之道，在于超越分割式的流域地方政府属地管理模式，摒弃缺乏大局观的地方主义治水策略，转而以整体性思维构建和完善流域地方政府协同机制[⑥]。从关系结构稳定度来分析，假定流域区存在A、B、C三个地方政府，最不稳定、结果最坏的关系结构，显然是A、B、C围绕流域水资源分配和治理互不相让，或者竞相采取“搭便车”、以邻为壑的负向策略（见图1－1）；次优结构则是三者中任意两者存在强烈的合作意愿，而另一者则明显不配合，甚至挟一己之私，唱“对台戏”（见图1－2）；最优结构，亦即最为

---

① 任敏：《“河长制”：一个中国政府流域治理跨部门协同的样本研究》，《北京行政学院学报》2015年第3期。

② 李克思等：《跨界水污染纠纷为何多年难解?》，《中国环境报》2015年3月12日第8版。

③ 胡若隐：《从地方共治到参与共治：中国流域水污染治理研究》，北京大学出版社2012年版，第64页。

④ 韩鹏、张翊：《海河流域水事矛盾纠纷案例浅析及对策建议》，《海河水利》2018年第2期。

⑤ 杨轶、周玉：《为水利补短板强监管提供坚实法治保障》，《中国水利》2018年第24期。

⑥ 陈阿江：《次生焦虑：太湖流域水污染的社会解读》，中国社会科学出版社2009年版，第229页。

稳定、结果最好的关系结构则是 A、B、C 三者密切合作，在流域水资源分配和治理中，协同配合，达成集体行动，实现彼此利益妥协与相容（见图 1－3）。

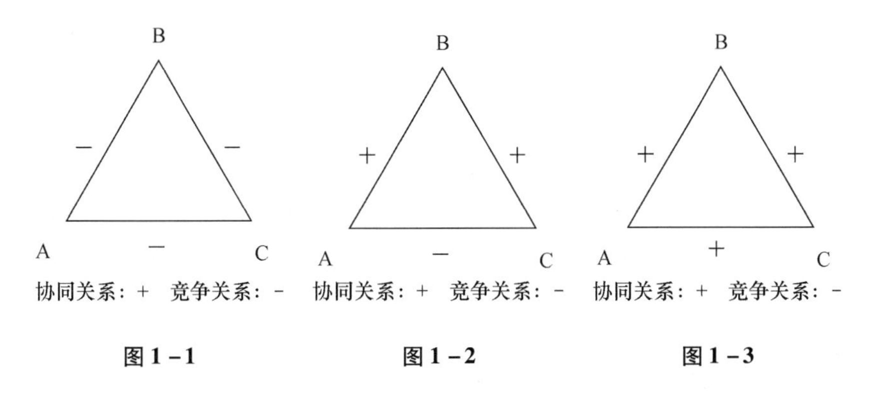

图 1－1　　**图 1－2**　　**图 1－3**

第二节　流域水资源公共治理的地方政府协同机制界说

《中国大百科全书》如此定义“流域”：“由分水线所包围的河流集水区。分地面集水区和地下集水区两类。如果地面集水区和地下集水区相重合，称为闭合流域；如果不重合，则称为非闭合流域。平时所称的流域，一般都指地面集水区。每条河流都有自己的流域，一个大流域可以按照水系等级分成数个小流域，小流域又可以分成更小的流域等。另外，也可以截取河道的一段，单独划分为一个流域。”

流域既然是集水区，除了自身水体外，还应包括水流经的土地以及土地上的植被、森林和土地中的矿藏、水中以及水所流经的土地上的生物等。因此，流域中的水体、地貌、土壤和植被等各因素构成一个紧密相关的整体，流域植物群落的构成受到了气候、土壤的构造及其化学特征的影响，植物又影响了水体的径流率、蒸发损失和土壤侵蚀。而且，由于任何水体都依赖于源区的水流，受制于源水的流向，故流域内的水体不仅在物质和能量的迁移上具有方向性，在上中下游、干支流、左右岸之间也体现出相互制约、相互影响。

同时，流域不仅是一个从源头到河口的完整、独立、自成系统的水文单元，其所在的自然区域又是人类经济、文化等一切活动的重要社会场所。人类为了生存，必须开发利用流域中的各种自然资源，包括水、土地、矿藏、植被、动物等；流域内的经济政策、经济发展状况都在很大程度上影响到流域生态环境；合理的经济发展模式、较高的经济发展程度会为流域生态环境的良性发展创造较好的经济条件，并为其提供坚实的经济基础，反之则会对流域生态环境造成破坏①。

已故诺贝尔经济学奖得主、印第安纳制度分析学派创始人埃莉诺·奥斯特罗姆（Elinor Ostrom，下文简称埃莉诺）也正是从经济与社会发展角度，研究了流域水资源的特殊性及其保护难题与治理之道。其在经济学意义上将流域水资源归为一种典型的“公共池塘资源”，亦即“一种人们共同使用整个资源系统但分别享用资源单位的公共资源”，具有非排他性和竞争性的组合特性，因而在消费上存在着特殊的“拥挤效应”和“过度使用”问题，在缺乏恰当的制度安排的情况下，就将出现数量众多、类型多元的消费主体基于“搭便车”心理从而对流域水资源过度提取或大肆污染、破坏的现象，进一步引发整个流域水资源枯竭或者生态恶化的结果②。

与此类似，环境法学者以“公众共用自然资源”来形容流域及其同类资源。所谓公众共用自然资源，亦即产权主体与边界明确、具有排他性和稀缺性、以自然资源形式存在的物质性资产，公众共用自然资源具有主体数量的不特定多数性、客体性质的非排他性、利益主体对利益客体的共同享用性特点③。却也由于这些方面的特点，经常会造成公众共用物悲剧，亦即公众共用自然资源因人们不加节制地利用（包括浪费、过度利用、竭泽而渔式的滥用和杀鸡取卵式的破坏性利用等）、不当管理等，质量严重退化④。

总而言之，流域水资源无论归为制度分析学者所言公共池塘资源，抑或环境法学者所谓公众共用自然资源，有一点看法是一致的，即在人类社会密集开发乃至破坏性使用下，流域水资源有着极为显著的脆弱性，而避免其濒临枯竭、沦为“公地悲剧”进而反过来报复人类的办法，正在于从

---

① 陈晓景：《流域生态系统管理立法研究》，《中州学刊》2006 年第 4 期。

② 王勇：《政府间横向协调机制研究——跨省流域治理的公共管理视界》，中国社会科学出版社 2010 年版，第 1 页。

③ 蔡守秋：《论公众共用自然资源》，《法学杂志》2018 年第 4 期。

④ 蔡守秋：《公众共用物的治理模式》，《现代法学》2017 年第 3 期。

流域整体性、系统性特征出发，坚持“山水林田湖草是一个生命共同体”的整体性治理理念，采取一体化保护模式，此即以流域系统的整体性为出发点，通过法律、政策等工具，克服现有的碎片化模式弊端，实现各部门及行政区划之间的协调配合，最终建立流域整体性、一体化的保护机制，并且推动多元治理力量对于流域治理的参与，臻于流域治理收益的最大化①。2019 年 9 月在黄河流域生态保护和高质量发展座谈会上，习近平总书记即强调提出：治理黄河，重在保护，要在治理。要坚持山水林田湖草综合治理、系统治理、源头治理，统筹推进各项工作，加强协同配合，推动黄河流域高质量发展②。

然而，尤其黄河这样的大中型流域，水资源治理问题往往最为突出，因其通常横跨多个地方行政辖区，“各吹各的号，各唱各的调”，较难实现治理行动的协调一致。深层原因则在于，改革开放以来，地方自主性（亦即地方官员基于辖区利益乃至官员私利做出自主性行动的能力）不断趋强，形成“地方法团主义”③、“中国特色的维护市场的经济联邦制”④、“事实上的行为联邦制”⑤、“地方市场社会主义”⑥ 等理论上不一而足却又指向一致的范式特征，促使地方政府成为制度创新的“第一行动集团”，进行了“渐进式改革及其所采取的分级制政策试验”⑦，这一方面是中国过去近四十年中经济取得飞速发展的谜底所在⑧；另一方面，也同样基于地方自主性因素，导致流域水资源治理经常陷入各自为战的割据状态，呈现

---

① 彭中遥等：《长江流域一体化保护的法治策略》，《环境保护》2018 年第 9 期。

② 《共同抓好大保护协同推进大治理　让黄河成为造福人民的幸福河》，《中国环境报》2019 年 9 月 20 日第 1 版。

③ Oi. Jean, *The Evolution of Local State Corporatism*, Andew Walder (eds), Zouping in Transition: The Process of Reform in Rural North China, Cambridge Mass: Harvard University Press, 1998, pp. 245 – 247.

④ Qian Yingyi and Barry Weingast, “China's Transition to Market: Market – Preserving Federalism, Chinese Style”, *Journal of Policy Reform*, Vol. 1, No. 2, June 1996.

⑤ 郑永年：《中国的“行为联邦制”：中央—地方关系的变革与动力》，东方出版社 2013 年版，第 42 页。

⑥ 林南：《地方性市场社会主义：中国农村地方法团主义之实际运行》，《国外社会学》1996 年第 5—6 期。

⑦ 韩博天：《通过试验制定政策：中国独具特色的经验》，《当代中国史研究》2010 年第 3 期。

⑧ 陈霞、王彩波：《嵌入式自主：中国经济发展中的地方政府治理转型——以国家自主性理论为视角》，《江汉论坛》2015 年第 4 期。

地理学者所谓“行政区行政”[①] 治理模式，造成流域水资源无序开发和利用，流域区地方政府对于辖区微观主体流域水资源污染行为难以形成治理合力，显现“九龙治水”，乃至出于辖区经济增长考虑，保持“理性无知”，消极作出管理和处置。2019 年，中央生态环保督察两批“回头看”对各省长江流域生态环境保护问题的反馈意见，就透露出这一情况：

> 江西：鄱阳湖水环境形势仍不容乐观。部分市县污水处理问题突出。流域超标排污问题仍较常见。流域生态破坏问题突出。
>
> 湖南：洞庭湖区污染防治工作还有明显短板，生态环境保护形势依然严峻。生活污水污染问题仍然突出。一些工业园区环境管理混乱。石煤矿山生态破坏严重。
>
> 安徽：一些地区和部门对“共抓大保护、不搞大开发”的认识还不够到位，措施还不够有力。城市生活污染治理推进不力。港口码头水污染防治设施不完善。长江江豚栖息地保护不力。侵占沿江湿地问题多发。
>
> 贵州：推进长江流域生态保护问题依然突出，形势不容乐观。自然保护区内违规开发问题突出。生态敏感区域违规项目整治不力。
>
> 湖北：问题依然较多，形势依然严峻。沿江工业污染和环境风险依然突出。非法码头清理整治不到位。船舶污染与风险不容忽视。
>
> 四川：沱江流域结构性、布局性污染问题依然突出，形势不容乐观。环境基础设施建设管理不到位。农业农村污染依然严重。黑臭水体整治力度不够[②]。

引入外部性概念也有助于理解。一直以来，由于有关外部性的文献大多探讨私人外部性，政府外部性现象广泛存在却很容易被忽略[③]。然而即如流域区地方政府疏于治理甚至放纵辖区微观主体对于流域水资源的滥用

---

① 形容行政区划界线如同一堵“看不见的墙”对政区间横向联系产生强烈的约束作用，跨行政区协调以及生产要素的流动严重受阻的情况（参见刘君德《中国转型期“行政区经济”现象透视》，《经济地理》2006 年第 6 期）。

② 程维嘉：《超详细数据！两批“回头看”到底揭开 20 省份多少短板?》（http：//www.h2o－china. com/news/291690. html）。

③ Roland N. Mckean and Jacquelene M. Browning, “Externalities from Government and Non－profit Sectors”, *Canadian Journal of Economics*, Vol. 8, No. 4, November 1975.

或污染行为，究其客观结果而言，正是体现出一种政府（负）外部性，区域经济学也将此种政府外部性称为区域经济活动外部性[①]。负外部性实质是一种零和博弈，一方的可能收益建立在他方的损失之上，听任其发展，而非通过市场价格买卖让损失方获得补偿，其结果将愈演愈烈，并且相互比攀，直至造成流域水资源公共治理中，各方均采取机会主义策略，水量分配时设法多提取，污染治理时选择“搭便车”，最终难免酿成“公地悲剧”，造成流域水生态的恶化。

流域水资源公共治理的外部性、“搭便车”诱惑以及有可能招致的“公地悲剧”结局表明，流域水资源公共治理中的各个地方政府间是相互依存的关系，每一者的行为都会对他者产生影响，每一者在作出行为选择时都需要考虑他者的行为选择。在此意义上，建立健全流域水资源公共治理的地方政府协同机制，是解决现有流域水资源环境治理困境的必由之路[②]。所谓流域水资源公共治理的地方政府协同机制，即为流域上下游地方政府间围绕水量分配、水资源开发和保护等展开的相互协同机制关系，其基本内容包括“由谁来协同、协同什么、怎么协同”等几方面，具体而言，一是协同主体及其相互关系，此即流域上下游地方政府间，也包括流域内同为利益相关者的企业、第三部门和社会公众之间，乃至这些社会主体与地方政府间相互作用的协同关系；二是协同手段，是指在不同的治理体制下，以流域各个地方政府为主的协同主体所采取的各种政策工具的组合；三是协同机制，包括正式和非正式的机制安排，是协同主体间关系以及协同方式差异的制度基础[③]。

“协同”是流域水资源公共治理的地方政府协同机制中心词汇和落脚点，通常意义上，与协作、合作、协调属于意义极其相近的一类词汇。尽管如此，仍有学者试图把握其中看似微妙却显重要的一些区别所在。Agranoff Robert 和 Michael McGuire 就指出，协作是指共同协力达成共同目标，合作则是以互惠价值为基础；Green 和 Matthias 按照组织扁平程度、自治程度和沟通强化的趋向，把组织间关系理解为由竞争、合作、协调、协

① 杜肯堂、龚勤林：《区域经济活动外部性分析》，《求索》2006 年第 12 期。

② 李正升：《从行政分割到协同治理：我国流域水污染治理机制创新》，《学术探索》2014 年第 9 期。

③ 胡熠：《我国流域区际生态利益协调机制创新的目标模式》，《中国行政管理》2013 年第 6 期。

作和控制所组成的连续光谱，合作位于较低的一端，协作则在较高的一端；Gary 进一步提出，协作相比合作和协调是一种更长期的综合过程。从这些认识出发，“协同”内涵应该更接近于协作①，强调跨越组织和辖区区隔，着眼长远，携手共进；以本书论题来说，不仅要实现流域内各地方政府间良好的沟通与一致行动，而且呼唤政府与 NGO、公民、企业之间也形成广泛互动、交流②。

流域水资源公共治理的地方政府协同机制体现政府间关系向度。有研究以美国政府间关系发展为例，总结出以重视制度和结构、相互制约与均衡为特征的“联邦主义”，以科层参与、互动博弈为特征的“府际关系”，以解决争端、协商对话、网络参与为特征的“府际管理”三个发展阶段③。事实上，府际管理代表了不单在美国，其他国家亦共同呈现的政府间关系最新趋向。正如加拿大学者戴维·卡梅伦指出，“现代生活的性质已经使政府间关系变得越来越重要。那种管辖范围应泾渭分明，部门之间须水泼不进的理论在 19 世纪或许还有些意义，如今显见着过时了。不仅在经典联邦制国家，管辖权之间的界限逐渐在模糊，政府间讨论、磋商、交流的需求在增长，就是在国家之内和国家之间，公共生活也表现出这种倾向，可见唤作‘多方治理’的政府间活动越来越重要了”④，这种“多方治理”也就是“府际管理”，其一方面强调政府间在信息、自主性、共同分享、共同规划、联合劝募、一致经营等方面的协力合作；另一方面强调公私部门的混合治理模式，倡导第三部门积极参与政府决策⑤。由此推及开去，流域水资源公共治理的地方政府协同机制，其维度有二，一是流域内地方政府协同维度；二是政府部门与企业、NGO、公民等社会力量的协同维度。有鉴于此，流域水资源公共治理中的地方政府协同机制应分别在流域各地方政府间以及政府与多元社会主体间两个方向建构，就水资源分配和开发、水污染治理等议题彼此沟通信息、协商权责义务和解决纠纷，在利

---

① 转引自姬兆亮等《政府协同治理：中国区域协调发展协同治理的实现路径》，《西北大学学报》2013 年第 2 期。

② 蔡岚、寇大伟：《雾霾协同治理视域下的社会组织参与——协同行动、影响因素及拓展空间》，《北京行政学院学报》2018 年第 4 期。

③ 汪伟全：《论府际管理：兴起及其内容》，《南京社会科学》2005 年第 9 期。

④ ［加］戴维·卡梅伦：《政府间关系的几种结构》，张大川译，《国际社会科学杂志》2002 年第 1 期。

⑤ 汪伟全：《论府际管理：兴起及其内容》，《南京社会科学》2005 年第 9 期。

益均衡点上达成观念及行动的一致。

第三节　国内外相关研究综述

一　流域水资源公共治理的地方政府协同机制：国外经验与理论探索

（一）从“州际协定”到“流域水资源综合管理”：契约导向与制度重构

除却一些小微国家，在广土众民的国度里，由于受管理幅度限制，统治者直接治理民众并不现实，习惯性做法是，将全国切分为若干行政区域分而治之，但因此却渐至衍生出一种画地为牢的“行政区行政”模式①，例如自然一体的流域被人为地分段，归属于彼此存在边界的不同行政区管辖，造成流域水资源公共治理经常遭遇跨界协调失灵。

但严格来说，行政边界切分也只是问题的一个方面，以其为基础的流域各行政区利益的激烈竞争乃至陷入零和博弈才是根本问题所在。正如有学者指出，府际关系的实质，就是府际利益关系②，政府间的横向关系首先是利益关系③。因此也才可以理解，流域水资源公共治理难以实现跨界协调所致流域“公地悲剧”现象，这绝非现阶段我国所独有。工业化进程最早于发达国家启动，与之相契合的现代官僚制行政区划模式也随之先在发达国家形成，地方自治的流行体制安排亦使其地方政府利益边界同行政边界高度一致，由此，发达国家大多也曾经历这样一段时期：流域水资源争抢激烈，以致日渐枯竭；流域水污染持续加重，却鲜有人负责，到了20世纪六七十年代，北美五大湖区鱼类汞含量严重超标，带来致命危险；伊利湖因为污染过度，沦为死水一潭；俄亥俄州的凯霍加（Cuyahoga）河，由于污染竟然引燃了八次大火④。

在美国50个州中，仅有阿拉斯加、夏威夷和其他州不存在共享流域，

---

① 杨爱平、陈瑞莲：《从“行政区行政”到“区域公共管理”——政府治理形态嬗变的一种比较分析》，《江西社会科学》2004年第11期。

② 杨宏山：《府际关系论》，中国社会科学出版社2005年版，第27页。

③ 杨龙、李培：《府际关系视角下的对口支援系列政策》，《理论探讨》2018年第1期。

④ 廖红、［美］克里斯·郎革：《美国环境管理的历史与发展》，中国环境科学出版社2006年版，第136页。

因此，流域水资源公共治理就成为美国州际关系协调中的一个核心议题，可以说，没有其他州际问题能像州际流域水资源利用引发如此激烈的争吵和对抗[①]，究竟建构怎样的协同机制来寻求州际水资源争端的恰当解决？沃尔曼（Vollmann）曾指出，既定的行政文化，对公共官僚机构各种改革计划有着决定性影响[②]，美国行政文化恰恰显现联邦主义与反联邦主义的二元对立。前者代表着现代商业精神的、视行为主体为原子化的个体并以技术精英为中心的社会意象；后者则代表着以非中心化和合作主义原则为基础的有机社会意象[③]。如此，在二元行政文化驱使下，美国州际流域水资源公共治理呈现出两种政府间协同模式，一种是产生于“罗斯福新政”特定时期的田纳西流域治理模式，其可以概括为集权与商业型协同模式，核心特征为：以改善流域经济和州际共享经济收益为目标；流域管理机构对流域经济开发和社会发展具有广泛权力，其属于法定独立机构，仅对总统和国会负责[④]；另一种则是以科罗拉多流域水资源公共治理为代表、沿用更广的自治与法治型协同模式，包含“政府间协定”、“政府间协商”、“政府间调解”、“政府间仲裁”和“政府间诉讼”五种相互衔接的具体机制形式[⑤]，其中，州际协定居于主导性地位。其具有州法和合同性质，一旦参加了州际协定，各州就不能单方面随意修改或者撤销该协定，因协定对成员州所有公民均有约束力[⑥]。州际协定的核心目标是，在没有联邦政府强加控制或监控的条件下，提供解决跨州流域水资源环境问题的途径[⑦]。

州际协定由来已久，在州际流域水资源争端处理中一直发挥基础性作

---

① Richard H. Leach and Redding S. Sugg, *The Administration of Interstate Compacts*, Baton Rouge, L. S.: Louisiana State University Press, 1959, p. 158.

② ［德］赫尔穆特·沃尔曼等：《比较英德公共部门改革》，王锋译，北京大学出版社2004年版，第1页。

③ ［美］O. C. 麦克斯怀特：《公共行政的合法性——一种话语分析》，吴琼译，中国人民大学出版社2002年版，第91—131页。

④ 钟玉秀、刘洪先等：《流域水资源与水环境综合管理制度建设研究——以海河流域为例》，中国水利水电出版社2013年版，第129页。

⑤ 吕志奎：《美国州际流域治理中政府间关系协调的法治机制》，《中国行政管理》2015年第6期。

⑥ Frederick L. Zimmerman and Mitchell Wendell, *The Law and Use of Interstate Compacts*, Chicago: The Council of State Governments, 1961, pp. 23-46.

⑦ Felix Frankfurter and James M. Landis, “The Compact Clause of the Constitution: A Study in Interstate Adjustments”, *The Yale Law Journal*, Vol. 34, No. 7, May 1925.

用，这体现出州权的自我敏感与彼此间的契约精神，并且也确乎应由州际协定发挥广阔作用，因为很多美国人相信，“像美国这么大一个国家，不可能所有的事情都由联邦政府有效率地处理”[①]。虽然如此，一些环境条件下，机会主义行为抑或“欺诈式自利”仍可能防不胜防，引入外部监督和制裁机制势所必然。[②] 州际协定即是如此，若缺乏甚至一味排斥联邦权力和压力的外部介入，其实施过程亦可能会陷于崩溃，不仅如此，大型、复杂的流域资源水资源公共治理更须依赖联邦政府从外部给予财力支持，这样，当代美国州际流域水资源公共治理逐渐形成“一元体系下的多中心合作治理”，一元体系是指联邦统一监管，多元合作治理则意指流域横跨的诸州经由州际协定协同开展流域水资源环境治理，在新公共管理改革驱动下，多元合作治理近年来还通过“卓越的领导权”项目和开展水质交易等方式吸纳了企业、NGO 等各种社会力量的加入[③]。

实际上，联邦为了实现对于流域水资源公共治理的领导权以及确立更高的标准，也愿意积极参与州际协定达成与实施的全过程，以及为州际流域水资源环境保护施以援手。方式之一是成为州际协定的发起成员之一或设立联邦与州的联合机构[④]，例如特拉华河流域委员会是第一个联邦与州联合成立的流域机构，它为联邦水资源环境管理部门和州部门开展互利合作搭建了平台；之二是州际协定实施或者权利义务的确认等引起的诉讼通常都在联邦最高法院进行；之三是为州际协定实施提供必要的立法、资金支持[⑤]。

州际协定及其所致力实现的州际协同行为，意味着一种跨越边界、脱嵌传统流域属地化管理的反行政取向。在加拿大，这种属地化管理极大地

① 何渊：《美国的区域法制协调——从州际协定到行政协议的制度变迁》，《环球法律评论》2009 年第 6 期。

② ［美］埃莉诺·奥斯特罗姆：《公共事物的治理之道》，余逊达、陈旭东译，上海译文出版社 2012 年版，第 43 页。

③ Richard B. Stewart，“A New Generation of Environment Regulation”，*Capital University Law Review*，Vol. 29，No. 21，January 2001.

④ 何渊：《美国的区域法制协调——从州际协定到行政协议的制度变迁》，《环球法律评论》2009 年第 6 期。

⑤ F. Zimmerman，*Interstate Cooperation：Compact and Administrative Agreements*，Westport，C. T.：Greenwood Press，2002，pp. 10 – 35.

分散了流域管理责任，导致加拿大水政处于严重的碎片化状态[①]，唯一的出路是走向流域水资源综合管理（Integrated Water Resources Management，IWRM）。实际上，在全球化作用下，这一理念及其做法已然是当代世界各国的共同选择。联合国一份调查报告显示，截至2012年，对该项调查给予回应的134个成员国中，82%都已或正在实施IWRM[②]。广泛意义上，IWRM主张水资源—经济社会—生态环境的平衡、流域水资源开发多目标兼顾、实施全过程管理、各种管理手段综合运用、参与式治理、政府与市场力量相结合[③]。在各国尤其最早引入IWRM的发达国家流域水分配与治理进程中，这些主张均有轻有重地体现于相关制度安排。在英国，其泰晤士河综合管理与治理特别重视依法进行，并建立了统一的流域治理机构，按照水资源自然规律组织开发与利用河流；法国流域综合管理不但强调依法制定和实施流域规划，还特别强调“水议会”——流域水委员会的作用，该委员会由多种利益主体参与，从而兼顾了多方利益；日本以中央政府为主导，依循《河川法》建立了完备的流域水污染治理法律体系，强调流域水资源统一管理，在琵琶湖等流域公共治理进程中，自愿者亦广泛参与[④]；澳大利亚全境最大的墨累—达令流域管理先后经历了从州际自治与协商到国家统管并遵循联邦统一法律框架的变迁历程[⑤]。概览各国IWRM运行经验，最为突出的莫过于两点：一是实行流域统一规划与管理，建构与实施流域统一法律体系[⑥]；二是根据都柏林原则，推动管理部门、规划部门以及用水户共同参与和商定决策，达致利益平衡[⑦]。在全球化条件下，发达国家IWRM已有经验逐渐移植于非洲、南亚国家，但耐人寻味的是，收效甚微。非洲跨境河流往往受制于各国动荡的政治权力，难以协调实现

---

① Rob de Loë, *Coordinating Water Policies: Necessary, but Not Sufficient, in Steven Renzetti*, Diane P. Dupont (eds.), Water Policy and Governance in Canada, Springer, 2017, pp. 231 - 248.

② 李菲：《水资源、水政治与水知识：当代国外人类学江河流域研究的三个面向》，《思想战线》2017年第5期。

③ 李原园等：《国际上水资源综合管理进展》，《水科学进展》2018年第1期。

④ 胡若隐：《从地方共治到参与共治：中国流域水污染治理研究》，北京大学出版社2012年版，第186—196页。

⑤ 和夏冰、殷培红：《墨累—达令河流域管理体制改革及其启示》，《世界地理研究》2018年第5期。

⑥ 陈亮：《借鉴国际经验探析水资源的开发保护及污染治理》，《环境保护》2015年第9期。

⑦ 李原园、马超德：《国外流域综合规划技术》，中国水利水电出版社2009年版，第172页。

IWRM 所倡导的流域统一管理和开发；而在南亚，不仅法治精神的缺失阻缓了 IWRM 进程，亦由于流域不仅有其经济价值，另有着独特的宗教与审美价值，流域开发活动因此难以大张旗鼓地进行；并且不同于发达国家，南亚国家流域资源利益相关者，还包括无地农民，以及以采摘河畔野花售卖给宗教场所为生的穷人等。缘此，当 IWRM 理念施及于发展中国家时，还需考虑到这些特殊的利益相关者，但显然，这一问题一度未引起足够的重视[①]。

（二）分权参与型流域管理："利益相关者参与"以至"自主治理"

确实，流域水资源公共治理系统本应采取一种混合治理模式，这种模式需要囊括各种直接或间接利益相关者在内的非政府行为主体对公共政策给予支持或表达需求，而且要参与管理计划的订立与实施[②]。惟其如此，才能实现政府在流域水环境决策上的合理性，兼顾各种利益诉求，实现多元利益相关者之间的长期信任与合作[③]。韦德纳（Weidner）通过研究三十多个国家生态治理及生态现代化，就发现生态治理能力强的国家大都引入了政府、NGO、企业和公民在内的多元利益相关者，由其良性互动形成多中心生态治理模式，成为应对流域水环境治理等生态事项复杂性的有效治理机制[④]。在有效沟通、包容、透明和制度化的前提下，由政府机构和 NGO、公众共同合作的环境治理模式最有效果、最有效率[⑤]，因为政府、私营部门以及社会的合作可以将环境治理责任向多元主体转移，相应缓解单一政府主体的环境治理压力[⑥]。不仅如此，地方公众与各类社会主体协同参与流域水资源公共治理进程，另可以发挥公民呼吁的作用，亦即公民

---

① Peter P. Mollinga, Ajaya Dixit and Kusum Athukorala, "Integrated Water Resources Management: Global Theory, Emerging Practice, and Local Needs", *American Journal of Agricultural Economics*, Vol. 90, No. 3, August 2008.

② Arild Underdal, "Complexity and Challenges of Long – term Environmental Governance", *Global Environmental Change*, Vol. 20, No. 3, August 2010.

③ Stephen Tsang, Margarett Burnett, Peter Hills, Richard Welford, "Trust, Public Participation and Environmental Governance in Hong Kong", *Environmental Policy & Governance*, Vol. 19, No. 2, March 2009.

④ Helmut Weidner, "Capacity Building for Ecological Modernization: Lessons from Cross National Research", *American Behavioral Scientist*, Vol. 45, No. 9, May 2002.

⑤ Neil Gunningham, "The New Collaborative Environmental Governance: The Localization of Regulation", *Journal of Law and Society*, Vol. 36, No. 1, March 2009.

⑥ Katarina Eckerberg, Marko Joas, "Multi – level Environmental Governance: A Concept Understress?", *Local Environment*, Vol. 9, No. 5, October 2004.

及其团体对于流域区地方政府纵容水资源消费负外部性行为提出批评和抗议，或以声音宣泄的选票力量对于地方政治领袖施加影响，进而利于促成流域水资源公共治理的地方政府间协同行为①。

除此之外，由于在今天流域跨界水资源冲突愈加复杂、尖锐，对于流域水资源公共治理决策的质量也提出了很高的要求，多元利益相关者尤其世代守护、依赖流域的原住民参与流域水资源环境决策与治理，还可以带来诸多地方性知识，弥补行政官员及专家智慧的不足。地方性知识作为实践知识，来自于对环境非常细致和敏锐的观察，在变异的、不确定的（许多事实是未知的）和特殊的背景下，相比书本知识或理性知识，其才是最重要的②。玛格丽特·艾尔和约翰·麦肯齐（Margaret Ayre & John Mackenzie）就强调，在科学规划与法治化管理居于主导地位的流域水资源治理语境下，作为一种与现代科学知识大异其趣的社会知识，原住民关于水资源用途与审美价值、分配原则及解决分歧的策略等地方性知识的运用与其水权益的公平行使密切相关，从而，流域水资源规划应该是两种知识系统互相认可、不断作用与转换的过程③。面对现代科学话语，那些旨在确立人与流域共生关系的地方性知识与传统水智慧，在当代流域水资源公共治理进程中仍应被珍视和尊重④。

也由此，特别要说到生活面向的小型流域，其可归属于埃莉诺笔下的公共池塘资源，这类资源由于非排他的消费特性导致拥挤效应，最易造成枯竭的危险。对此，埃莉诺批驳了两种号称“唯一”方案的“政策隐喻”：利维坦和私有化，前者主张“实行中央政府控制”，后者要求“创立私有产权制度”。这两种意见都“过于表浅”，中央控制方案的问题在于“没有可靠的信息，中央机构可能犯各种各样的错误”；产权私有方案不仅实践中难以操作，而且颠覆了公共池塘资源的公共性质。反观现实，“许多成功的公共池塘资源制度，冲破了僵化的分类，成为‘有私有特征’的制度

① 王勇：《政府间横向协调机制研究——跨省流域治理的公共管理视界》，中国社会科学出版社2010年版，第40—41页。

② ［美］詹姆斯·C. 斯科特：《国家的视角——那些试图改善人类状况的项目是如何失败的》，胡晓毅译，社会科学文献出版社2012年版，第404—416页。

③ Margaret Ayre and John Mackenzie, “‘Unwritten, Unsaid, Just Known’: The Role of Indigenous Knowledge (s) in Water Planning in Australia”, *Local Environment*, Vol. 18, No. 7, October 2013.

④ 李菲：《水资源、水政治与水知识：当代国外人类学江河流域研究的三个面向》，《思想战线》2017年第5期。

和‘有公有特征’的制度的各种混合”[①]，不仅如此，通过对遍布多国、历时长久的案例观察，埃莉诺总结出另须重视的自主治理方案：“资源占用者设计了基本的操作规则，创立了各种组织去对他们的公共池塘资源进行操作管理，并按照他们自己以往在实施集体选择与宪法选择规则中的经验，随时修改他们的规则。”[②] 但埃莉诺亦坦承，不认为自主治理“在任何意义上都是‘最优的’”[③]。其实施需要遵循一系列设计原则：“规定有权使用公共池塘资源的一组占用者；考虑公共池塘资源的特殊性质和公共池塘资源占用者所在社群的特殊性质；全部规则或至少部分规则由当地占用者设计；规则执行情况由对当地占用者负责的人进行监督；采用分级惩罚法对违规者进行制裁。”[④]

回到以上讨论，埃莉诺对于自主治理机制的发掘至少揭示，“制度供给的主体应当是‘一组当事人’，是公共资源的占有者、使用者。‘一组当事人’自主供给的制度才可能是有效的、可以长期存续的制度”[⑤]。针对小型流域等公共池塘资源即是，对其过度消费及所引发纷争作出有效治理的制度设计、运行与反馈均应吸纳各方面的利益相关者在内，在主体间交叉、反复博弈中凝聚不同性质与源流的智慧，以至形成基本制度框架并不断改善其品质，满足彼此利益亦分担彼此责任，进而促成与维系流域水资源环境共同体。事实上，将公共池塘资源放大到多个地方共享的流域，地方政府间围绕流域水资源公共治理所引发的跨界纠纷的解决也同样须如此，“为了提高透明度、落实责任和经费，所有的利益相关者都应当通过某种磋商程序来参与各种跨界水管理活动。规划活动因为具有战略性而特别重要。在跨界水管理的政策评估阶段也应当有不同类别的利益相关者参与”[⑥]，以至形成“分权参与型流域管理模式”，即为利益相关者及时得到信息并允许利益相关组织进行谈判，从而得出更加公平合理的解决方式。

---

① ［美］埃莉诺·奥斯特罗姆：《公共事物的治理之道》，余逊达、陈旭东译，上海译文出版社 2012 年版，第 11—19 页。

② 同上书，第 68 页。

③ 同上书，第 69 页。

④ 同上书，第 217 页。

⑤ 胡舒扬、赵丽江：《新制度供给与公共资源治理——埃莉诺·奥斯特罗姆的理论分析》，《学习与实践》2015 年第 10 期。

⑥ 流域组织国际网、全球水伙伴：《跨界河流、湖泊与含水层流域水资源综合管理手册》，中国水利水电出版社 2013 年版，第 71 页。

不过，需要注意的是，利益相关者参与和分享流域水管理权力的初衷及时机值得探究，中央政府卸责型分权最不可取，分权的具体时机和进程安排最好是中央与地方多元利益相关者充分交流后达成的共识性选择①。总结已有实践，分权参与型流域管理模式能否切实发挥作用依赖于驱动因素、成员因素和过程因素能否恰当组合，并且尚有一些问题留待思考，例如对于分权参与型流域管理模式若过度主张或许又会物极必反，因该模式其实也存在功能盲区，例如对于“管末”污染问题的处理，鉴于此，引入分权参与型流域管理模式应与其他哪些政策工具结合运用以相得益彰、互相补给？分权和参与行为有可能导致流域水管理责任主体不明或者主体间责任不清，这一问题又如何解决？另外，参与者达成共识对于分权参与型流域管理可谓至关重要，然而如何判定共识已经达成？②

二　中国流域水资源公共治理的地方政府协同机制：历史智慧与现实境遇

（一）历史中国流域水资源分配和治理的经验与智慧

针对历史中国流域水资源分配与治理，不能不提及法兰克福学派早期核心成员魏特夫（Wittfogel）所抛出的“东方专制主义”论，其强调，“水源过少或者过多并不一定导致政府对水利的控制，同时政府控制水利也并不一定意味着要实行专制的治国手段。只有在以耗取大量自然资源为生的经济水平之上，只有在远离雨水农业的强大中心之外，只有在没有达到以私有财产为基础的工业文明的水平之下，对水源不足的环境有特殊反应的人类才会朝着特殊的治水生活秩序前进”③。亦即形成一种治水社会（Hydraulic society）及其与专制体制的紧密联系。在魏特夫看来，历史中国等东方国家的情形恰是如此。傍河而建的中国农业社会，风调雨顺全系于灌溉工作，兴修水利工程以治水因此有着超乎寻常的经济与政治意义，成为中国历朝历代最为看重的行政活动之一。在资源整体有限且亚细亚生

① ［波］卡琳·肯珀等：《基于分权的流域综合管理》，李林等译，中国水利水电出版社2017年版，第5页。

② 刘小泉、朱德米：《合作型环境治理：国外环境治理理论的新发展》，《国外理论动态》2016年第11期。

③ ［美］魏特夫：《东方专制主义：对于极权力量的比较研究》，徐式谷等译，中国社会科学出版社1989年版，第3页。

产方式下社会“一盘散沙”的情形下，“所有治水队都需要领导者；庞大完整的治水队进行工作时需要有在场的领袖和执行纪律的人，还需要全面的组织者和设计者”。更进一步，“要有效地管理这些工程，必需建立一个遍及全国或者至少是及于全国人口重要中心的组织网。因此，控制这一组织的人总是巧妙地准备行使最高政治权力”[①]。如此，黄仁宇先生亦发出类似感叹：“足见光是治水一事，中国之中央集权，已无法避免。”[②] 治水形成和强化专制集权、专制集权又利于实现治水，循着魏特夫阐述的这一互动逻辑，中国不但很早就形成了全国性的水管理体制，而且体现出明确的集权取向，对于历史中国流域水资源治理、农业文明与政治发展均产生了深远影响。

但魏特夫治水社会与东方专制主义的关系论，不仅有文献指其隐现冷战思维[③]，而且是否适用于中国，仍有诸多存疑。秦晖等就指出，古代中国的鸿沟、邗沟、芍陂、都江堰、郑国渠、漳河渠等著名水利工程均完成于春秋战国时代，秦汉统一后封建专制集权形成并日渐成熟，却并无更好的治水成绩，且官僚责任对上不对下，好搞不讲实效的政绩工程、形象工程。唐宋以后政府不仅水工有限，水事管理职能也趋于萎缩，专注于投入大却难言收益的河务以及供养统治者的漕运，主要灌区的用水分配、水权纠纷等都依靠民间自治来解决[④]。如是看法不无道理，但也不无偏颇。客观而论，秦汉以降，水利仍有诸多重要成就可陈，例如南阳六门堰、陕西龙首渠、芜湖万春圩和政和圩、新疆等地的坎儿井、江浙海塘等均为秦汉以后修筑；不仅如此，各朝代还十分重视管理、维护乃至扩建秦以前所建的各项重要水利工程，这些水利成就均应肯定，并且也都是与封建集权所具有的强大统筹、指挥能力分不开的。毋宁以黄宗智所谓“集权的简约治理”作出解释，这一概念旨在说明中国历代封建专制统治一个基本特征：高度专制权力和低度基层渗透权力并存，造成在正式官僚机构之外，非正

---

① ［美］魏特夫：《东方专制主义：对于极权力量的比较研究》，徐式谷等译，中国社会科学出版社 1989 年版，第 18 页。

② 黄仁宇：《赫逊河畔谈中国历史》，生活·读书·新知三联书店 1992 年版，第 8—9 页。

③ 涂成林：《治水社会与东方专制主义的互动逻辑——基于马克思与魏特夫的比较视角》，《哲学研究》2013 年第 3 期。

④ 秦晖：《“治水社会论”批判》，《经济观察报》2007 年 3 月 1 日第 33 版。

式行政方法仍享有较大的行为空间，以此可以降低统治成本与缓冲社会矛盾[①]。推及于水利事务，即为坚持“抓大放小”的原则[②]：一方面，大型水利工程的建设与维修仍有赖专制集权对于社会经济资源的强大汲取能力以及徭役组织能力来实现；另一方面，亦如秦晖等所揭示，县以下生活层面的水利，即为日常的流域水资源分配与水纠纷处理却秉持“皇权不下乡”原则，基本交由民间自我处理。这一情况在中国北方干旱、半干旱地区如河西走廊、关中灌区、位居内陆黄土高原的山西省等，十分明显。尤其明清以来，随着人口以及农业灌溉量的增加，导致水资源抢夺惨烈，经常引发水案，时有人员械斗、伤亡，且水案涉及面广，多有反复，旷日持久。出于“集权的简约治理”的需要，水权的管理、水利组织的建立与运营，包括水案处理，基本是民间自发行为[③]。而且，这不仅是为了节省专制统治成本，也缘于“行政或司法解决途径迁延时日，有违农时，中国传统‘以和为贵’，息讼思想盛行，更为便捷、有效的民间调节便成为调处用水纠纷的主要方式”[④]。民间自力解决水案，一是依循惯例，包括历史上长期互动形成的各种具有习惯法性质的分水制度，例如山西南、北霍渠居民曾对于晋水三七分成，“水分”可以作为陪嫁，乃至“油锅捞钱”来决定分水比例等做法[⑤]；二是借助地方权威、乡贤介入，以摆平矛盾；三是强势一方实施武力胁迫。但水案的最终解决仍需依靠官、绅、民三方之间的协调[⑥]，亦即经由一种混合机制的办法得以解决。普通民众所持有的斯科特所谓“弱者的武器”[⑦] 使得在水权分配上往往处于优势地位的乡绅也并不能完全独霸水权；而官府为息事宁人，也会在不同时期和水纠纷发展

① 黄宗智：《集权的简约治理——中国以准官员和纠纷解决为主的半正式基层行政》，《开放时代》2008 年第 2 期。

② 邓大才：《中国农村产权变迁与经验》，《中国社会科学》2017 年第 1 期。

③ 张俊峰：《水权与地方社会——以明清以来山西省文水县甘泉渠水案为例》，《山西大学学报》2001 年第 6 期。

④ 杨英法：《用水纠纷的化解之道》，《人民论坛》2016 年第 25 期。

⑤ 赵世瑜：《分水之争：公共资源与乡土社会的权力和象征——以明清山西汾水流域的若干案例为中心》，《中国社会科学》2005 年第 2 期。

⑥ 张俊峰：《水权与地方社会——以明清以来山西省文水县甘泉渠水案为例》，《山西大学学报》2001 年第 6 期。

⑦ 借指农民针对“与试图从他们身上榨取劳动、食物、税收、租金和利益的那些人”所开展的“平淡无奇却持续不断的斗争……偷懒、装糊涂、开小差、假装顺从、偷盗、装傻卖呆、诽谤、纵火、暗中破坏”（参见［美］詹姆斯·C. 斯科特《弱者的武器》，郑广怀等译，译林出版社 2007 年版，第 2—3 页）。

的不同阶段适时扮演适当的角色从中调停。水案与各种用水纠纷背后需追问的是，在水资源紧缺情势下，如何在不同主体间调剂余缺，实现水资源的优化配置以及一定程度上保证用水公平？对此，清至民国山西水利社会中的公私水交易引入了市场的办法。其交易实践显示，水权界定似乎并非想象中之难事，完全可以在不触碰水资源所有权的情况下，就其使用权进行各种买卖，既不妨碍国家的赋税征收，又提高了水资源利用效率[①]。

民国时期，尤以农业兴盛、人口密集的淮河流域水纠纷最为错综复杂，影响最大的主要是行政区域之间、上下游和左右岸之间的水纠纷，行政区划的矛盾和纠纷主体追求区域利益是跨行政区水纠纷产生的根本原因[②]。以淮河支流濉河流域为例，苏皖两省围绕疏浚龙岱湖（河）和奎河问题水纠纷不断，推动两省及以下各县循着“两省会勘—十县联席会议—导淮委员会主导的三方会勘—行政督察专员会商”，不断进行区域行政协调机制的试验与创新，最终成功实现水纠纷的解决。可以总结的启示，一是建立利益补偿机制，实现水纠纷各方利益共容，将各方从行政绝缘体汇聚为水利共同体；二是“干中学”，持续改进地方政府协同机制；三是注重协商解决问题，并适度依赖中央权威[③]。

1949 年新中国成立后，中国共产党在较短时期内领导确立了高度集权的中央计划体制与人民公社体制，使得国家权力开始史无前例地深入城市与乡村每个角落，流域水资源公共治理获得传统封建集权远不能及的权力与权威支持，但其在性质与面目上却是公允代表归属于“人民”的各地、各阶层利益而非封建统治阶级的。对因行政区划模糊、泄洪权争夺所致漳卫新河跨界水纠纷的处理，就展现明显的管理优势。在资源极度匮乏的情况下，依托人民公社的超强动员与组织能力，大量劳力被统一抽调修建大型水利实施，使得水纠纷得以明显缓解。虽然如此，上级部门在介入与调解过程中，由于未能摸清乡村社会特性，未能因地制宜规划水利工程与调

---

① 张俊峰：《清至民国山西水利社会中的公私水交易——以新发现的水契和水碑为中心》，《近代史研究》2014 年第 5 期。

② 张崇旺：《淮河流域水生态环境变迁与水事纠纷研究（1127—1949）（下）》，天津古籍出版社 2015 年版，第 353—354 页。

③ 王琦：《民国濉河流域省际水纠纷及其解决机制——以苏皖两省疏浚龙岱湖（河）、奎河纠纷为中心》，《安徽理工大学学报》2017 年第 6 期。

整行政区划，从而水纠纷也并未彻底解决①。这或许正提示了前述地方利益相关者参与及其可能贡献的地方性知识，对于跨界水纠纷处理十分关键。也正鉴于此，在改革开放初期跨界冲突最为激烈的微山湖划界问题上，中央处理风格就有所收敛，“中央完全有能力根据自己的意志和判断为苏鲁两省进行划界，但在中央有权力、能力、意愿和决心去解决微山湖问题时，却并没有选择‘裁决’，而是选择了‘调解’，由此呈现出了一种行政问题司法化，司法问题调解化的治理方式”②。也有论者总结为“疏放式治理”，其所容忍的“自上而下”和“自下而上”的多元主体双向多重构建，以及据此开展的行政知识与地方性知识的多维度交流，对于最终达成利益妥协与治理共识大有助益，从而推动了微山湖水纠纷尽管耗时甚久，却能基本获得解决③。

（二）改革开放以来的流域跨界公共治理：体制困境与范式创新

改革开放以来，随着经济的高速增长，中国流域水资源遭遇史无前例的污染危机，流域水资源治理从传统防洪抗旱为主的水利治理走向防污治污为主的水环境治理。施坚雅（Skinner）等对中国跨行政区流域水污染中的博弈问题进行了分析，认为地方政府与上一级政府的财权和事权不统一，使中国地方政府更具利己冲动，进而造成相互间流域水污染矛盾难以协调④。李侃如（Kenneth Lieberthal）亦认为，中国各地都倾向于保护地方利益，而把其他地方当作竞争对手。但多数环境问题超过了地方边界，需要不同地域政府合作方能有效解决。这种合作确实很难实现，故意做有利本地而伤害周边福利的事屡见不鲜。例如，在中国对超过河流可允许水平的新增污染收取水费之后，许多乡镇和县都出现了将污染企业搬到下游边界处的事情⑤；在淮河流域，“上游的地方官员不断打开大坝的闸门，把污

---

① 吴明晏：《建国后漳卫新河的水利规划及水事纠纷》，《华北水利水电大学学报》2018年第3期。

② 田雷：《中央集权的简约治理——微山湖问题与中国的调解式政体》，《中国法律评论》2014年第2期。

③ 崔晶：《水资源跨域治理中的多元主体关系研究——基于微山湖水域划分和山西通利渠水权之争的案例分析》，《华中师范大学学报》2018年第2期。

④ Skinner M. W., Joseph A. E. and Kuhn R. G., “Social and Environmental Regulation in Rural China: Bringing the Changing Role of Local Government Into Focus”, *Journal of GeoForum*, Vol. 34, No. 2, May 2003.

⑤ ［美］李侃如：《中国的政府管理体制及其对环境政策执行的影响》，李继龙译，《经济社会体制比较》2011年第2期。

水排入下游，毒害了下游地区的庄稼和鱼类，破坏了当地的农业和渔业。由于沿河建造了大约4000多座水库，限制了淮河的排污能力，因此导致问题更加严重”①。流域上下游横向府际协同不力，使得流域水资源环境保护过于依赖上级乃至中央政府介入，进行纵向协调，但周雪光则分析揭示环保政策执行过程经常遭遇下级针对上级的序贯博弈行为：常态模式下交替开展“正式谈判”和“非正式谈判”，动员模式下则开展“准退出”博弈②，这使得纵向科层干预也不免遭遇失灵。除此之外，冉冉分析认为，地方人大和政协难以依法自主履行其对于地方政府环境政策执行的监督职能，并且未能为地方公众参与和监督地方环境治理提供有效的制度管道，也放纵了地方政府环保政策实施偏差行为③。

陈瑞莲较早将跨界流域水资源环境问题界定为“区域公共问题”。从内在属性上看，区域公共问题与一般意义上的公共问题特性相近：关乎大多数人利益，但微观主体缺乏边际收益和激励去作出解决或处理。与一般公共问题相比，区域公共问题另有着高度渗透性和不可分割性的特点，求解之道在于强化地方政府间协同，走向区域公共管理。区域公共管理迎合了全球化与区域化浪潮，以公共利益而非行政区划的切割为出发点，鼓励多元主体通过科层、市场、网络等多种机制共同求解诸如流域跨界治理等区域公共问题，提供区域公共物品④。与此思考维度基本一致，张紧跟、唐玉亮分析小东江治理指出，上下游政府间应确立环保联动机制、产业合作机制、生态补偿机制、基础设施共建共享机制⑤；王玉明针对淡水河治理提出，应引入“合作式治理”新思维，实现多元主体有效协调与通力合作，尤其要建立和完善深惠跨区域环境治理的合作机制⑥；王薇等认为，

---

① ［美］易明：《一江黑水：中国未来的环境挑战》，姜智芹译，江苏人民出版社2012年版，第2页。

② 周雪光、练宏：《政府内部上下级部门间谈判的一个分析模型——以环境政策实施为例》，《中国社会科学》2011年第5期。

③ 冉冉：《环境治理的监督机制：以地方人大和政协为观察视角》，《新视野》2015年第3期。

④ 陈瑞莲等：《区域公共管理理论与实践研究》，中国社会科学出版社2008年版，第10—22页。

⑤ 张紧跟、唐玉亮：《流域治理中的政府间环境协作机制研究——以小东江治理为例》，《公共管理学报》2007年第3期。

⑥ 王玉明：《流域跨界水污染的合作治理——以深惠治理淡水河为例》，《广东行政学院学报》2012年第5期。

治理“黄浦江浮猪事件”等跨界公害，必须从卫生检疫、产业升级、疏通河道、生态补偿等环节着手加强流域水污染府际合作治理机制建设①；王勇基于新制度经济学视界，理论上进一步界分了科层型、市场型、府际治理三种流域水资源环境治理府际协调机制，并阐述了各自实现形态、运行绩效及不足，主张我国现阶段应该以科层型机制为主导机制，但须积极引入和培育市场型机制与府际治理机制②。与流域跨界污染问题如影随形，乃至相互激化，流域跨界水分配矛盾当下也愈益凸显，引发学者探讨。胡熠同样坚持区域公共管理立场，分析认为当前我国采取行政主导型流域府际水分配机制，忽视流域府际生态保护贡献的差异以及流域水资源生态资产价值，造成流域水资源调出区生态利益损失，亟须建立相应的生态补偿机制、水分配的民主协商机制以及多层次水权交易市场③。

全球化作用下，当代各国行政改革总方向和主要措施必然存在着类同的趋势，集体行动亦被一致认为是提供高质量公共服务所必需的机制④，缘于此，我国水利与环保学者同样极力提倡国际上盛行的 IWRM 理念，并推动其践行于各大流域。应用动态模型评价显示，1999—2010 年，我国七大流域 IWRM 绩效指数均不同程度得以提升。在七大流域规划中，六大流域规划明确提出 IWRM；七大流域管理均设立了代表水利部的流域水利委员会，意图增进各行政区域水资源协作管理，并将利益相关方纳入管理与决策过程。但无论是“水行政主管部门或流域管理机构”，还是流域水利委员会，都还存在具体法律地位和权限不明、统筹协调职责配置不清的问题，因而影响了统一管理与协调功能的发挥⑤。基于这一情况，河长制近年来被力推于各地、各层级流域治理，意在实现治理责任的清晰、集中，核心是将个人问责机制有效嵌入科层结构之中，实现激励和管理的可操控性，但它更是一个根据治理对象特征进行的自上而下的权力调整和注意力

---

① 王薇、邱成梅、李燕凌：《流域水污染府际合作治理机制研究——基于“黄浦江浮猪事件”的跟踪调查》，《中国行政管理》2014 年第 11 期。

② 王勇：《政府间横向协调机制研究——跨省流域治理的公共管理视界》，中国社会科学出版社 2010 年版。

③ 胡熠：《论我国流域水资源配置中的区际利益协调》，《福建论坛》2014 年第 8 期。

④ ［美］B. 盖伊·彼德斯：《官僚政治》，聂露等译，中国人民大学出版社 2006 年版，第 17 页。

⑤ 吴丹、王亚华：《中国七大流域水资源综合管理绩效动态评价》，《长江流域资源与环境》2014 年第 1 期。

分配的过程，难免附带绩效主义、人治主义和变通主义等问题[①]；河长制法律制度不全、滞后的生态治理观念以及多元参与机制的缺失等，也拘束了河长制的地方实践与效应[②]。如何进一步改进 IWRM 本土化运作？胡振鹏认为，须结合行政、法制、经济、技术和教育等多种手段，通过跨部门、跨地区的综合协调，以及邀请利益相关各方参与，统筹管理流域水资源及其相关的土地、生态系统等自然资源的开发与保护[③]。具体而言，在 IWRM 实施环境上，应健全分层级的、有操作性的法律法规体系，推动利于广泛参与的讨论平台与机制建设，以及引入多样化的、灵活的资金支持；针对 IWRM 体制，管理机构责任分工依然必要，但不应损害机构间的协作关系；在管理手段上，IWRM 期许管理工具的多样性和综合集成性[④]。河长制尽管制度化与非制度化色彩兼具，严格意义上仅属于一种准行政制度安排，当前仍可谓强化流域管理综合协调能力的一个可行选择，不妨视其为走向 IWRM 的一种过渡性形态，为提升其制度化水平，并且不偏离 IWRM 目标，进一步应重视在代理方层面引入多中心协同治理机制，同时强化地方法治与公众问责能力，促使河长制走向河长负责制[⑤]。

（三）互动式治理理念下的流域水资源公共治理的地方政府协同机制新取向

施行 IWRM 重点在于强化流域管理机构权威以及鼓励利益相关者参与和互动，这也正与治理浪潮下的互动式治理趋向不谋而合。按顾昕的理解，互动式治理不同于传统行政化治理，政府部门依然在治理的治理亦即“元治理”中发挥主导作用，但政府并不一定采取命令与控制手段，而是更多地引入市场治理和社群治理，以多元化的契约谈判和协商参与取代单一化的权力行使。因此，网络、伙伴和准市场成为互动式治理的醒目标

---

① 李利文：《模糊性公共行政责任的清晰化运作——基于河长制、湖长制、街长制和院长制的分析》，《华中科技大学学报》2019 年第 1 期。

② 詹国辉、熊菲：《河长制实践的治理困境与路径选择》，《经济体制改革》2019 年第 1 期。

③ 胡振鹏：《流域综合管理理论与实践》，科学出版社 2010 年版，第 45 页。

④ 潘护林、陈惠雄：《可持续水资源综合管理定量评价——基于 IWRM 理论的实证研究》，《生态经济》2014 年第 11 期。

⑤ 李汉卿：《行政发包制下河长制的解构及组织困境：以上海市为例》，《中国行政管理》2018 年第 11 期。

签[1]。见之于流域水资源环境跨界协同治理，有论者就主张善用市场机制。由于流域生态补偿体现了市场产权制度与资源有效配置的本质要求，并且“市场作为一项普遍的社会性力量，是生态补偿机制有效运转的关键”[2]，因之，流域生态补偿是极为重要的流域治理市场机制策略形式[3]，体现当前国内外流域水资源环境管理的发展方向[4]。有分析就表明，跨省流域横向生态补偿可以显著促进流域生态环境的持续改善[5]。流域生态补偿坚持“破坏者恢复、受益者补偿”的基本原则[6]，因此可以区分为下游对上游生态保护产生正外部性的激励补偿以及上游对下游造成环境外部性所需向下游作出的惩罚补偿。有研究发现，下游激励补偿的支付意愿大于上游的惩罚补偿意愿，对此，须加强引导和管理，促进两种补偿形式的平衡与规范实施[7]。厘定补偿标准是实施流域生态补偿的前提，有文献以湘江流域为例，提出流域生态补偿标准的确定须凸显水资源价值以及依据地区差异实行差异性补偿[8]。就流域生态补偿的主体和方式而言，另可以鼓励企业、社会力量通过直接付费、生态信用交易、环境权交易等方式参与生态补偿，形成市场多元化生态补偿机制，提升生态补偿实施绩效[9]；尤应引入生态服务交易的理念，打造中央财政支付、府际横向生态补偿和市场交易相互补给的生态补偿格局，以提升生态补偿效率[10]。

若运用市场机制推动流域水分配的地方政府间协同，水权交易则是最

---

① 顾昕：《互动式治理的三个模式》，《北京日报》2019 年 3 月 14 日第 14 版。

② 尤艳馨：《构建我国生态补偿机制的国际经验借鉴》，《地方财政研究》2007 年第 4 期。

③ 王勇：《政府间横向协调机制研究——跨省流域治理的公共管理视界》，中国社会科学出版社 2010 年版，第 109 页。

④ 邱宇、陈英姿、饶清华、林秀珠、陈文花：《基于排污权的闽江流域跨界生态补偿研究》，《长江流域资源与环境》2018 年第 12 期。

⑤ 景守武、张捷：《新安江流域横向生态补偿降低水污染强度了吗?》，《中国人口·资源与环境》2018 年第 28 期。

⑥ 陈艳萍、程亚雄：《黄河流域上游企业参与生态补偿行为研究——以甘肃段为例》，《软科学》2018 年第 5 期。

⑦ 陈莹、马佳：《太湖流域双向生态补偿支付意愿及影响因素研究——以上游宜兴、湖州和下游苏州市为例》，《华中农业大学学报》2017 年第 1 期。

⑧ 杜林远、高红贵：《我国流域水资源生态补偿标准量化研究——以湖南湘江流域为例》，《中南财经政法大学学报》2018 年第 2 期。

⑨ 朱建华、张惠远、郝海广、胡旭珺：《市场化流域生态补偿机制探索——以贵州省赤水河为例》，《环境保护》2018 年第 24 期。

⑩ 冯俏彬、雷雨恒：《生态服务交易视角下的我国生态补偿制度建设》，《财政研究》2014 年第 7 期。

为重要的途径。“当水资源存在严重短缺，且传统的水利工程供水不可行时，水权交易市场被政府视为管理水资源的最佳手段。”[①] 实践中，区域水权与取水权是两种社会敏感性强、影响甚广的市场交易模式，价格机制处于交易的核心地位，但如何定价构成技术难点，就此，有研究尝试提出对于区域水权和取水权分别实施“成本 + 协商”与“成本 + 竞价”的差异性定价模型[②]。2014 年以来，我国已在宁夏、江西、湖北、内蒙古、河南、甘肃、广东七个省区启动水权试点，并已于2017 年底基本完成任务，初步探索了如何在制度层面实现水权确权、交易与监管。有研究认为应进一步规范水权交易秩序。包括界定水权交易的利益各方主体资格、以科学方法确定水权及交易价格、设计规范的水权交易流程[③]。还需引起重视的是，应谨防政府对水资源所有权私权性重视有余，对公权性认识不足，导致政府在水权交易中过度逐利，政府不妨以规制者身份监督和保障水权交易的进行，水权所有权交易交给作为民事主体的国有公司[④]。

府际治理由于着眼于建构地方政府间战略性伙伴关系与协商关系，或许更典型意义地体现出互动式治理，近年来逐渐获得重视[⑤]，订立府际契约（协定）是其重要内容。所谓府际契约，是指为推进府际合作，基于平等自愿、优势互补、合作共赢为原则所订立的契约文件，通常包括边界型契约、分配与发展型契约、规制型契约和再分配契约四种类型[⑥]。由于外部环境的不确定性和复杂性，以及地方官员决策体现有限理性并可能存在机会主义行为等，导致府际契约往往体现不完全性（Incompleteness），难免遗存漏洞，因此难获有效执行，鉴于此，需要推动协议各方重复动态博弈，建立信息交换机制、违约责任追究制度以及科学考核体系[⑦]，根本来

---

① 王慧：《水权交易的理论重塑与规则重构》，《苏州大学学报》2018 年第 6 期。

② 田贵良、胡雨灿：《市场导向下大宗水权交易的差别化定价模型》，《资源科学》2019 年第 2 期。

③ 史煜娟：《西北民族地区水权交易制度构建研究——以临夏回族自治州为例》，《西北师大学报》2019 年第 2 期。

④ 伏绍宏、张义佼：《对我国水权交易机制的思考》，《社会科学研究》2017 年第 5 期。

⑤ 何精华：《府际合作治理：生成逻辑、理论涵义与政策工具》，《上海师范大学学报》2011 年第 6 期。

⑥ 杨爱平：《区域合作中的府际契约：概念与分类》，《中国行政管理》2011 年第 6 期。

⑦ 胡炜光、杨爱平：《区域合作中不完全府际契约有效执行的策略——基于声誉机制的视角》，《汕头大学学报》2012 年第 6 期。

讲，须待之以准法律地位[1]。除此之外，还需完善社会资本参与流域合作治理的良性机制，此即注重从重建地方政府间信用关系、形成制度化合作关系、提高政府间网络联系密度和关系强度等着手，消解流域集体行动困境，进而改善府际契约的执行氛围[2]。

不同于科层机制运用命令与服从手段、市场机制运用竞争与交易手段，府际治理侧重运用平等、互助导向的协商和谈判手段，不仅如此，其旨在打造“合作型的组织结构，既包括政府系统内的各级组织，也包括系统外的企业、公民和非盈利性组织的参与”[3]。为此，将府际治理作用于流域水资源公共治理，还须鼓励多元主体尤其利益相关者的参与，乃至可以考虑将自主治理机制嫁接其中，改善其运行基础和外部动力。有文献就认为，通过“嵌套”的方式可以实现这一目标，也即将流域资源的占用者作为一个子单元嵌到上一层级的治理单位中。每个子单元都是一个小的、完整的和相对独立的治理单元，但同时作为一个整体参与上一层级的治理活动[4]。可以预见的是，“当水的使用者在各自河流流域水平上是相对小的团体，首先创建了本地化协会来管理资源的同时，许多河流流域管理最成功的案例将会出现。在最分散的水平上这些制度的建立使他们能够建立更进一步的制度来设计和实施规则，同时在跨流域水平上连接其他社区，以便将一个流域作为一个整体来管理”[5]。基于此，20 世纪 90 年代以来中国各地纷纷建立自治性的流域用水户协会，此举理应有助于型塑流域社会自主治理机制，并在总体上促成和贡献于流域水资源公共治理的府际治理协同机制。但流域用水户协会的实际运行成效往往并不尽如人意，乃至在税费改革、乡村治理体制改革和水利市场化改革交互作用下，有些地区陷入集体大水利废弃、个体小水利盛行的“反公地悲剧”[6]。有研究者认为，运行良好的协会，离不开与社区、地方政府、市场化的水管组织等主体间的共

① 王友云、赵圣文：《区域合作背景下政府间协议的一个分析框架：集体行动中的博弈》，《北京理工大学学报》2018 年第 3 期。

② 嵇雷：《完善社会资本参与流域合作治理的良性机制》，《宏观经济管理》2017 年第 4 期。

③ 汪伟全：《论府际管理：兴起及其内容》，《南京社会科学》2005 年第 9 期。

④ 张振华：《“宏观”集体行动理论视野下的跨界流域合作——以漳河为个案》，《南开学报》2014 年第 2 期。

⑤ ［美］埃莉诺·奥斯特罗姆：《公共资源的未来：超越市场失灵和政府管制》，郭冠清译，中国人民大学出版社 2015 年版，第 9 页。

⑥ 陈柏峰、林辉煌：《农田水利的“反公地悲剧”研究——以湖北高阳镇为例》，《人文杂志》2011 年第 6 期。

同合作。归根结底，应适切国情，形成“官民共强”的中国特色流域自主治理模式[①]。

三　国内外相关研究评价及展望

总体上，国外尤其发达国家流域水资源公共治理的地方政府协同机制有关研究已开展得较为成熟。原因在于发达国家最早启动现代化，流域水资源环境问题较早即已暴露，流域上下游矛盾趋于尖锐，从而相关管理实践与理论探索随之进行。概括来讲，发达国家流域水资源公共治理的地方政府协同机制实践经验基本一致：通过立法确保统一的管理机构的权威性；协调和平衡整体与部分间、多元主体间利益；对不同情况的流域采取不同的保护模式；就发达国家流域水资源公共治理的地方政府协同机制相关理论发展而言，呈现出多学科交融、生态化理念导向与参与式民主融入等特点[②]。在研究路径上，则综合运用制度主义方法与行为主义方法，从制度与人两个维度展开分析。所有这些，均可以为中国流域水资源公共治理的地方政府协同机制相关理论研究提供重要借鉴。例如在研究的目标取向上，应进一步引入和强化 IWRM 理念，以及循着区域公共管理视界，思考如何重构流域管理体制，完善流域法治，加强流域管理机构权威，并理顺流域统一管理与属地管理的关系，健全府际以及多元利益相关者信息沟通与协商交流的管道，重视市场与自主治理政策工具的运用，从而实现将府际协同从流域地方政府间单维度权力主导型协同扩展至包括各种利益相关者在内的多维度分权参与型协同；在研究方法上，一是要引入制度主义分析范式，基于交易成本这一中心范畴，分析流域水资源公共治理的地方政府协同机制各种类型及其相互替代关系。二是为深化对于流域水资源公共治理的地方政府协同机制运行条件与质量的认识，也应注重行为主义分析，探讨有可能影响流域水资源公共治理的地方政府间协同进程及成效的各项行为因素，诸如流域各地方政府以及流域水资源环境利益相关各方的合作意愿、行为特征、角色认知、风险规避等。三是重视和推动多学科研究范式与方法的对话、交融。如前所言，目前研究我国流域水资源公共治理的地方政府协同机制的学者，来自政治学、经济学、公共管理学、水利

---

① 王晓莉：《用水户协会为何水土不服？——基于社会生态系统分析框架的透视》，《中国行政管理》2018 年第 3 期。

② 罗志高等：《国外流域管理典型案例研究》，西南财经大学出版社 2015 年版，第 6—9 页。

学、生态学等多个领域，由于各自研究范式与方法不同，相互间缺乏思维碰撞与观点整合，难以彼此形成启发并寻求一致立场。有鉴于此，应建立相关学术交流平台，拓展渠道，促进各学科研究力量、研究方法的对话与交融。

吸收外域经验以寻求启发，此为“求同存异”，但展望我国流域水资源公共治理的地方政府协同机制创新还应做到从自身实际出发，“求异存同”。无论如何，决不能期望通用型流域行政管理模式的存在①，“流域水环境管理这一公共物品可以有多种提供方式。每个国家及其发展的不同阶段究竟适于采用何种方式，与其经济制度、政治制度和文化状况等社会因素密切相关。任何割裂管理体制与社会关系的做法都存在偏颇之嫌”②。缘此，思考和建构流域水资源公共治理的地方政府协同机制，应自觉植入中国场景，展开中国叙事，突出中国特点，寻求中国方案。

（一）立足国情，厘清理论研究与实践工作重点

正如金太军所析，发达国家政治行政体制已步入“稳定态”，行政改革的技术主义特征比较明显。相形之下，转型中国的行政改革则体现“发展态”，更强调制度的建构任务与改革的政治属性③。鉴于这一情况，研究增进流域水资源公共治理中的地方政府间协同行为，现阶段重点仍应在于思考如何建立、完善相关制度与运行机制，而非过多着墨于管理技术层面如何改进，尽管这同样必要。须体认，“制度构成着关键的社会资本：可以说，它们是导引人际交往和社会发展的‘软件’。实际上，我们正在发现，软件通常要比硬件（有形事物，如物质资本）更重要”④；“制度通过为人们提供日常生活的规则来减少不确定性”⑤。推进制度建设，在引入IWRM乃至自主治理机制进而增进流域水资源公共治理的地方政府间协同相关进程中，考虑到中国流域水资源多元利益相关者利益聚合机制的完善以及表达能力的提高尚有待时日，因此不宜操之过急，甚至简单照搬发达

① 谈国良、万军：《美国田纳西河的流域管理》，《中国水利》2002年第10期。

② 王资峰：《从市场机制到合作治理：国外流域水环境管理体制研究变迁》，《晋阳学刊》2012年第5期。

③ 金太军：《行政体制改革的中国特色》，《行政管理改革》2012年第10期。

④ ［德］柯武刚、史漫飞：《制度经济学——社会秩序与公共政策》，韩朝华译，商务印书馆2003年版，第120页。

⑤ ［美］道格拉斯·C. 诺思：《制度、制度变迁与经济绩效》，杭行译，格致出版社·上海三联书店·上海人民出版社2008年版，第4页。

国家经验，而应坚持循序渐进的原则，针对特定流域，“一河一策”谨慎设计方案并付诸实施。除此之外，发达国家现代化历程已走过几百年，流域水分配与水污染各自所致跨界矛盾的形成乃至加剧存在先后关系，且过程相对缓慢，因而研究者较少将两者合并作出分析。而在我国，现代化进程高度压缩，在急速、粗放的经济发展作用下，流域水分配矛盾与跨界水污染问题相互交织，一并呈现和激化，背后的机理则又相当一致，均需突破狭隘、封闭的“行政区行政”，经由地方政府间协同加以获得解决。与此同时，流域水分配与流域水污染治理实践中也往往需要相互联系作出研究。这是因为，一方面，“水量和水质是构成水生态承载力系统承载主体的两个基本因子，水量变化影响水质对承载客体的响应强度”[①]，亦即流域水分配若处理不当，势必影响水质，引发或加重流域水污染；另一方面，流域水质变坏则会造成水质性缺水，进而导致可利用水量的减少，反过来影响到流域水分配。总而言之，本书以“流域水资源公共治理”概念统领流域跨界水分配与水污染两方面问题的解决，当然，根据现阶段情势，侧重点仍在于流域跨界水污染问题的求解。

（二）注重史料分析，从古代中国流域分配与治理智慧中获得灵感

“史学研究中得益的不但包括丰富的资料，还包括经过史学家目光审视过的历史脉络和思想线索，启发我们从新的角度理解和解读今天的国家治理制度。”[②] 以中国历史来讲，自秦汉以来便已发展了领先世界的官僚制体系，尽管仍属家产制和官僚制的混合，但不应忽视“家产官僚制”概念中“官僚制”的一面[③]。除此之外，中国历史上的国家制度变迁、政治与行政关系以及丰富深刻的行政思想，亦蕴含了体量巨大的公共管理学素材，如此，加强中国行政制度与行政思想史研究，并反观于现实，将可以给予当代中国特色公共管理学的发展极其重要的启发[④]。就本书研究主题而言，同样如此。历史中国民间水利社会长期互动形成了按修渠人夫分水、计粮分水、计亩分水等分水制度，以及确定各方使水期、水额的复杂

---

① 高伟、严长安、李金城、刘永：《基于水量—水质耦合过程的流域水生态承载力优化方法与例证》，《环境科学学报》2017 年第 2 期。

② 周雪光：《寻找中国国家治理的历史线索》，《中国社会科学》2019 年第 1 期。

③ 赖骏楠：《“家产官僚制”与中国法律：马克斯·韦伯的遗产及其局限》，《开放时代》2015 年第 1 期。

④ 朱正威、吴佳：《面向治国理政的知识生产：中国公共管理学的本土叙事及其未来》，《中国行政管理》2017 年第 9 期。

分水技术；通常，同一流域流经各县之间的分水，按照先下游、后上游的原则分配，由各县协商解决[①]，比如“根据灌溉面积和距离远近，达成分水协议：或者以闸板启放的尺寸，决定各县或各干渠支渠的分水；或协商各县各干渠支渠的放水期限；或者修建永久性的分水闸门，决定放水的水量。如若协议不成，则互不相让，争吵打闹，动武撕斗，直打得头破血流，甚至闹出人命”[②]。这时，国家就会出面协调，直至动用兵力强制实施分水，但此种情形极为少见。国家原则上支持民间水分配习惯法，顶多对破坏分水习惯规则者施以必要的处罚以及对于分水规则依据情况变化作适当的技术性改造；民间当然也时有霸权威胁水权的公平分配，但无论怎样的霸权都无法改变水是公共资源的性质，在不断试错、多方反复博弈和争斗中，总能从建立公平到破坏公平，再到维持相对的公平，从而实现水利共同体的存续[③]。概而观之，历史中国水利社会积累的在公平与效率、集体与个人、地方与地方、国家与社会之间关系上的“摆平术”，对于今天流域水资源公共治理的地方政府协同机制的建构和运行仍可以提供启示。

（三）正确看待当代中国政策执行经验，重视与优化纵向地方政府协同机制

当代中国政策执行有两点经验经常进入学者研究视野，应予以正确评价和对待：一是“为防止公共政策在执行中陷入‘碎片化’，运用中国特色制度的高位推动，通过层级性治理和多属性治理，采用协调、信任、合作、整合、资源交换和信息交流等手段来解决公共政策在央地之间、部门之间的贯彻与落实问题，这在一定意义上即构成了公共政策执行的中国经验”[④]，很大程度上，亦是理解为何“中国做起事情来比民主国家更有效率”[⑤] 从而在短短的新中国成立 70 年尤其改革开放 40 年来取得辉煌成就的谜底所在。受此启发，为增进流域水资源公共治理的地方政府间协同，应重视党委纵向高位协调作用，包括基于党管干部原则以及党对意识形态

---

① 李大鹏等：《黑河流域水资源综合管理研究》，甘肃文化出版社 2016 年版，第 55—70 页。

② 王培华：《清代新疆的分水措施、类型及其特点以镇迪道、阿克苏道、喀什道为中心》，《中国农史》2012 年第 3 期。

③ 赵世瑜：《分水之争：公共资源与乡土社会的权力和象征——以明清山西汾水流域的若干案例为中心》，《中国社会科学》2005 年第 2 期。

④ 贺东航、孔繁斌：《公共政策执行的中国经验》，《中国社会科学》2011 年第 5 期。

⑤ ［日］西村博之：《历史的终结、中国模式与美国的衰落——对话弗朗西斯·福山》，禚明亮译，《国外理论动态》2016 年第 5 期。

的领导权，通过推动流域府际干部交流和实施官员晋升生态考核、创新与传播生态文明意识形态等手段促进流域水资源公共治理的府际协同；还可以善用财政转移支付手段，比如中央政府设立由其主导的流域水资源治理基金，同时吸纳地方与社会资金的加入，以“项目治理”方式引导地方政府加大对于流域水资源环境的保护与投入。二是运动型治理是中国官僚体制惯常采用、烂熟于心的政策执行手段，作为一种非常规的纵向政治动员方式，往往由上级命令乃至精英人物意志所启动，体现即时性、聚焦性、高压性、人治性等特点，其短期效应和制度后果常遭诟病。虽然如此，一方面，转型期由于市场与社会力量的发育尚待时日，“政策工具‘候选库’中的自愿性工具和混合性工具几乎是缺失的。这样，在面对外部环境发生重大变化、亟须组织作出迅速回应时，运动式治理这种准军事化的强制性政策工具便当仁不让地成为了政治科层制在应对外部环境重大变化时的主要手段”①；另一方面，运动型治理也并非随意采用，而是建立在特有的、稳定的组织基础和象征性资源之上，可以不时震动和打断常规型治理机制的束缚和惰性及其所维系的既得利益，从而保证官僚体制的运转不掉轨，间歇调和国家治理权威性与有效性的矛盾②。公允来理解，运动型治理在中国国家治理体系中是一种具有内在嵌入性、可以长期存在的治理机制③，在一定程度上可以增强整体的国家能力④。在环保领域，近年来各类环保专项行动尤其中央环保督察所展现的环保运动型治理取得了显著的政策效果，构成与常规性环保管理相互转化、密切依赖、不可偏废的关系⑤。鉴于这一情况，在流域水资源公共治理的地方政府协同机制架构和运作上，应正确认识运动型流域治理，以不符合法治精神以及与注重契约和自主治理的美国等发达国家流域水资源环境治理经验相左为由，将其一概否定，显然过于武断。问题在于如何解决运动型治理实施过程中的“一刀切”、不计成本甚至不择手段、效果难以持久的问题。为此，对于运动型治理发动条件、实施程序、绩效监控、结果运用、与常规管理的配合与转换等方

---

① 丁轶：《反科层制治理：国家治理的中国经验》，《学术界》2016年第11期。

② 周雪光：《运动型治理机制：中国国家治理的制度逻辑再思考》，《开放时代》2012年第9期。

③ 陈家建：《督察机制：科层运动化的实践渠道》，《公共行政评论》2015年第2期。

④ 草苍：《官僚体系+运动式治理：当代中国的政治治理》，《文化纵横》2018年第3期。

⑤ 戚建刚、余海洋：《论作为运动型治理机制之“中央环保督察制度”——兼与陈海嵩教授商榷》，《理论探讨》2018年第2期。

面的制度建设，仍应作出深入探讨。

（四）一定程度上关注流域水资源公共治理的府际非正式关系协同机制的作用

发达国家尤其美国流域水资源公共治理地方政府间协同更依赖政府间协定、流域法律等正式制度的作用，而中国社会自古以来体现为费孝通所谓“差序格局”，更重视关系机制的作用，关系社会、人情社会成为解释中国的国民性比如自私、缺乏公德等特征的主要依据。虽然如此，也应辩证看待关系与人情因素，其既可能造成社会的亲疏远近，乃至造成庸俗的关系学，但隐现其后的伦理本位却也可以塑造一种“情深而文明”的文质彬彬的生活之道①。缘此，推动流域水资源公共治理的地方政府间协同，还须对非正式的关系机制给予一定程度的重视，若对其开发、运用得当，将可以发挥“润滑剂”与“附加分”功能，对于正式机制起到一定程度的弥补或加强作用②。林尚立即认为：“每一个官员或公务人员在与其他政府的官员或公务员打交道时，都会试图以自己的意志影响对方，同样，对方也是如此。因此，如果各自的意志能在相互的作用中达到某种一致或协调，那么各自所代表的政府或政府部门的某项公共行政活动就有可能达到目标，反之，如果双方的意志严重对立和冲突，那么，双方都将达不到预期目的。从中看出，官员及公务员间关系的完善和发展，对协调政府间关系具有十分重要的意义。”③ 流域水资源公共治理如何引入府际非正式关系机制，应首先思考如何在实践层面将流域府际官员间建立正常的交往关系与官员间拉帮结派、大搞“朋友圈”的行为区别对待。在此前提下，应注意分析如何促进流域各行政区官员通过非正式互访、举办论坛或圆桌会议、互相挂职与交流任职乃至互加微信开展即时交流等，密切正常的人际交往，确立起非正式的沟通管道与磋商机制，提升彼此间移情思考能力，从而利于增进流域水资源公共治理的地方政府间协同。

---

① 周飞舟：《差序格局和伦理本位 从丧服制度看中国社会结构的基本原则》，《社会》2015 年第 1 期。

② Janos Kornaï, *The Socialist System: The Political Economy of Communism*, Princeton, New Jersey: Princeton University Press, 1992.

③ 林尚立：《国内政府间关系》，浙江人民出版社 1998 年版，第 100—101 页。

第四节 研究意义与可能的创新之处

秦汉以来，“郡县制”推行导致行政区划的形成，“分而治之”的属地化管理模式成为历朝历代一以贯之的“治理术”。曹正汉将其形容为“中央治官、地方治民”[①]，一方面避免了中央与民众之间发生直接的利益冲突，分散了其执政风险；另一方面又实现了行政管理事务的地区分工处理，减轻了中央管理负担。尽管如此，亦由此衍生出一种闭合式的“行政区行政”的政府治理形态。从政府治理的社会背景来看，行政区行政适应了农业文明和工业社会的基本诉求，是封闭社会和自发秩序的产物；从政府治理的价值导向来看，行政区行政是以民族国家或国内地方政府的、明确的单位行政区域域限作为管理出发点的；从公共权力运行向度上看，行政区行政模式强调政府管理权力运行的单向性和闭合性；从治理机制上看，行政区行政惯用官僚制机制，排斥和拒绝市场、伙伴和自组织等多元机制[②]。

行政区行政适切传统社会下统治与治理的需要，彼时社会公共事务相对简单且很少溢出行政边界，因而国内某个行政区域内的政府能够在自己的管辖权内较为得心应手地去解决和处理其内部公共行政问题，生产和供给相应的公共物品与公共服务，而无须寻求外部支援和相互合作。但是当代全球化与市场经济的迅速发展，许多地区的“内部”社会公共问题与公共事务已变得越来越“外部化”和无界化，跨行政区划的区域公共问题逐渐凸显，已经远远超出“行政区行政”的能力域限，创新形成区域公共管理模式，推进府际合作，实现区域公共问题的跨界协同治理因此提上议事日程[③]。

流域归属于区域，是一类特殊的自然区域：是以河流为纽带，以水资

---

① 曹正汉：《“分散烧锅炉”——中国官民分治政治体制的稳定机制探索》，《领导科学》2010 年第 24 期。

② 杨爱平、陈瑞莲：《从“行政区行政”到“区域公共管理”——政府治理形态嬗变的一种比较分析》，《江西社会科学》2004 年第 11 期。

③ 陈瑞莲、孔凯：《中国区域公共管理研究的发展与前瞻》，《学术研究》2009 年第 5 期。

源利用为核心的带状、多纬度的区域，整体性极强，关联度很高①。长期以来，行政区行政人为地将流域切块管理，地方政府间各以一己之私，参与流域水资源的争夺抑或破坏，使得流域自然属性与社会属性呈现深刻矛盾，"'区域公共问题'引发的区域公共物品和区域外部性问题在流域治理领域表现得尤为突出"②。就流域的自然属性而言，理应采取区域公共管理向度的流域水资源综合管理模式，其主张打破行政区界线，从整个流域出发考虑效益和管理措施，无论是规划、工程还是具体的用水管理，都更加注重整体性和宏观性，并且不仅仅把水资源作为流域经济的支撑，着眼于流域经济效益，而是更注重流域水资源和生态系统的统一性与和谐性。相形之下，基于流域的社会属性所形成的流域行政区行政模式更注重于本区域的经济和社会效益，在管理内容上侧重其服务于本行政区的基础功能，决定了该模式具有管理范围局部性、管理事务具体性和僵化性等特点③。本书研究旨在分析如何通过机制与策略层面的有效设计，增进流域水资源公共治理的地方政府协同行为，最终研究志趣正是为了将区域公共管理理念及其在流域区对应的模式安排——流域水资源综合管理引入流域水资源公共治理过程中，从而尽可能规避行政区行政的消极影响，调和流域自然属性与社会属性的张力。

本书研究以协同为主线，不但体现主体属性，亦即在机制与策略层面研究如何增进地方政府间围绕水资源分配和水污染治理的协同行为；如上交代，同时也体现对象属性，力求将流域水资源分配和治理的地方政府间协同统筹作出分析，事实上，这也正是区域公共管理研究学者抑或流域水资源综合管理研究学者长期较为忽视的方面。流域水资源分配与水污染治理均需要越出流域地方政府行政区划，通过相互间协同来取得良好的治理绩效，亦即二者内在机理是一致的，完全可以合并作出分析。不但如此，二者内在也需要联系起来作出研究。一方面，流域上下游水分配不合理，乃至相互间形成无序的争抢行为，不但激化了地方政府间以及各自居民和市场主体间矛盾，导致在流域水污染治理方面的不合作，乃至相互报复，

① 张彤：《论流域经济发展》，博士学位论文，四川大学，2006 年，第 8—9 页。

② 陈瑞莲：《序》，转引自任敏《流域公共治理的政府间协调研究》，社会科学文献出版社 2017 年版，第 1 页。

③ 钟玉秀、刘洪先等：《流域水资源与水环境综合管理制度建设研究——以海河流域为例》，中国水利水电出版社 2013 年版，第 137—138 页。

并且会造成流域总体超量取水，影响流域生态环境与平衡；另一方面，流域地方政府在水环境保护问题上难以达成合作，乃至争相做出破坏行为，从而同样会严重削弱水生态承载能力，导致水质性缺水，进而导致可利用水量的减少。也正缘于此，就管理层面而言，水量与水质体现水资源不可分离的两重属性，彼此紧密联系，水资源开发利用需要结合水质要求对水量做出分配，通过分析水质水量响应关系，实现对区域水量与水质的联合调控，可以达到水资源利用与水环境保护的两重效果[①]。有鉴于这一道理，本书研究流域地方政府协同机制，同样主张也必须将流域水分配和水环境治理结合起来进行。

自 1944 年布什提出“基础研究”和“应用研究”的二维区分以来，得到了学界的广泛认可。斯诺克斯进一步建构了二维四限来区分研究工作性质：波尔象限（高基础、低应用）寻求根本性的解释而不考虑实践应用。爱迪生象限则更关注对个人、团体和社会的直接有用的东西而非基础知识（高应用、低基础），巴斯德象限具有双高的特点——代表受应用驱动的基础研究。还有一个象限是实验室里为训练学者开展的那些研究，既不是为了获取新知识，也没有应用目的[②]。本书的研究更可以归为巴斯德象限，一方面从本书归属的公共管理的学科特点而言，当以研究实际问题为旨归。如果以威尔逊 1887 年发表的《行政学研究》作为标志，行政学已有逾 130 年的发展历史。脱胎于政治学母体，行政学逐步吸纳管理学、经济学、社会学、法学等学科的知识与分析工具，20 世纪 80 年代以来逐渐演化为一门研究如何设计与提供公共服务和政府行政的具体工作的应用型学科——公共管理学。而就当代中国而言，在追求中华民族复兴的伟大历史征程中，国家治理现代化的巨大变迁需要富有生命力的创造性理论对其进行阐释与指引，尤其是作为应用性学科的中国公共管理学的理论贡献，“全面深化改革，国家治理现代化，依法治国，建设法治国家、法治政府和法治社会，决策的科学化民主化等，都迫切需要公共管理理论的指

---

① 朱磊、李怀恩、李家科：《干旱半干旱地区重污染河流水质水量响应关系预测研究》，《环境科学学报》2012 年第 10 期。

② ［美］W. 理查德·斯科特、杰拉尔德·F. 戴维斯：《组织理论——理性、自然与开放系统的视角》，高俊山译，中国人民大学出版社 2011 年版，第 19 页。

导及其知识的更广泛应用”[①]。现实来看，中国公共管理学坚持本土立场、问题导向的研究趋势近些年来也确已呈现。本书亦秉持这一立场，顺应流域治理现实需求，在研究取向上，努力实现理论分析与实践价值的统一，回应流域水环境和治理进程中涌现的府际跨界合作难题，并总结、提升实践中已有的创新性做法，争取为增进流域水资源公共治理的地方政府协同机制提出有操作性的对策意见。另一方面，本书亦具有进一步推进区域公共管理学科基础理论研究的决心。21 世纪初以来，区域公共管理研究领域的开拓广获好评，被认为不仅弥补了区域科学研究的一大不足和缺憾，而且使公共管理研究内容注入了新鲜血液[②]，流域政府间合作相关研究导向的流域公共管理研究领域的拓展，则可以视为对区域公共管理的进一步演展和完善。毕竟，流域虽归属于区域，却是以流域水资源自然分布和流动串接而成的特殊的自然区域，所以流域公共管理与一般意义上的区域公共管理相比较，就将具有自身独特的命题和内涵，因此很有必要将其单独列出作为一个完整的学术单元加以研究。近年来，已有较多学者投身这一领域，取得了不少重要成果，研究视角不断从宏观步向微观，研究方法从定性走向定量与混合方法，本书继续在这一领域深耕，也将可以推动区域公共管理研究进一步发展和繁荣。

第五节　主要内容与研究方法

一　主要内容

本书大体采取从规范分析到实证分析再到对策分析的研究思路。除导论部分外，各章主要内容如下（见图 1 - 4）。

一是流域水资源公共治理的地方政府协同机制缘起及类型：基于制度视角。剖析传统“指标下压”型公共环境管理体制模式所致政府体系上下间、地方政府横向间、政府与社会力量间缺失协调机制或协调不力的问题。为求解流域水资源经常演现的“公地悲剧”，建构流域水资源公共治理的地方政府协同机制就显得尤为必要，而其类型可以受制度经济学启

① 陈振明：《公共管理学科发展前瞻》（http://www.mbachina.com/html/mpazx/201704/106645.html）。

② 陈瑞莲：《论区域公共管理研究的缘起与发展》，《政治学研究》2003 年第 4 期。

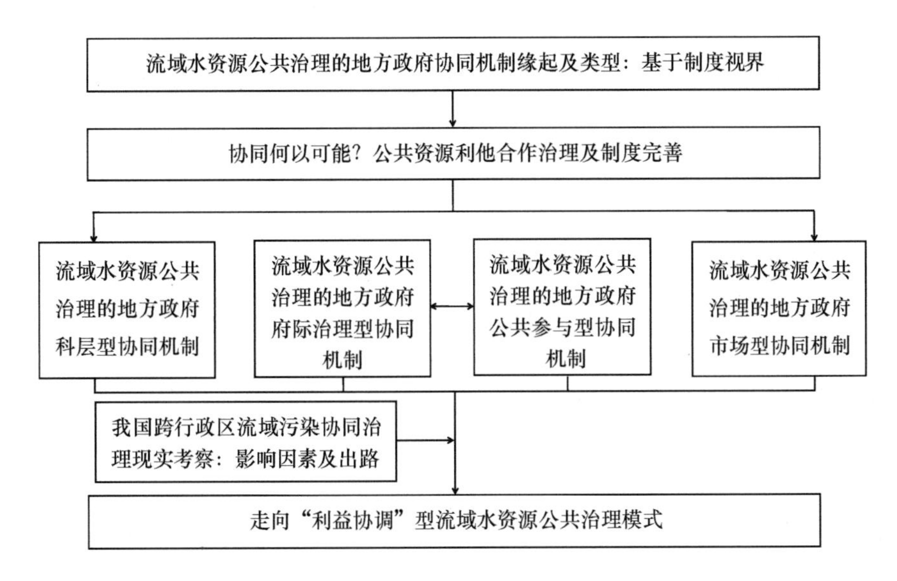

图 1－4

发，界分为科层型协同机制、府际治理型协同机制（含公共参与型协同机制）和市场型协同机制等。

二是协同何以可能？公共资源利他合作治理及其制度完善。古典理论把利己性作为人的唯一本性，以及作为理论分析的基础，但这并不符合人性是复杂而丰富的事实，利他行为的普遍存在为公共资源的合作治理提供了可能。通过分析四种公共资源利他合作治理行为和引入公共资源利他合作治理博弈模型，证明个体当然也包括利益化、组织化的流域地方政府有可能通过完善制度及规则促进利他合作和避免公共资源的公地悲剧。

三是流域水资源公共治理的地方政府科层型协同机制。逐一分析了流域水资源公共治理的地方政府科层型协同机制惯常采用或必须进一步加强的几种实现形态，诸如流域管理机构、流域法治、政党领导与整合、可交易水权制度和河长制等，对于这些实现形式的制度效应及意义予以肯定，亦总体上检讨了流域水资源公共治理的地方政府科层型协同机制所可能呈现的不足或失灵。

四是流域水资源公共治理的地方政府市场型协同机制。援引河北燕郊、上海洋山港两则案例总结出归属于市场型机制、可以理解为“资源一体化”的“权力分置”型跨界治理模式。探讨其增进跨界治理的方式、效应以及制约条件；进一步以义乌—东阳我国首宗地方政府间水权交易为例，分析“权力分置”型跨界治理模式所体现的市场型机制在这一案例中的展现和运用，并提出进一步的对策思考。

五是流域水资源公共治理的地方政府府际治理型协同机制。阐述府际治理协同机制两种主要的方案设计：流域公共协商机制、流域水资源公共治理的政府间协作联盟等。指出府际治理型协同机制的积极意义，同时阐明其存在的问题或局限。

六是流域水资源公共治理的地方政府公共参与型协同机制。以浙江省W市近年来“五水共治”为例，探讨了其生发背景，以及在W市的发展历程与治水成效，进一步总结其所显现的公共参与型环保生成与演展逻辑，为助推流域水资源公共治理的地方政府公共参与型协同机制提供理论启发。

七是我国跨行政区流域污染协同治理机制考察：影响因素及出路。分析了跨行政区流域污染协同治理机制遭遇的各种制约因素，诸如各级各地政府之间的利益冲突、企业社会责任的缺失、社会环境监管能力不强、政府组织结构权力分散和协调能力不强等。提出从重组流域治理组织结构和提高政府组织协调能力、完善流域生态补偿和实现治理主体之间的利益共容、健全环境公益诉讼和减少信息不对称、提高污染法律责任追究力度和强化企业社会责任等方面构建多元主体之间的平衡稳定的协同治理机制。

八是走向“利益协调”型流域水资源公共治理模式。基于前文分析，指出应在理念层面，区别于发展主义，强调和增进“包容性治理”；制度层面，从包容性治理出发，创新与优化流域水资源公共治理的地方政府协同机制，走向“利益协调”型流域跨界水资源治理模式，并具体阐述了几个主要维度与相关机制设计。

二 研究方法

近年来，制度主义分析方法已被大量用于解释或论证各种制度的生成、变迁与效用。其流派众多，目前得到学界认可的有三大流派：理性制度主义学派、社会制度主义学派以及历史制度主义学派，理性制度主义面向微观的个体层面，认为个体行动者的偏好和需求是影响制度绩效的重要变量；社会制度主义是中观层面的理论范式，它强调特定组织的结构和运行对制度与行为的影响；历史制度主义强调制度关联性，认为对制度与行为关系的分析必须嵌入制度环境中进行。制度分析的三种流派在各自的理论边界内已经得到了广泛的应用，但同时，严格的理论边界又限制了其各自的理论张力，基于此，近期的研究出现了整合三个流派的尝试[①]，以使得“新制度主义在关于合作、社会秩序和经济增长方面具有更强的解释力”[②]。本书亦赞同这一尝试，力争对于流域水资源公共治理的地方政府协同机制的分析，采集理性制度主义、社会制度主义以及历史制度主义各家之长，兼容微观视角与中观、宏观视野，构建如有学者所倡导的“微观个体行动者—中观制度结构—宏观制度环境”的分析框架[③]，亦即在研究与行文过程中，注重探究流域水资源公共治理的地方政府科层型、市场型、府际治理型协同机制据以形成或发挥作用的利益逻辑、组织结构逻辑与宏观体制逻辑。

制度分析方法之外，本书还引入了案例分析方法、利益分析方法、历史分析方法与比较分析方法等。此即注意到在对流域水资源公共治理的地方政府协同机制缘起及各种形态与策略选择的具体分析中，结合国内外案例作出说明，或寻求借鉴和启发。在对于我国以及他国流域水资源公共治理的地方政府协同机制发展与完善进行纵向回溯与现实检讨的过程中，还采取了历史分析方法、利益分析方法等，力求更为深刻地把握我国流域水资源管理体制的产生逻辑与运行逻辑，据此可以有的放矢地提出相关对策意见。

---

① 毕雅丽、李树苗、尚子娟：《制度分析视角下的性别失衡治理绩效研究——基于扎根理论的分析框架构建》，《妇女研究论丛》2015 年第 4 期。

② ［美］卡罗尔·索尔坦等：《新制度主义：制度与社会秩序》，《马克思主义与现实》2003 年第 6 期。

③ 毕雅丽、李树苗、尚子娟：《制度分析视角下的性别失衡治理绩效研究——基于扎根理论的分析框架构建》，《妇女研究论丛》2015 年第 4 期。

第二章

流域水资源公共治理的地方政府协同机制缘起及类型：基于制度视界

根据国家统计局数据，从 1978 年到 2017 年，我国国内生产总值按不变价计算增长 33.5 倍，年均增长 9.5%，平均每 8 年翻一番，远高于同期世界经济 2.9%左右的年均增速，在全球各主要经济体中名列前茅[①]。尽管如此，由于总体发展质量偏低，过快的粗放增长与环境保护之间难免形成悖反关系。进入经济新常态以来，这一问题愈发凸显。据《BP 世界能源统计年鉴 2016》数据，中国每创造 1 亿美元 GDP，需要消耗约 2.9 万吨油当量，这一数值是美国的 2.1 倍，德国的 3 倍，日本的 3.1 倍。现阶段，中国能效水平世界排名第 73 位，不仅远远落后于欧美等 OECD 国家，甚至还落后于印度、墨西哥、巴西等同类发展中国家。粗放的能源利用模式给中国带来了严重的环境污染问题。目前，中国的 SO_2污染、CO_2污染与细颗粒物污染均位列全球第一位[②]。

针对最先暴露、最为常见的环境公害物品——流域水环境问题，“九五”伊始，中央政府就开始集中力量针对“三河三湖”等重点流域作出整治，进入“十三五”以来，更是祭出“组合铁拳”。国务院及其有关部门先后制定《水污染防治行动计划》（“水十条”）、《“十三五”生态环境保护规划》《全国生态保护“十三五”规划纲要》《耕地草原河湖休养生息规划》，印发《生态环境监测网络建设方案》，与 31 个省区市签订水污染防治目标责任书，引入环保督察巡视制度……这些举措逐步显现效果。但

① 《国家统计局：改革开放 40 年中国 GDP 增长 33.5 倍　年均增长 9.5%》（http://finance.sina.com.cn/roll/2018-08-27/doc-ihifuvph9590158.shtml）。

② 白俊红、聂亮：《能源效率、环境污染与中国经济发展方式转变》，《金融研究》2018 年第 10 期。

正如有学者剖析，“十三五”期间水污染防治工作仍然十分艰巨。从空间上看，大江大河总体水质明显改善，但与群众生活关系密切的支流改善不明显甚至恶化；从类型上看，全国水质呈总体改善趋势，但部分良好水体有所恶化，部分水体仍为劣Ⅴ类；从问题来看，产业结构偏重、空间布局不合理等因素导致环境风险高、水污染事件频发①。除此之外，随着经济社会的快速发展，流域内各省市竞相开发利用水资源，水资源开发利用程度也已大大超过了流域水资源承载能力。各大流域中，海河流域这一问题尤其突出，负载超过25座大中型城市（含北京、天津两个特大型城市以及规划建设中的雄安新区）、人口众多的海河流域以不足全国1.3%的水资源量承担着全国11%的耕地面积，工业用水、生活用水和灌溉用水短缺问题均十分严峻。海河流域省际边界包括晋冀、晋豫、冀豫、冀鲁、鲁豫、京冀、京津、津冀、晋蒙、冀蒙、冀辽11条边界，流域面积大于100平方千米的跨省河流共有94条，上下游、左右岸之间以及各项涉水事业之间关系错综复杂。海河流域现已成为我国七大流域中水资源开发程度最高、水污染问题最为严重、省际水事纠纷多发地区之一。当然，用水紧张与用水矛盾所致密集跨界水事纠纷，在黄河、黑河等其他重要流域同样不同程度地显现。

以上情况，背后的症结及出路何在？现有工农业技术的落后，当然是造成水资源污染的重要原因，而近年来先进生物技术运用于治水，也确有其明显成效。是故，技术层面的努力，包括改进工农业生产技术水平、提高用水效率等，是治水工作应高度重视与加强的方面。然而以水资源短缺问题而论，“长期以来，水利工程被视为解决水短缺以及合理配置水资源的重要之道。表面上看，技术工程是中性的，能够通过‘开源’增加水资源的供应量来解决水短缺问题。但值得反思的是，技术开源开的是‘谁’的源，满足的又是‘谁’的水短缺需求……水利工程对水资源的重新配置实质也是对水权的重新定义和分配”②，这就必然涉及水资源管理体制的问题；再从水污染治理来说，治水实践历来显示的一个深刻道理也是“治水先治岸，治岸先治人，治人先治官”，若缺乏水管理体制层面的系统调理，从而难以协调地方政府及其官员的行为，则治水不免停留于“治标”，无

① 孙玉阳、宋有涛、王慧玲、布乃顺：《中国六大流域工业水污染治理效率研究》，《统计与决策》2018年第19期。

② 李华：《隐蔽的水分配政治》，社会科学文献出版社2018年版，第142页。

以“治本”取得长效。

因此可以认为，求解流域跨界水污染与用水矛盾，“关键不在于工程技术环节，而在于相关政府间的协调与合作”[①]。本章以下详细阐述。

第一节　背景溯源：“指标下压”型公共环境管理模式

20世纪30—70年代在工业化国家发生的数起大的公害事件，促成环境权概念的形成，并被列为第三代权利的重要内容。我国对于环境权尚未在宪法中明文确认，但是一些法律文件以及司法裁判已经对其予以承认和保护，环境权在我国属于生成中的权利[②]。其所指向的规范与调节对象乃是破坏环境的各类行为，这类行为在我国20世纪70年代开始即已获得关注和重视，1973年我国国务院层面成立环境保护领导小组办公室，可以视为中国环境管理体制形成的开端，水环境治理工作自此进入正式化、正规化阶段。但若从广义上，将水环境治理理解为水资源环境的有序开发和保护，亦即既包括水污染防治，也包括水资源分配，则中国水环境管理体制的萌芽可以追溯至原始社会末期。传说中的“大禹治水”不妨看作中国水环境管理体制的滥觞，其最终结果是促进了统一的夏朝王权的建立。水利与权力在中国历史上第一次建立内在逻辑联系，并对于后世中国政治发展产生深远影响：不仅在漫长的王朝更替历程中，逐渐形成了魏特夫所说的“治水社会”与东方专制主义的密切互动（如“导论”中所析）；1949年新中国成立以来，治水与高度集权的（中央计划）体制仍然呈现唇齿相依、相互强化的关系。即便改革开放以来启动了分权式改革，其中也包括水资源环境管理不断强化分权因素，例如在水资源分配中重视用水户协会的作用、引入市场化机制进行跨地区水资源调配等，然而，无论是水资源分配，还是水污染治理，仍根深蒂固地体现出集权管理，本书将改革以来一度盛行、目前也仅在改革与调整过程中的集权取向的环境管理体制概括

---

① 张紧跟、唐玉亮：《流域治理中的政府间环境协作机制研究——以小东江治理为例》，《公共管理学报》2007年第3期。

② 吴卫星：《环境权的中国生成及其在民法典中的展开》，《中国地质大学学报》2018年第6期。

为“指标下压”型模式[1]。其集权取向不仅继承了历史上“水利社会”的“基因”，还进一步体现出对于新中国成立后计划体制的“路径依赖”，由于其集权的本质规定性与诉求，针对水环境、大气环境等管理，长于效率，尤其在短时期内可以较明显地改观水资源形势，然则也引发诸多问题，尤其是政府内外各种协调机制的缺失，导致水资源环境、大气环境等治理面临着难以摆脱的结构性失灵。“指标下压”型环境管理模式主要特征列举如下。

一　环境指标的压力型管理与动员型管理

此为“指标下压”型环境管理模式的核心特征，“指标下压”型环境管理其他特征均由其进一步推演而成（见图2－1）。所谓压力型管理，实际上也不单单存在于环保领域，同样存在于政府工作的其他各个领域。其可以理解为，改革开放以来，由中央政府掌握的财政权和人事权逐级下放，以调动地方政府积极性，同时保留中央给地方规定的各项计划指标，以控制和监督地方政府努力完成这些指标，如此形成压力型管理：由于层层下达给各级政府的计划指标，其完成情况伴随各种惩戒性措施，尤其重点指标未能实现，就会被“一票否决”，视其全年工作成绩为零，不得给予各种先进称号和奖励，因此各级政府就在这种评价体系的压力下运行[2]。

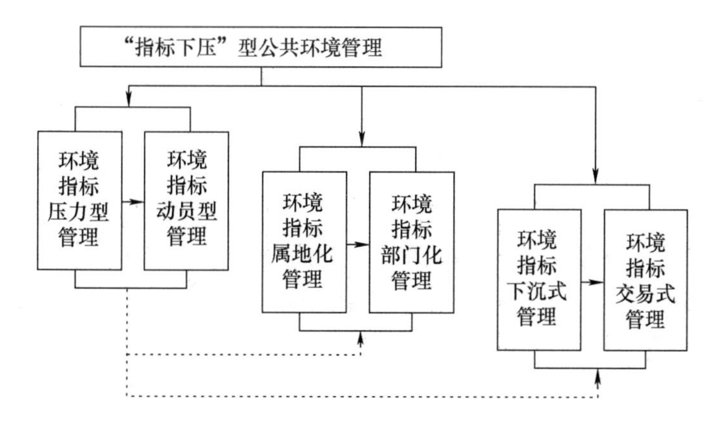

图2－1

① 不仅仅水环境，对于大气、土壤等环境管理实质上均采取这一模式。

② 荣敬本、崔之元、何增科等：《从压力型体制向民主合作型体制的转变》，中央编译出版社1998年版，第27页。

压力型管理实质即为集权取向的目标考核制度，中央政府单方面订立视同“政治任务”的各项工作指标，之后分解给各省市，再依次分解到每一级地方政府。这些指标除了关键的GDP指标、计划生育指标、维稳取向的社会管理指标外，还包括水资源环境、大气环境、节能减排等方面的环境资源管理指标。近些年来，环境指标逐渐增多、趋重，以水污染防治来说，2015年国务院印发的《水污染防治行动计划》中就提到，要选择对水环境质量有突出影响的总氮、总磷等指标，研究纳入流域、区域污染物排放总量控制约束性指标体系。这就意味着，相比“十二五”，地方政府继化学需氧量、氨氮之后还须进一步关注总磷和总氮指标①；水资源管理指标也明显收紧，水利部和国家发展改革委联合发布的《“十三五”水资源消耗总量和强度双控行动方案》提出，到2020年，全国年用水总量控制在6700亿立方米以内，万元国内生产总值用水量、万元工业增加值用水量分别比2015年下降23%和20%，农田灌溉水有效利用系数提高到0.55以上，据悉，这是我国首次发布水资源消耗总量和强度双控的整体方案②。

压力型环境管理以指标为手段，简洁明了，操作性强，便于上级抓住重点考核下级，亦便于下级掌握重点开展工作；指标以量化形式呈现，亦显其有公正性、科学性可言。除此之外，压力型管理一定程度上在集权和分权之间取得了平衡，中央负责订立指标和作出考核，而指标如何实现，给予地方更多明示或默许的选择权。但压力型环境管理所显现的问题也恰恰在于指标本身。

首先，指标有软硬之分。很长时间内硬指标为关系官员升迁、完不成可能遭致“一票否决”的GDP、财政收入、社会治安以及计划生育等指标，官员日常工作往往倾心于这些方面；环境指标则基本上属于“软指标”，对于官员仕途去留仅起参考作用，甚至还可能起反作用，曾有一项跨国联合研究就发现，一个中国地市政府环保投资占当地的比例每升高0.36%，市委书记升迁机会便会下降8.5%③；《中国环境报》2014年亦曾发文披露，近20年来全国有99位省级环保厅局长先后卸任，其中真正意义上官升一级、由正厅级到副省级的只有1位，仅相当于1%；26位转任

---

① 童克难：《“十三五”水污染物总量怎么控制?》，《中国环境报》2015年8月6日第3版。

② 《“十三五”施行用水总量和强度双控 水耗强度下降23%》（http：//www.sme.gov.cn/cms/news/100000/0000000033/2016/11/17/1eeccef75b86408db7a02a0ea55a328f.shtml）。

③ 黄益平：《改变地方政府行为》，《财经》2013年第32期。

其他部门或交流到地市，占26%；其余70%以上到人大、政协、非政府组织等岗位继续工作，直至退休。由此可以得出结论——环保干部几无上升空间①。2015年，西南某省环保厅长，面对媒体就公开表露："我认为在环保厅长这个岗位，几乎没有上升空间。如果你特别追求仕途的进步，最需要做的就是赶快离开环保局。"②

因此环境保护工作的意义尽管不言而喻，但实际上却难以为各级官员所重视。而这另外一层原因则是由于"补救环境伤害的昂贵措施，通常在政治上都不具有吸引力，因为后者顶多是在很久以后才能得到回报"③。相对而言，追求GDP指标则可以立竿见影，为地方官员带来各种政治收益。就这一暗含的道理，环保部一位官员就曾向媒体发表感慨："在长期以来简单粗暴的发展模式和官员考评机制影响下，'发展'和'环保'经常被很'现实'地列为一对反义词。但其实，环保和发展本身并不矛盾，只是当应试教育只以数理化分数来决定学生前途的时候，你再怎么去跟家长谈素质教育也只是美丽的神话了。"

其次，指标尽管由上级单方面设定，但在常态环境管理下，下级官员拥有一定的讨价还价的空间，可以与上级展开序贯博弈，软化压力型管理的指标控制力。在上级下达环保指标和要求后，只要时间容许，下级官员首先可能采取正式谈判博弈，此即借助合法性和"合乎情理"的逻辑通过正式程序，发去正式文本，与上级谈判，诉说已经付出的各种努力，以及难处，请求降低指标；正式博弈有可能奏效，但大多是一次性博弈，上级或接受或拒绝，谈判就此结束。为使谈判更有意义和效率，下级有动力在正式谈判博弈之外与上级展开非正式谈判博弈，此即下级动用各种非正式社会关系，将一次性的正式谈判博弈软化为与上级的"轮流出价博弈"，利于弱化上级的可置信威胁，以及拖延时间④。

不过，一旦某一时期来自高层或外部的压力骤然加大，上下级部门紧密捆绑时，上级就可能将常态的压力型管理变为非常态的高密度压力型管

---

① 曹小佳：《谁来配强环保一把手？》，《中国环境报》2014年12月17日第2版。

② 陈燕、黄怡：《环保局长渐受重用？近5年珠三角共4位环保局长升任区（市）主官，而2005—2010年仅有一人》，《南方都市报》2015年11月6日第11版。

③ ［美］李侃如：《治理中国》，赵梅等译，中国社会科学出版社2010年版，第283页。

④ 周雪光、练宏：《政府内部上下级部门间谈判的一个分析模型——以环境政策实施为例》，《中国社会科学》2011年第5期。

理——动员型管理。上级发布紧急动员指令和进行密集检查评估，在此情形下，下级对于上级各种要求规定极其敏感，全力以赴做出应对，无论是正式还是非正式的谈判余地大大压缩了①。这是否意味着动员体制更能实现上级环保政策意图？诚然，在生态管理中，其短期效果已被实践一再证明，但其成本十分高昂，短期内需要投入大量的资源（密集的人财物资源、注意力资源、其他工作被干扰或中断的代价），因而难以长久。例如几年前，借助举办亚运之机，广州曾大力整治城区河涌，在2009年至2010年6月底，投入486.15亿元进行污水治理和河涌综合整治工程，平均1天花费1个亿，只为保证在2010年6月30日之前全市水环境出现根本性好转。然而这种短期密集投入的动员型治水却并未取得长效，2014年底广州市水务局数据披露，广州市16条河流（涌）中仅珠江西航道、前航道、白坭河3条水质可维持在Ⅳ类至Ⅴ类之间，花地河为Ⅴ类，流溪河上游从化太平断面水质为Ⅲ类，其余包括石井河等在内的10条河涌水体仍为劣Ⅴ类。水务局负责人坦承治水存在一些措施是临时性的、河涌截污不彻底、后期管理松懈等问题，导致部分河涌水质反弹②。此外，从上下级博弈来分析，动员体制的吊诡还在于，当上级施加的压力过强时，下级有可能使用“弱者的武器”，作出“准退出”选择，此即采用非正式的、微妙的抵制方式，例如暗中调整、消极抵制，从而导致“集体无行动”③，或者隐秘进行数字造假，又或者大张旗鼓地采取各种“表现型政治”手法，临时应付上级的环境指标考核。

二 环境指标的属地化管理和部门化管理

属地化行政逐级发包制是经济学者对中国自古以来央地关系的一种很有见地的概括④。这一概念由“属地化管理”和“行政逐级发包制”二者组合而成。属地化管理是指平民百姓日常事务均服从隶属地政府管

① 周雪光、练宏：《政府内部上下级部门间谈判的一个分析模型——以环境政策实施为例》，《中国社会科学》2011年第5期。

② 《广州水务局：将投140亿治理16条广佛跨界河》（http：//env. people. com. cn/n/2014/1120/c1010 -26058400. html）。

③ 周雪光、练宏：《政府内部上下级部门间谈判的一个分析模型——以环境政策实施为例》，《中国社会科学》2011年第5期。

④ 周黎安：《中央和地方关系的“集权—分权”悖论》（http：//www. cssm. org. cn/view. php? id =16019）。

理，平民与其他政府的联系亦以隶属地政府为“接口”，与其他地域的联系则被严格限制。这一管理安排利于地方性事务的处理，以及控制流民，其在漫长历史上渐渐演化为管理常态，新中国成立至今仍予以承继，因其对于官方组织社会、稳定社会秩序同样极有意义。行政逐级发包制与属地化管理合二为一、相辅相成，此即从中央到地方把具体的经济、行政事务逐级发包给每个行政下级（属地），下级设立与上级的对口部门，实现“职责同构”，便于承接上级发包事务，为此既担负了无限责任，也在属地内被赋予巨大的自由裁量权。其隐含的逻辑是，中央政府既要依靠下级管理地方，又要监督下级行为，但在集权框架内避免不了信息约束和监督成本高昂的苦恼，发包制则可以在一定程度上节约中央政府的监督成本。

环境指标的压力型管理，换个角度来看，正是传统属地化行政逐级发包制在现时期的延续和植入。在这一制度中，“‘逐级’说明其集权的一面，因为权力是由中央向下发包的。‘发包’说明其分权的一面，中央有很多具体的事务管不了也不管”[①]。环境指标压力型管理运行机理与其对应一致：环境指标逐级部署给每个地方政府，施以压力促其完成，这体现集权；同时又允许地方官员对于如何落实指标拥有相当程度的裁量权，这体现分权。属地化行政逐级发包制凝聚了数千年古人精妙的管理智慧，其在今天政府环保事项上演化为环境指标压力型管理，效力应予以肯定。但在市场经济下却衍生了另一些十分有害的后果。属地之间相互分割的传统习惯依然存在，形成区域公共管理学者所谓封闭性和割据性的“行政区行政”，发包制则另外凸显了辖区及其官员自主利益追求，进而导致在跨界环境问题治理上，互不配合、甚至让他方投入自己受益的“搭便车”行为逻辑盛行，造成以邻为壑乃至损人利己的负外部性现象大量衍生。例如民进上海市委的一项调研报告就揭示了这一问题，报告中严肃指出，作为上海市四大饮用水源之一的黄浦江上游，多年来水质始终处于不断恶化态势。环境监测数据表明，在黄浦江上游的污染源中，本地污染物排放影响约占20%，而来自江浙两省的污染物排放影响常年处于80%以上。调研报告直指黄浦江上游水源保护措施的落实，涉及江苏、浙江两省和上海市，

---

① 周黎安：《中央和地方关系的“集权—分权”悖论》（http：//www. cssm. org. cn/view. php？ id = 16019）。

为彻底有效地解决黄浦江水源地污染问题，亟须建立水源区域联合治理机制，开展长效的联合治污工作①。不仅仅水污染治理环境指标的属地化管理导致跨界协调治理失灵，事实上，我国各流域水量分配同样采取了属地化管理，并且同样演现如是问题。具体而言，当前我国各流域制定水量分配方案时，多采取首先扣除河流生态环境水量后向流域内各省级行政区分配可利用水量，亦即采取了属地化管理原则，其实质是将权力和利益分配给了各行政区，而相应保护河流水质和生态环境水量的责任留给了各流域机构，这种责、权、利不统一使得流域内各行政区在退水时并未考虑河道内的水质情况，导致河流水环境恶化②。

另一方面，环境指标属地化管理进一步又展演为指标的部门化管理。在很长时期内，对于软性环境指标的落实，地方政府通常视为防御性职能，底线逻辑在于“不出大事”；追求 GDP 指标则属于进取性职能，对于地方官员考核至关重要，因而地方政府往往督促各部门“倾巢出动”，“全民招商”。笔者几年前对浙江某市市直部门调研也发现，各部门乃至教育、卫生、工青妇均有或明或暗的招商引资的任务，一旦这方面成绩良好，部门领导仕途将更为顺利。环保指标的落实却非如此。由于和实现 GDP 指标存在张力，虽然环保需要发改、招商、企管、工商、水利、农业等多部门协作，地方政府宁愿将相关工作限于势单力薄的环保部门承担，使得环保指标的属地化管理进一步展现为部门化管理，不言而喻，环保部门无法协调平级多个部门行为。从 GDP 考量出发，地方政府亦要求环保部门放松管理企业尤其是一些纳税大户排污行为，一旦造成恶劣环境后果，则又名正言顺推出环保部门担责。与此同时，民众近年来对于大气、流域等方面的环境治理呼声强烈，基于对政府部门的直观理解，环保事务当由环保部门管，因此对于环保部门期待良多，批评激增；再者，由于主流意识形态转换和社会期望值加大，近年来中央环保部门屡屡以“环境风暴”形式，对于地方环保部门提出更高的工作要求；如此，地方环保部门就被置于中央、地方政府和民众三重压力之下，其现实行为选择通常体现为三者的集合解。事实上，在水资源管理方面，水利行政部门作为主责部门所面临的

---

① 《治理黄浦江上游水源地污染迫在眉睫》（http：//cppcc. people. com. cn/n/2013/0909/c34948 - 22848175. html）。

② 许新宜、杨丽英、王红瑞、高媛媛：《中国流域水资源分配制度存在的问题与改进建议》，《资源科学》2011 年第 3 期。

情形也大抵如此。由于整体上呈现水质、水量、水体、水生态等要素管理以及防洪、排涝、发电、航运、灌溉、渔业、工业用水、农业用水等功能性职权分别属于水利、环保、交通、农业、林业、建设、地矿等部门，政府内部的结构性分权形成了“管水量的不管水源、管水源的不管供水、管供水的不管排水、管排水的不管治污”的尴尬局面①。

当然，这是否意味着三者压力总可以建立一种平衡解，兼容中央、民众和地方政府利益？这通常很难。以环境防治而言，中央环保部门对于地方环保部门通常仅有业务指导职能，形成有限的政治压力，民众对于地方环保部门则主要构成舆论压力，地方政府可以对环保部门直接发布行政命令，决定其人事任免和部门福利，形成环保部门强大的现实压力。前环保部副部长潘岳亦曾公开承认：地方保护主义下，地方环保局的地位最为尴尬，他们中有很多人坚持原则，但往往是“挺得住的站不住”。很多地方局长要通报当地的污染，居然只能给国家环保总局写匿名信②。2016 年“两会”期间，在谈到“十三五”规划纲要草案提出的省份以下环保机构监测监察执法垂直管理制度时，时任环保部部长陈吉宁就表示，现在实行的是以块为主的环保管理体制，这个体制面临很多难以克服的问题。一些地方政府重发展轻环保，发展硬环保软；有些地方的地方保护主义严重，干预环保监测监察执法③。地方政府强大压力之下，亦很常见的是，地方环保部门选择“对污染企业睁只眼闭只眼，不担心会丢掉乌纱帽……我们的工作是做减法的，做得越多，领导越不满意”④。环境指标交由环保部门实施部门化管理导致环保人员“夹心饼干”式履职状态，从曾任某县环保局监察执法大队长 Z 的一番话语中可以充分体会：

> 理论上，淘汰落后产能的事，不应该是环保部门的事，应该由经济主管部门比如发改委、经信委来做。但现实情况是，这些部门不可

---

① 黎元生、胡熠：《从科层到网络：流域治理机制创新的路径选择》，《福州党校学报》2010 年第 2 期。

② 郄建荣：《写匿名信通报污染太无奈　环境执法亟须垂直管理》（http：//news. qq. com/a/20070921/000900. htm）。

③ 《陈吉宁：有些地方政府干预环保执法》（http：//www. chinareform. org. cn/gov/system/Practice/201603/t20160312_ 244657. htm）。

④ 冉冉：《“压力型体制”下的政治激励与地方环境治理》，《经济社会体制比较》2013 年第 3 期。

能来做这件事。这就造成了，环保执法原本无权直接关停企业，但却“越俎代庖”地以“不符合产业政策”为由，将这些污染企业认定为非法，并进行取缔。虽然在2014年湖南省的环境风险大排查中，Q县环保局被湖南省环保厅树立为优秀典型，但Z自己却认为，做了事，却未必能起到效果，让老百姓也不满，甚至还觉得“你们（环保干部）是不是和企业是一伙儿的”。

在新《环保法》正式实施之前，环保执法没有查封、扣押、按日记罚的权力。行政执法的流程非常漫长。接到举报后先去查实，下发“事先告知书”，这之后7天，再去下发“处罚决定书”，再过30天，才去申请“强制执行”。这类事情经常引起矛盾，需要各种协调。在这个过程中，公众会认为，举报后很长时间，工厂依然在冒黑烟，排污水。

执法大队遇到过这样的例子——所有程序走完了之后，突然发现企业已经换了人，摇身一变成了另一家企业，于是，整套程序又得再走一次。

“新的《环保法》开始实施之后，环保执法的程序简化一些了，可以查封、扣押，起到立竿见影的效果。权力更大了，但同时，责任也更大了。”Z有些担心：“可能更会将环保执法人员置于风口浪尖。严格执法的话，势必有人对你不满，但这时候如果纵容，自己就要进去了。”

这种纠结的心态，反映到现实中，使得环保干部往往成为得罪人、出力不讨好的代名词。今年初《中国青年报》的一个采访中，有官员就表示，宁愿降级，也不肯担任环保干部①。

三 环境指标的下沉式管理与交易式管理

压力型环境指标管理虽然赋予每一行政层级以压力，但“上级压下级，一级压一级”，环境质量改善、生态文明建设的重担最终还是落在基层环保部门与水务部门肩上，此为环境指标的下沉式管理。以身处一线的基层环保人员来说，由于区隔了多个行政层级，中央政府的政策与指标压

① 刘伊曼：《环保官员尴尬事：执法两难 升迁不易》，《南方都市报》2015年3月11日第AA25版。

力对其而言仅属于间接压力；直接上级（县区领导）的压力对其而言则更有决定意义，比如有基层环保官员曾直抒胸臆，代表了很长时间内基层人员的真实心声："权力是掌握在领导手中，人民给不了我们权力。得罪了百姓，他们顶多骂我们几句，得罪了上级领导，我们的前程就没有了。"[①] 由于上级领导对于经济发展高度重视，环保工作往往沦为二、三位的考虑，即便生态文明当前已为中央政府空前强调，地方领导已感受到巨大压力，对于环保工作不免有所敬畏，开始表现出积极姿态，尽管如此，现时期生态文明与经济发展和就业等方面的矛盾究竟如何调适，不少地方主政者仍处于艰辛的探索之中，鉴于此，基层环保执法人员也只能在执法工作中有所松弛，乃至有环保人员吐露心迹："领导引进的项目、坚持要上的项目旨在发展地方经济，尽管有些是高污染、高耗水的造纸、化工、冶炼、采油和纺织印染等，可咱环保部门那点权力怎么能拦得住。咱们毕竟是寄人篱下，有多少领导干部的前程与这些污染企业挂着钩，咱不得不睁只眼闭只眼，明哲保身。"[②] 为顾全地方发展的"大局"，基层环保人员自身甚至会主动运用非正式网络与上级环保部门接触，了解更上级赴基层"突击式"检查的信息以便提前做出应对。基层环保人员直接与上级如此"共谋"行为，甚或"成为上下级政府甚至中央政府的'共有常识'"[③]。针对这一现象，有学者概括为基层官员的避责行为逻辑："在一定自由裁量权空间内，基层行政人员象征性地遵从上级安排，却选择性地执行命令，以期满足上级要求的最低标准。与此同时，他们力图巧妙地避免直接与上级权威形成公开对抗，在表达懈怠意愿时规避了正面冲突带来的不利影响，并逐渐演化为一种无组织的集体行动。"[④]

另一方面，从基层环保人员自身来说，其往往疏于环保管理，很大程度上也是由于缺乏可支配的执行资源。作为身处低阶的"街层官僚"，权力匮乏自不用说，人财物等执行资源也严重不足。1994 年分税制改革以来，逐渐导致令基层尴尬的结果：中央和上级将财权上收，事权则不断下

---

① 毕诗成：《为人民服务何以成了为领导服务》，《杂文选刊》2009 年 2 月上旬版第 2 期。

② 林自力：《谁能理解环保局创收的"苦衷"》（http：//env. people. com. cn/GB/8220/43040/3542807. html）。

③ 周雪光：《基层政府间的"共谋现象"——一个政府行为的制度逻辑》，《社会学研究》2008 年第 2 期。

④ 倪星、王锐：《权责分立与基层避责：一种理论解释》，《中国社会科学》2018 年第 5 期。

放，愈多出现“上级请客，下级买单”的现象。政治意趣在于，事权下放可以使得中央将政府管理可能引发的社会矛盾下移，将经济资源上收则可以增强对于地方的调控能力，概言之，可以起到“保护中央，保护政治”的效果。但也造成地方政府“巧妇难为无米之炊”：担负巨大公共责任，可资发展的资源却很稀缺，以至于“谋生式”行政异化为不发达地区基层政府日常运作的主要形式①。在此情形下，分到基层环保部门手里的事业经费更是所剩无几。在一些地方，基层环保部门甚至成为财政预算“黑户”，一些本应由其支配的环境治理专项经费，亦时常被挪用于基层政府管理他途②。

鉴于此，基层环保部门通常只有靠“自收自支”生存，这一方面导致镇村一级环保机构和人员配备不足，“农村环保普遍存在‘无机构、无人、无力’的状态，是环境保护的薄弱环节”③，例如燃烧秸秆等大气污染行为一直缺乏人手管理；另一方面则易于造成环保执法行为的异化，乃至“以罚代管”、“养鱼执法”成为常态，出现如此怪象：污染企业“扎堆”的地方，环保部门衣食无忧；而污染企业被大量关停的地方，环保人员却连工资都发不出。河南某县环保局长就曾透露，“县环保局目前有157人，其中行政编制11人，财政全供事业编制24人，剩下的133人均为自收自支人员。他们吃什么？只能吃‘排污费’……如此，治污不过变成了一句敷衍民众的空话罢了”④。

2015年1月，新《环保法》制订实施，被评为“史上最严”的一部“长牙齿”的法律，为我国环保事业开启了新的篇章。其最大亮点之一是强化了政府环境责任并建立起严格的责任追究机制，力图根治旧《环保法》中“重企业管制、轻政府规制”的弊病，体现出经济新常态下国家决策层理性平衡经济发展与环境保护关系的决心和理念⑤。实施以来，成效

---

① 颜昌武：《基层治理中的“谋生式”行政——对乡镇政府编外用工的财政社会学分析》，《探索》2019年第3期。

② 《环保厅赵挺副厅长在苏中、苏北农村连片整治工作推进会上的讲话》（http://www.jshb.gov.cn/jshbw/rdzt/nchjlpzz/ldjh/201107/t20110722_177548.html）。

③ 余桃晶等：《乡镇环保站 顶起一片天》，《中国环境报》2012年2月15日第5版。

④ 《创收余地真大！环保局100多人吃“排污费”》（http://www.huaxia.com/zk/sszk/wz/2013/04/3303239.html）。

⑤ 唐薇：《新〈环保法〉对政府环境责任规定的突破及落实建议》，《环境保护》2015年第1期。

显著，各级环保部门的执法手段与执法能力大为增加，新《环保法》支持下的公众监督、人大监督、行政监督、司法监督多元协同的监管体系亦逐渐形成并显示出巨大威力。中国人民大学2017年评估报告显示，2016年1—12月，全国移送涉嫌环境污染犯罪的案件总数为21738件，同比增长85%[①]。透过这一数据，新《环保法》的实施效果可见一斑。尽管如此，“冰冻三尺非一日之寒”，有效突破地方权力部门和执法对象阻挠，根本上提升基层环保部门环保执行能力，仍有待时日。有分析就剖析了新《环保法》诸多实施困境，例如执法主体冗杂以致权力碎片化，相互间协调不足；违法行为处罚失衡，对于零散小企业监管不力、对于高行政级别的国企监管乏力[②]。另一方面，环保地方财政投入不足仍是一个突出问题，从总体上看，每年都在增加，从961.23亿元增长到3740.90亿元，年均增长率达到20%。但中央转移支付是构成地方支出的重要部分，占据一半甚至近七成。2009—2014年地方环保年均支出净增额仅为117亿元，增长率仅为9.2%[③]。

由此，基层环保工作虽有环境指标要求，事实上却造成一种交易式管理，“上紧下松”成为“指标下压”型环境指标管理的最终样态。交易式管理体现于对排污企业通常不过多干预，或者形成互相理解、互相关照的交易性默契，导致环境常规管理的失灵，即便对于被视为“环保钦差”的中央环保督察组，基层环保部门消极对待，乃至虚假整改、为排污企业打掩护的现象亦防不胜防、屡见不鲜。《人民日报》直率指出：“不可否认的是，在基层环保人当中，也存在一些让人失望的问题，必须引起重视、尽快解决。比如，有的环保干部对职责不管不顾，用喷雾炮、棉纱等干扰监测数据等。2018年，山东通报了11起生态环保领域不担当不作为的典型问题，其中有不少涉及基层环保人。”[④] 更有甚者，不少基层环保官员与辖区企业结成隐默的权钱交易关系。“环保部门掌握大量环保项目资金，有的企业和基层环保官员勾结，套取这些资金；有的环保官员通过向企业

---

① 《人民大学评估报告：新环保法四个配套办法实施初显成效》(http://news.163.com/17/0419/17/CIDBDPUR00018AOR_mobile.html)。

② 黄文玥、刘博:《新〈环保法〉实施中的问题和对策——以沱江流域内江段环保执法为例》,《内江科技》2018年第7期。

③ 张硕:《我国环境保护财政支出的现状及建议》,《河北经贸大学学报》2016年第6期。

④ 苏艺:《基层环保人，如何提干劲》,《人民日报》2018年8月22日第23版。

'推荐使用'环保设备，收受设备供应商回扣；还有的则直接敲诈勒索企业。"①"江苏省检察院公开发布的数据显示，2010年1月至2013年10月，该省检察机关共查办发生在环保领域的职务犯罪案件114人，其中贪污贿赂案件99人，渎职案件15人。受贿5万元以上、造成经济损失100万元以上的大案107人，县处级干部要案8人。"② 2014年以来，江苏某市纪委查办了环保系统"塌方式腐败"案件。市环保局原局长张某某、市环境监察局原局长王某某等3名县处级一把手，4名县区环保局一把手，18名市环保局中层干部，6名工作人员，共31人被立案调查，其中22人被判处刑罚，9人因行贿被追责。③

第二节　流域水资源公共治理的地方政府协同机制：必要性及类型

一　流域水资源公共治理的地方政府协同机制的必要性

改革开放以来逐渐形成并一度被强化的"指标下压"型环境管理，其所显现的综上问题，亦可以从理念与制度两个层面概括。

其一是理念层面，体现出和受制于政府上下强烈、鲜明的发展主义取向。致力于实现追赶型现代化的发展中国家在"二战"后大多形成发展主义的意识形态。跃迁至80—90年代的第三代"发展主义"最能概括东亚国家包括中国的经济奇迹，在中国相当长时间内某些方面表现得尤其淋漓尽致，展现为四个方面的重要特征：（一）笃信"发展是硬道理"的意识形态；（二）强调政企紧密合作、利益互得的国家合作主义；（三）实施经济计划和重重审批所体现的经济国家主义；（四）民间社会的发展处于国家政策控制之下。这四个方面的特征，施用于环境管理，势所必然推动了"指标下压"型模式的形成，但也严重妨碍了其效用的发挥：一方面，发展

---

① 李斌、马天云：《中国多地环保官员落马　利用手中审批权索贿敲诈》（http：//env. people. com. cn/n/2014/0318/c1010－24660538. html）。

② 吴志刚：《两个月江苏10余官员"落马"，环保领域成"腐败高发地"》（https：//www. thepaper. cn/newsDetail_ forward_ 1258677）。

③ 王连权等：《党纪政纪自然环境和政治生态的双重污染——江苏省淮安市环保系统"塌方式"腐败案件的警示》，《中国纪检监察报》2015年4月22日第3版。

主义（二）、（三）、（四）特征，必然导致以行政集权和指标控制的方式来实施“指标下压”型环境管理，并且排斥民间组织对环保工作的参与，或者施以各种准入资格的严格限制；另一方面，发展主义最为强调特征（一），进一步将 GDP 增长理解为政府部门的中心工作，希冀以经济绩效来换取政治合法性，从而在科技和产业均很落后的情形下，与环保经常构成难以调和的矛盾，使得“指标下压”型环境管理内蕴着难以排解的运作困境。

其二是制度层面，政府体系内外对于环境管理缺失纵横协调机制。纵向上，中央难以有效协调和监管地方环境管理行为。“指标下压”型环境管理奏效的前提是中央对于地方政府及其环保机构落实指标情况有清晰的了解，并有足够的权威和手段作出纠偏。然而如上所析，这一前提通常很难具备：首先，中央环境管理部门多数时候只能依赖非常规性的抽查、暗访以及常规性的地方正式汇报材料来了解地方政府完成环境指标的情况，所获得的信息往往是不完全的，基层甚或可以与直接上级“共谋”提供虚假信息，从而易于造成中央“罚金太高或太低，制裁了合作者而放过了背叛者等”①；其次，中央环境管理部门监管权力不充分。环境管理与发展主义的天然张力使得中央政府赋予环境管理部门的实际权能有限，作为监管对象的地方政府，其权力却在改革开放以来迅猛扩张；再次，中央环境管理部门监管手段单一，通常只能靠有限的行政权力、领导人员的个性与情感力量以及阵发性的动员型管理来督促地方完成环境指标，使得监管工作充满博弈与妥协，以及人治特点明显，效力难以持久，而由于环境指标的软性特征，其完成多与地方官员升迁不相关乃至负相关，亦使得中央环境管理部门的垂直监管匮乏正激励手段。

横向上，地方政府间、地方部门之间以及政府与企业、公众间缺乏环境保护协调。一是地方政府间横向协调机制不健全。分权式改革使得属地化逐级发包制演展至极致，为防止造成过度的地方主义，中央行使关键的人事控制权，构造官员晋升的锦标赛②，既可以促使地方政府专注于发展

---

① ［美］埃莉诺·奥斯特罗姆：《公共事物的治理之道》，陈旭东等译，上海三联书店 2000 年版，第 24 页。

② 是指上级政府对多个下级政府部门的行政长官设计的一种晋升竞赛，竞赛优胜者将获得晋升，而竞赛标准由上级政府决定，可以是 GDP 增长率，也可以是其他可度量的指标。改革开放以来晋升锦标赛的最实质性的变化是考核标准的变化，地方首长在任期内的经济绩效取代了过去一味强调的政治挂帅［参见周黎安《中国地方官员的晋升锦标赛模式研究》（http：//www. aisixiang. com/data/18217 – 4. html）］。

竞争，又可以节制地方政府自行其是、尾大不掉的现象。但对于“指标下压”型管理却造成很坏的影响：地方政府间各自为战，拼资源、拼经济，共同放任环境愈加被破坏，并越界相互构成影响，但基于属地利益差别，纷纷采取“搭便车”的行为逻辑，逃避治理责任，这样的地方保护行为最终只能导致水资源环境治理难以经由地方间合作，形成集体理性行动，陷入“囚徒困境”。二是地方环境管理部门和同级其他政府部门缺乏制度化协调。地方环境管理工作难以为地方政府所重视，地方环境管理部门在地方政府体系中不免处境尴尬，无力协调同级部门尤其经济发展部门理解、配合环境管理工作，通常只能依赖上级的高位推动使得其他部门给予环境管理工作一时一地的不稳定支持，麻烦还在于，地方环境治理权很长一段时间内并不为地方环境管理部门专有，而是多部门分散拥有，呈现“九龙治污”，“工业污染归环保局，农业污染归农业部，污水处理厂归建设部，水管理归水利部，海洋污染归海洋局，沙尘暴治理归林业局……如此等等。责、权、利不统一，互相牵制，行政成本极高”[①]。三是政府部门与企业以及社会公众缺乏治污协调。环境指标的下沉式管理，导致基层环境管理与企业排污行为形成事实上的交易关系，现行排污费征收标准的相对宽松，环境指标的间歇性运动式管理造成污染治理的不可置信，也助长了企业排污的侥幸心理，要之，基层环保部门与企业无法确立环保共识，企业环境伦理整体性缺乏，这进一步加大了环境管理部门的监管压力和监管成本；而从普通社会公众来说，鉴于水资源环境问题日益严重，对于环境管理部门逐渐不信任，降低了其制度化参与水资源保护的热情，转而较多采取非制度化的环境维权举动，据统计，中国大规模群体性骚乱不少与环境维权有关，因环境污染导致的伤害与恐惧，甚至一段时间内成为中国社会动荡的首要因素[②]。之所以如此，也是因为“指标下压”型环境管理鲜少给予公众以通畅信息及制度化渠道参与环境事务。

鉴于这些问题，“指标下压”型环境管理对于流域水环境治理日益显现疲态。事实上，作为典型意义上的跨界公共问题，流域由于其流动性与整体性特点，其水污染问题与水资源分配问题的处理尤其要求建构和优化流域地方政府间跨界协同机制。不仅如此，以当前更显严峻的流域水污染

---

① 潘岳：《告别“风暴”，建设制度（二）》（http：//news. 163. com/07/0910/08/3O114Q4E000121EP_ 2_ mobile. html）。

② 刘鉴强：《环境维权引发中国动荡》（http：//www. ftchinese. com/story/001048280）。

治理来说，“由于生态环境的系统性和流动性，污染行为被发现既存在概率低的可能，又存在一定时差”[①]，换言之，污染信息高度分散，难以准确、全面收集，流域污染或许最为典型，地方政府即便抛开自利性考虑，坚定决心，下气力治理污染，但由于污染信息的分散性，对于辖区一些隐秘、偏僻的污染行为也难免疏于防范，通常只得选择“理性无知”，消极做出治理，如此又将对于其他污染行为形成鼓励和示范效应。考虑到这一原因，加强地方政府与社会力量的协调合作，由分散的社会公众充当污染信息源与污染监督者，从而将社会公众乃至污染制造者自身纳入流域水资源公共治理的地方政府协同机制之中，对于有效防控流域水污染非常必要。

二　流域水资源公共治理的地方政府协同机制类型界分

上述分析实际上交代了当前流域水资源公共治理的地方政府协同机制的生发逻辑，此即长期以来盛极一时的“指标下压”型环境管理模式正遭遇着系统性失灵，构成我国各地流域正在演现或轻或重“公地悲剧”的体制根源所在。对此，概括上文分析，求解之道，关键在于建立健全流域水资源公共治理的地方政府协同机制，而其所体现的府际管理取向，实际上使其可以囊括纵向上中央与地方的协同、横向上政府与社会力量之间的协同。循此认识维度，进一步就须思考流域水资源公共治理的地方政府协同机制究竟有哪几种类型。

毫无疑问，迄今为止，新制度经济学对于制度的划分最令人关注。其先驱康芒斯率先将社会生活中人与人之间的关系视为交易，并将交易区分为三种类型：1. 买卖的交易，也即法律上平等的人们自愿的交换关系，主要表现为市场主体之间竞争、平等的买卖关系；2. 管理的交易，即长期合约确定的上下级间的不平等交易，主要表现为企业内上下级间的命令与服从关系；3. 限额的交易，这同样是一种上级对下级的关系，但主要表现为政府对个人的关系。基本上，这三种交易可以分别称为市场交易、企业交易和政府交易。与之相对应，现代社会就有三种基本的制度安排，即市场制度、企业制度和政府制度。从更为抽象的观点来看，

---

① 金太军、唐玉青：《区域生态府际合作治理困境及其消解》，《南京师大学报》2011 年第 5 期。

企业和政府属于同一性质，即它们都是科层制。在科层制中，人们处于不同的等级序列；而在市场中，人们有平等的权利。缘此，又可以将三种交易制度简化为市场与科层两种制度①。两者基于交易成本的考量存在着替代关系：一方面，科层制的企业与市场存在替代关系，两者替代的理由是企业发生的内部交易成本与市场发生的外部交易成本的比较；另一方面，科层制的政府实际上也是一个超级企业②，与市场之间同样存在着替代关系，替代的依据则是行政发生的内部交易成本与市场发生的外部交易成本之间的权衡。

后来，新制度经济学者威廉姆森对制度的界分又有了重要发展。其认为交易是商品和劳务在技术上可分的两个单位之间的转移，有两种形式：一种是在两个单位为不同经济主体的情况下，采取平等的市场交易的方式作出转移；另一种是在两个单位为同一主体的两个部门（科层）的情况下，采取内部的管理方式发生交易和转移。市场交易强调交易主体间的平等与竞争，和生产方式的专业化相适应；科层制交易则和一体化生产相适应。从动态的角度来看，交易方式由市场交易向科层制交易转变，生产方式就朝一体化方向发展；交易方式由科层制交易向市场交易转变，则生产方式的专业化程度不断提高。也就是说，科层制交易和市场交易是两种相互转化的治理机制。在市场调控过程中容易出现市场失灵时，科层制就通过资源的内部化战略，形成一体化的等级制组织，减少市场交易行为的发生次数，从而降低机会主义发生的不确定性，最终实现交易费用最小化。值得注意的是，除了科层制与市场两种交易制度之外，威廉姆森后来又认识到在这两者之间还包括大量双边、多边和杂交的中间组织形态，其指出："在这个由各种制度组成的链条中，一端是古典型市场合同，另一端是集权式的、等级式的组织，介于两者之间的则是企业和市场相混合的各种形式。"③

制度变迁理论创立者诺思也对制度做出了区分，并且对制度的认识视

---

① 盛洪：《分工与交易——一个一般理论及其对中国非专业化问题的应用分析》，上海三联书店1992年版，第10—11页。

② ［美］R. 科斯等：《财产权利与制度变迁》，刘守英译，上海三联书店1991年版，第22页。

③ ［美］奥利佛·E. 威廉姆森：《资本主义经济制度》，王伟等译，商务印书馆2002年版，第64页。

野更为开阔。当然，其同样基于交易成本向度理解制度："一系列被制定出来的规则、守法程序和行为的道德伦理规范，它旨在约束追求主体福利或效用最大化利益的个人行为"①，制度的建立是为了"减少人们交易中的不确定性，再加上技术的采用，两者共同决定交易成本（和生产成本）"②。在此基础上，诺思将制度区别为三类：1. 非正式约束。是指人们在长期交往中无意识形成的、具有持久生命力乃至构成历代相传的文化沉淀的一部分，主要包括价值观、伦理规则、风俗习惯和意识形态等因素。其中，意识形态居于核心地位，因其可以在形式上构成某种正式制度安排的"先验"模式。而且意识形态可以软化"搭便车"，从而有效降低交易费用。2. 正式约束。是指人们有意识创设的一系列政策法规，它包括政治规则、经济规则和各种契约，以及由这一系列的规则构成一种等级结构。就人类历史的发展而言，正式约束相比非正式约束充其量只是决定人类行为选择的总体约束的一小部分，而且只有在与非正式约束相容的条件下，才能发挥作用。3. 实施机制。人们判断一个国家的制度是否有效，不仅要看这个国家的正式约束与非正式约束是否完善，更重要的是要看这个国家制度的实施机制是否健全。离开了实施机制，任何制度安排都将形同虚设。

诺思对于制度的认识拓展到了社会的软性力量方面，亦即肯定了非正式约束同样是制度，并且调节人类的大部分行为。沿此思路，柯武刚、史漫飞亦将制度区分为：1. 内在制度。是指群体内随经验而演化的规则。其大都诉诸自愿协调，并由个人在具体环境中决定接受或不接受违规行为的后果。内在制度具有非正式和正式两种形式，非正式的内在制度包括久已有之的习惯与习俗、内化规则，其对违背者施加的惩罚并不通过有组织的方式来定义和运用；正式的内在规则则要求由某些社会成员以有组织的方式实施惩罚。2. 外在制度。包括禁令性规则、指令性规则以及程序性规则等形式。是由一个高踞于共同体之上的主体设计出来并施用权力强加于共同体的。因此外在制度总是隐含着某种自上而下的等级制，对违反者所施加的惩罚也永远是正式的，并且往往诉诸暴力。权衡内外两种制度，内在制度由于大多是非正式的，并在社会里不断演化，因此具有某种灵活应变

---

① ［美］道格拉斯·C. 诺思：《经济史中的结构与变迁》，陈郁等译，上海三联书店、上海人民出版社 1994 年版，第 225—226 页。

② ［美］道格拉斯·C. 诺思：《新制度经济学及其发展》，陆平等译，《经济社会体制比较》2002 年第 5 期。

的优势，而且其还可能掺杂着同情和遗憾，承认人人难免犯错，但社会的运转需要坚持一定的准则，所以内在制度又可视为保持群体整合的“文化黏合剂”。当然，内在制度也有缺陷，即不能排除所有机会主义行为。是故，内在制度尽管引导着成员的多数行为，但实际上所有复杂的大型社会都采用了外在制度以支持合作行为①。

新制度经济学者以上认识，一致之处实质大于不同之处，虽然“内在/外在的区分与非正式/正式的区分并不总是吻合的”②，然而正式约束与外在制度以及科层制三者的内涵相当接近，均强调了自上而下的强制特征，而且指向共同的制度主体——政府（不过，科层制主体除了政府还包括企业）；非正式约束和内在制度则肯定包括了市场机制，因为后者恰恰体现为一种典型的自发秩序，靠“无形之手”来协调人们的行为③。按此，见之于流域水资源公共治理，抛开不稳定的过渡性形态，其地方政府协同机制基本类型应有三，一是科层型机制，亦即国家纵向上垂直发力，经由流域管理机构、流域法治、政党领导与整合、可交易水权制度、河长制等诸如此类可以概括为直接管制的途径，对于流域水资源公共治理的地方政府协同施以正式约束；二是市场型机制，经由权力分置与跨界公共资源使用权交易的各种类型，诸如流域水权交易、府际生态产品交易与生态补偿等政策工具，以经济利益因素诱致流域水资源公共治理的府际协同；三是非正式关系机制。亦即依托流域区内，“各地官员和公务人员之间因公务或私情所形成的对政府间关系有影响的个人关系或团体关系”④，以及有助于促成、维系此种关系的流域地方政府声誉、社会资本等因素，依此推动流域水资源公共治理的地方政府间协同。

恰由于新制度经济学者对于制度的认识越发开放，制度类型的理论呈现也更加多样。埃莉诺即认为，制度存在于多种多样的人类情景之中，以不同的形式展现，制度多样性乃是人类最基本的事实，无论是我们在家庭领域、工作领域、市场领域、宗教领域，以及政治领域，还是我们在私人组织、公共组织和非营利组织等不同组织场域中，当我们从事生产、交

---

① ［德］柯武刚、史漫飞：《制度经济学——社会秩序与公共政策》，韩朝华译，商务印书馆2003年版，第120页。

② 同上书，第119—139页。

③ 同上书，第116页。

④ 林尚立：《国内政府间关系》，浙江人民出版社1998年版，第98页。

易、管理、合作等各种活动时，都会面临着我们对其他人遵守制度的期待，以及他们也对我们同样能够遵守制度的期待等复杂的制度问题。不同情景、不同场域、不同活动，存在不同的制度[①]。正是以制度多样性为出发点，埃莉诺针对哈丁的“公地悲剧”、普遍使用的“囚犯困境”和奥尔森的“集体行动的逻辑”三个理论模型所引出的政策隐喻——均号称“唯一”方案的中央集权与私有化两项主张提出批驳。转而通过世界各地的大量案例分析，揭示了“一群相互依赖的委托人如何才能把自己组织起来，进行自主治理，从而能够在所有人都面对‘搭便车’、规避责任或其他机会主义行为诱惑的情况下，取得持久的共同收益”[②]。亦即存在着体现自主治理的第三种制度方案。埃莉诺强调了自身研究以及自主治理机制适用的对象乃是小规模公共池塘资源（占用者要限定在50—15000人以内），在此基础上，自主治理机制具有八项设计原则：清晰界定边界、使占用和供应规则与当地条件保持一致、集体选择的安排、监督、分级制裁、冲突解决机制、对组织权的最低限度的认可、分权制企业[③]。自主治理方案能否“嫁接”到更大规模的跨省、跨国流域水资源公共治理的地方政府协同机制上？事实上，通过“嵌套”的方式是有可能实现的，也即将流域资源的占用者作为一个子单元嵌到上一层级的治理单位中。每个子单元都是一个小的、完整的和相对独立的治理单元，但同时作为一个整体参与上一层级的治理活动。而要能够进行嵌套，必须存在多个具有相对独立性的治理单元，这既包括政府组织，还包括自主组织的资源治理单元[④]。允许在不同层面上组织多个治理单元的体制即所谓“多中心体制”[⑤]。

也由此，流域水资源公共治理的地方政府协同机制还应存在一种类自主治理机制的府际治理型机制，其可以循着两个维度展开：一是以流域地方政府及其部门为主体，进行自主交往、谈判和协商，围绕流域水资源公

① 李文钊:《制度多样性的政治经济学——埃莉诺·奥斯特罗姆的制度理论研究》,《学术界》2016年第10期。

② ［美］埃莉诺·奥斯特罗姆:《公共事物的治理之道》，陈旭东等译，上海三联书店2000年版，第10页。

③ 同上书，第108页。

④ 张振华:《“宏观”集体行动理论视野下的跨界流域合作——以漳河为个案》,《南开学报》2014年第2期。

⑤ Elinor Ostrom, “Coping with Tragedies of the Commons”, *Annual Review of Political Science*, Vol. 2, No. 2, 1999.

共治理形成共识或开展联合行动，政府间协议及其执行是其正式、主要的成果。二是流域区公益型参与者（环保NGO及个人）、生计型参与者（依靠流域谋生的农民、渔民等）、营利型参与者（企业部门）作为流域政策网络利益相关者，与权责型主体（政府部门）博弈、互动，共同推动和型塑流域水资源公共治理的地方政府协同行为，例如用水户协会自治性管理流域水资源；民间力量自愿性参与流域治理，并通过“呼吁”机制乃至非制度化参与行为倒逼流域各地方政府针对流域水资源公共治理加强相互协作；公益性环保组织发起公益诉讼；企业部门建构政策议程，在流域水资源公共治理的地方政府间协同机制型构中表达自身利益诉求；等等。由于社会力量参与可以对于流域水资源公共治理的跨界协同产生显著的外在压力并能作出社会主体的独特贡献，因此也可以专门增列一种流域水资源公共治理的公共参与型机制，其仍可归属于府际治理型协同机制，但在理论与实践层面需要专门予以重视和推动。

流域水资源公共治理的科层型协同机制主要由权力方式调节，展露刚性力量；市场型协同机制主要由契约方式调节，显示韧性力量；府际治理型机制主要由协商方式调节，具有弹性力量。严格来说，上文另外提及的非正式关系机制并非一种独立的机制形式，一方面其与科层型机制“难舍难分”。事实上，科层型机制越是显现其权力刚性，越可能伴生非正式关系机制。一是由于科层型机制倚重自上而下的规则、命令等刚性方式，难以取得流域内地方官员群体的内在信任与支持，衍生或加重政策执行过程的委托—代理问题，鉴于此，上下级若在正式的科层型机制之外，通过工作性质的正常交往与沟通，确立起信任导向的非正式关系机制，就可以作为柔性的“润滑剂”，对于科层型机制的运行起到一定程度的弥补或加强作用[①]；二是科层型机制实际上也难以克制非正式关系机制的同步形成。如前，周雪光曾研究指出，谈判与博弈是中国政府间上下关系的常态现象。例如围绕环保指标的落实，面对上级的“常规模式”和“动员模式”，下级政府往往在三种博弈策略中变换选择：正式谈判、非正式谈判和准退出。非正式谈判重点通过与上级官员建立交往，在社会关系背景下展开[②]，

① Janos Kornaï, *The Socialist System: The Political Economy of Communism*, Princeton, New Jersey: Princeton University Press, 1992.

② 周雪光、练宏：《政府内部上下级部门间谈判的一个分析模型——以环境政策实施为例》，《中国社会科学》2011年第5期。

正体现出非正式关系机制的特点，其附着于正式的科层型机制之上，稳定存在、持续作用和重复再生①。甚至，其重要性要远远高于正式机制，后者往往是一种用于“掩盖”真实议程和结构的装饰②。

另一方面，非正式关系机制与市场型机制、府际治理型机制亦“密不可分”。市场型机制旨在通过市场交换、订立契约，实现流域地方政府间对于流域水资源公共治理的互利共赢，尽管科层型机制可以提供外驱力及实施保障；但非正式的关系机制经常伴随其中，其一，可以促进市场交易和契约关系的顺利订立，降低搜寻市场交易对象信息，以及商定契约、讨价还价等方面的交易成本；其二，越来越多的新古典经济学者认识到完备契约假设脱离现实，现实世界几乎所有的市场交易都是不可能签订完备契约的。体现非正式关系机制的信任和声誉因素发挥着重要的互补性治理作用，可以缓解显性交易契约缺失下的激励问题，从而将市场效率保持在一个较高水平上③。而就府际治理型机制来说，其与非正式关系机制更可谓“如影随形”，呈现“U”形演变趋势：府际治理萌发阶段，地方政府的合作频率偏低，地方政府为规避契约风险倾向于选择非正式关系机制，就此逐渐加强信任，密切联系，使得府际合作持续升温；府际治理确立阶段，地方政府对于订立协议、设立专门组织机构、加强制度化沟通、协商等正式协作策略的运用远超过非正式关系机制；府际治理巩固阶段，府际协同的正式制度和规则基本形成，非正式关系机制反超正式协作机制④。

“正式制度变化背后的因果过程就埋藏在经济和政治行为者经常性的非正式互动当中……政策精英必须意识到适应性非正式制度的存在；那些适应性非正式制度的显著效果应该至少与一部分政策精英（典型的改革家们）的议程——不管是潜在的还是公开的——相吻合。”⑤ 就此，就流域水

① 袁超：《“关系”裹挟、科层失灵与官场逆淘汰》，《理论探讨》2017 年第 3 期。

② ［美］W. 理查德·斯科特、杰拉尔德·F. 戴维斯：《组织理论——理性、自然与开放系统的视角》，高俊山译，中国人民大学出版社 2011 年版，第 33 页。

③ 李晓义、李建标：《社会偏好、不完备契约与市场交往》，《天津社会科学》2009 年第 3 期。

④ 锁利铭：《地方政府间正式与非正式协作机制的形成与演变》，《地方治理研究》2018 年第 1 期。

⑤ ［美］蔡欣怡：《绕过民主：当代中国私营企业主的身份与策略》，黄涛等译，浙江人民出版社 2013 年版，第 13—36 页。

资源公共治理的地方政府间协同而言，非正式关系机制不应被研究者和实践部门所漠视，如果运用得当，将可以发挥很重要的“催化”或“附加分”作用，也可以引申出流域地方政府“关系资本”这一概念，作为一种社会资本，其有助于“搞定”流域水资源公共治理的地方政府间协同。林尚立曾分析指出：“在行政活动中，每一个官员或公务人员在于其他政府的官员或公务员打交道时，都会试图以自己意志的影响对方，同样，对方也是如此。因此，如果各自的意志能在相互的作用中达到某种一致或协调，那么各自多代表的政府或政府部门的某项公共行政活动就有可能达到目标，反之，如果双方的意志严重对立和冲突，那么，双方都将达不到预期目的。从中看出，官员及公务员间关系的完善和发展，对协调政府间关系具有十分重要的意义。”①

尽管如此，流域地方政府间非正式关系机制实证层面并不易于为普通研究者捕捉和挖掘，地方官员间致力于建立“私人关系”，也不排除有“拉帮结伙”、搞畸形“朋友圈”的可能（或者造成这方面的廉政风险），深入流域地方政府部门研究这一机制极可能引发受访官员警觉乃至抵制，从而较难保证实证材料的翔实、可靠，实践中非正式关系机制赖以生成的关系资本在发展过程中也往往伴随着消极的社会影响，构成其“副作用”的一面②。更主要的是，如上所析，非正式关系机制并非一种独立发挥作用的机制形式，有鉴于此，本书不打算对其作出专门探讨，而是在研究流域水资源公共治理的三种正式机制——科层型机制、市场型机制以及府际治理型机制（含公共参与型机制）时，一些方面有所涉及。

结语

为求解深刻、严峻的流域水资源危机，须首先对于盛行已久的“指标下压”公共环境管理模式做出系统检讨，在此基础上，思考建构流域水资源公共治理的府际协同机制。新制度经济学基于交易成本向度揭示制度的不同类型及其相互转化关系。以流域水资源公共治理而言，抽象意义上，地方政府面临合作对象选择、协议签订、执行、监督等各个阶段的交易成

① 林尚立：《国内政府间关系》，浙江人民出版社 1998 年版，第 100—101 页。

② 陈云松、边燕杰：《饮食社交对政治信任的侵蚀及差异分析：关系资本的“副作用”》，《社会》2015 年第 1 期。

本。这些交易成本发生在区域合作的不同阶段（见表2－1）①。基于各阶段交易成本的权衡，理论上，流域水资源公共治理的地方政府间协同应在科层型机制、市场型机制以及府际治理型机制三者间随时作出切换。但实际上，正如埃莉诺所言，“对所有的绩效标准来说，没有任何制度安排能表现得比其他制度安排都出色，所以，对问题的权衡永远是必要的，没有十全十美的制度存在”②，针对她本人研究揭示的自主治理机制，同样认可其局限所在：“这样的制度安排在许多场景中都具有不少弱点。牧人可能高估或低估草地的负载能力。他们自己的监督制度可能出现故障。外来的执行人在事先承诺将按某种方式行事后，可能又不实施。在实际场景中，各种问题都可能发生，就如理想化的集中管制制度和私有财产制度中的情况一样。”③ 有鉴于此，诚如蓝志勇所言，最可行的思路是形成一种互补性错位机制④。其中，科层型协同机制、市场型协同机制、府际治理型协同机制三者相互配合、相得益彰，但同时根据此三者运行中的交易成本情况作出比较，进而确立一者为主导性机制。

表2－1　**区域合作中的政治协调交易成本**

发生阶段	交易成本结构	来源
合作前	信息成本	获取潜在合作方偏好、资源及机会信息，以及对这些信息进行加工、处理与分析的成本
	谈判成本	各参与方就协议所涉及的内容、达成的目标以及各自的分工、约束机制的建立等进行反复磋商讨论所耗费的时间、物资及机会成本
合作中	执行成本	实施协议偏离最低执行成本的额外成本
	代理成本	协议的签署由代理机构完成，地方政府作为区域民众（上级政府）的代理人在进行合作时能否按照委托人的意愿进行合作，以及可能出现的机会主义和道德风险所产生的成本

① Feiock R. C.，“Rational Choice and Regional Governance”，转引自锁利铭《地方政府区域治理边界与合作协调机制》，《社会科学研究》2014年第4期。

② ［美］埃莉诺·奥斯特罗姆等：《制度激励与可持续发展》，谢明等译，上海三联书店2000年版，第26页。

③ ［美］埃莉诺·奥斯特罗姆：《公共事物的治理之道》，陈旭东等译，上海三联书店2000年版，第36—37页。

④ 蓝志勇：《现代公共管理的理性思考》，北京大学出版社2014年版，第105页。

第三章

协同何以可能：公共资源利他合作治理及其制度完善

当前，生态文明建设作为一项重大的国家战略，正成为中国现代化进程中最富有时代特色的现实诉求和政策倡导，而当代中国面临的一系列环境污染和生态破坏，其背后往往都与公共资源过度开发利用和管理不善有重大关系。作为生态文明建设的基础内容之一，实现公共资源的代际可持续开发利用，已成为实现民生幸福和建设美丽中国的根本依归。为此，十八届三中全会在《中共中央关于全面深化改革若干重大问题的决定》中指出要“紧紧围绕建设美丽中国深化生态文明体制改革，加快建立生态文明制度，健全国土空间开发、资源节约利用、生态环境保护的体制机制，推动形成人与自然和谐发展现代化建设新格局”。十九大报告也指出：“我们要建设的现代化是人与自然和谐共生的现代化，既要创造更多物质财富和精神财富以满足人民日益增长的美好生活需要，也要提供更多优质生态产品以满足人民日益增长的优美生态环境需要。”如何提高生态合作治理能力，实现公共资源的可持续开发利用，这不仅是生态文明建设的重要内容，更是中国现代化建设的生态屏障。

公共资源是指由共同体成员共同享有并由共同体行使所有权的自然资源，如海洋、河流湖泊和草场等①，具有公共性、外部性和稀缺性以及使用上的非排他性和竞争性等特点。公共资源的性质和特点，使得公共资源在自发状态下有着被过度开发的可能，从而导致公地悲剧的发生。公地悲剧的思想渊源可以追溯到亚里士多德时代，亚氏认为“凡是属于最多数人

---

① 刘尚希、樊轶侠：《公共资源产权收益形成与分配机制研究》，《中央财经大学学报》2015年第3期。

的公共事物常常是最少受人照顾的事物，人们关怀着自己的所有，而忽视公共的事物；对于公共的一切，他至多只留心到其中对他个人多少有些相关的事物”。1968 年美国学者哈丁（Hardin）在《科学》杂志发表《公地悲剧》一文后，公共资源治理开始成为学术研究的热点问题，2009 年埃莉诺因其在公共资源治理研究方面的杰出贡献而被授予诺贝尔经济学奖更是让公共资源治理研究进入众人视野。公共资源开发和使用中出现的“拥挤效应”必然造成公共资源的过度消耗，这可以从囚徒困境①、公地悲剧②、集体行动的困境③，以及公共资源供给与支出等经典理论中得到解释④。但这些研究多是从“经济人”假说出发，随着社会越来越多元化，人不再是同质化的个体，人与人之间的偏好越来越具有异质性，教育和科技的普及则进一步提高了人的理性认识能力，“经济人”之间的相互算计并不能在“无形中实现社会整体利益的最大化”。由此，如何在新的历史环境条件下突破传统利己主义思想下公共资源治理研究的理路，寻求协同治理的思想理论基础，并以此推进我国生态治理现代化，这显得尤为必要和迫切。

第一节 利己主义思想下合作治理秩序的历史视野

近代以来，围绕着如何通过合作实现社会福利的最大化形成了丰富多彩的理论，如社会契约理论、公共资源理论和产权理论等，这些理论或者主张通过国家集权管理（利维坦式或共和式独裁）而构建人类相互间的合作治理秩序，或者主张通过明晰产权（私有化）而构建人类相互间的合作治理秩序。虽然不同的理论对如何形成合作治理秩序的进路的理解有差异，但这些理论都有一个共同的理论假设，即人是追求自身利益最大化的经济人。文艺复兴时期的思想家霍布斯对自私的人类如何为实现共同利益而合作首次作出了系统性的回答，并提供了建立利维坦的建议。在霍布斯

---

① 张维迎：《博弈论与信息经济学》，上海三联书店 2004 年版，第 124 页。

② J. Hardin Garrett, *The Tragedy of the Commons*, London: Oxford University Press, 1968, pp. 93 – 96.

③ ［美］曼瑟尔·奥尔森：《集体行动的逻辑》，陈郁等译，上海三联书店 1995 年版，第 1—3 页。

④ Buchanan J. M., “Cooperation and Conflict in Public Goods Interaction”, *Economic Inquiry*, Vol. 5, No. 2, March 1967.

看来，人的自然本性首先在于求自保、生存，从而是自私自利、恐惧、贪婪、残暴无情，人对人互相防范、敌对、争战不已，像狼和狼一样处于可怕的自然状态中。如果要建立一种能够抵御外来侵略和制止相互伤害的共同权力，以便保障大家能通过自己的辛劳和土地的丰产为生并生活得很满意，那就只有一条路——把大家所有的权力和力量托付给某一个人或一个能通过多数的意见把大家的意志化为一个意志的多人组成的集体。这个人或这个集体就是主权者，而像这样通过社会契约而统一在一个人格之中的一群人就组成了国家，这就是伟大的利维坦的诞生[①]。因此，从霍布斯的观点来说，一个集权的、强有力的政府是人类避免无序征伐而形成有序合作的基础。

法国著名的启蒙思想家卢梭则提出了从"社会契约"角度克服个人私利的思想。在其著作《社会契约论》中，卢梭写道："他们保证生存的唯一途径就是将分散的力量合在一起，克服任何一种阻力。只有若干个人联合起来，才可以产生这种综合的力量"，他们"力求寻找到一种联盟，以集体的力量保护每一成员的人身及财产安全"。卢梭的社会契约论的思想对当时的世界产生了巨大的影响，但是卢梭认为"为了使社会契约不至于成为一纸空文，在双方的承诺中都应该心照不宣地含有这样的内容：无论谁拒绝服从公众意志，整个实体都会强迫他服从"[②]。卢梭的这一思想毁誉不一，因为如果是某个人或某个组织代表了公共意志，那么这个人或组织就有权力来驾驭、控制和指导整个社会，从而也就形成了一种代表公共意志的专制集权统治。在自由主义者看来，更不容忍受的是"一旦我们放弃了不允许国家机器干涉任何私人生活的原则立场，那么国家势必会对个人生活的每个细节制定规则，实行限制。个人自由就会因此被剥夺，个人就会变成集体的奴隶，成为多数人的仆人"[③]。

在考察了各种理论之后，奥尔森运用博弈理论对人类如何合作的老问题进行了深入分析，认为"除非一个集团人数很少或除非存在强制或其他某些特殊手段以使个人按照他们共同的利益行事，有理性的寻求自我利益

---

① ［英］霍布斯：《利维坦》，黎思复、黎廷弼译，商务印书馆 1985 年版，第 131—132 页。

② ［法］让－雅克·卢梭：《社会契约论》，陈红玉译，译林出版社 2011 年版，第 11—14 页。

③ ［奥］路德维希·冯·米瑟斯：《自由与繁荣的国度》，韩光明译，中国社会科学出版社 1995 年版，第 92 页。

的个人不会采取行动以实现他们共同的或集团的利益。换句话说，即使一个大集团中的所有个人都是有理性的和寻求自我利益的，而且作为一个集团，他们采取行动实现他们共同的利益或目标后都能获益，他们仍然不会自愿地采取行动以实现共同的集团的利益”[①]，认为从理性和寻求自我利益的行为这一前提可以逻辑地推出集团会从自身利益出发采取行动，这种观念是不正确的。因为如果由于某个个人活动使整个集团状况有所改善，但付出成本的个人却只能获得其行动的一个极小的份额。集团收益的公共性使集团的每一个成员都能共同且均等地分享它，而不管他是否为之付出了成本。集团收益的这种性质促使集团的每个成员想“搭便车”而坐享其成。所以，在严格坚持经济学关于人及其行为的假定条件下，理性人不会为集团的共同利益而采取行动。

如果遵循霍布斯或卢梭的理论，那么一个具有共同利益的群体会在某种外在强制力量的安排下为实现共同利益而采取集体行动，并且这要么导致君主专制，要么导致共和式独裁；而如果遵循奥尔森的理论，则个人不会为了集团的共同利益而采取行动，除非这个集团人数很少或存在某种外在强制[②]。那么怎样才能从没有外在强制力量的利己主义者中产生合作呢？为了寻找到更为理想的解决方案，阿克塞尔罗德运用现代经济学的行为博弈理论，通过没有中心权威的“重复囚徒困境博弈计算机程序奥林匹克竞赛”证伪了霍布斯“利维坦”和卢梭“人民公意”形式集权专制是人类社会形成合作治理秩序的必要条件的这一思想。在阿克塞尔罗德的博弈对抗赛中“一报还一报”策略获得了最高得分。“一报还一报”策略非常简单：第一回合采取“合作”，然后每一回合都重复对手的上一回合的策略。为此，阿克塞尔罗德认为好的策略标准是永远不先背叛，同时好的策略必须有三个特征：“善良”、“宽恕”和“不嫉妒”[③]。“善良”就是从不主动先背叛，在对方采取背叛策略之前一直采取合作的策略；“宽恕”就是能够原谅对方过去的“错误”，一旦对方“改过”即以合作对待；“不嫉妒”就是能够容忍别的参赛者“赚”得和你一样多，而且乐于同时从“庄家”

---

① ［美］曼瑟尔·奥尔森：《集体行动的逻辑》，陈郁等译，上海三联书店1995年版，第1—3页。

② 韦森：《从合作的进化到合作的复杂性》，载罗伯特·阿克塞尔罗德《合作的复杂性：基于参与者竞争与合作的模型》，梁捷等译，上海世纪出版集团2008年版，第1—20页。

③ 同上。

那里赢钱。

显然，阿克塞尔罗德对在没有中心权威下的追求利益最大化的个体之间的合作的研究取得了很大的进展，但是现实中的人并不是总能完全遵守“善良”、“宽恕”和“不嫉妒”的经济理性原则，他不仅有理性，而且也有着情感，并且会随着个人情绪的波动和生活环境的变化而不断调整自身的策略，而且无论是霍布斯、卢梭还是奥尔森或者阿克塞尔罗德，他们的理论都隐藏着一个共同的假设，即个体是追求自身利益最大化的自利者，他们的合作理论也都建立在个体自利的基础上，而忽略了人性的多样性，忽略了利他行为对人类合作以及公共资源治理的影响。现实中的人不仅有利己的一面，也有利他的一面，正如启蒙运动时期的著名思想家洛克所说：“人类基于自然的平等是既明显又不容置疑的，因而把它作为人类互爱义务的基础，并在这个基础之上建立人们相互之间应有的种种义务，从而引申出正义和仁爱的重要准则。相同的自然动机使人们知道有爱人和爱己的同样的责任。……如果我要求本性与我相同的人们尽量爱我，我便负有一种自然的义务对他们充分地具有相同的爱心。”① 也正因如此，现代经济学便不再排斥将利他行为纳入到社会经济生活的研究中去，而引入利他行为后的公共资源治理范式也将呈现出不同于传统理论的风貌。

第二节 人类的利他性及公共资源利他合作治理的层次

为了使经济学的研究显得更加精密和科学，自亚当·斯密尤其是“边际革命”之后，经济学家们大都采用了单纯的“经济人”假设，并把这一假设发展到极致。实际上，亚当·斯密不仅强调了人利己的一面，也看到了人同情心的一面，认为人不是纯粹的自私自利的人，人也有感同身受的同情心，并将之视为人类社会合作的情感根源，这在其《道德情操论》中有着缜密的论述。“无论人们会认为某人怎样自私，这个人的天赋中总是明显地存在着这样一些本性，这些本性使他关心别人的命运，把别人的幸福看成是自己的事情，虽然他除了看到别人幸福而感到高兴以外，一无所

① ［英］洛克：《政府论》（下篇），冯克利译，商务印书馆 1964 年版，第 3 页。

得。这种本性就是怜悯或同情，就是当我们看到或逼真地想象到他人的不幸遭遇时所产生的感情。我们常为他人的悲哀而感伤，这是显而易见的事实，不需要用什么实例来证明。这种情感同人性中所有其他的原始感情一样，决不只是品行高尚的人才具备，虽然他们在这方面的感受可能最敏锐。”① 斯密的这一思想与中国古代思想家孟子的“性善论”有相似之处。孟子在不同的场合对性善之说有着论述，在《孟子·告子上》中他说：“恻隐之心，人皆有之；羞恶之心，人皆有之；恭敬之心，人皆有之；是非之心，人皆有之。”孟子的恻隐之心与斯密的同情之心是基本一致的，这也构成了孟子“性善论”的基石。由此而观之，人类基于性善一面或基于道德要求再或基于生物进化而具有利他行为的倾向并不需要长篇累牍的论述，也能在现实中获得实证的支持。一般而言，人类的利他行为及其合作治理可以分为以下四个层次。

其一是亲缘利他合作治理。亲缘利他是指有血缘关系的个体为自己的亲属所作出的某些牺牲，如父母对子女以及兄弟姐妹之间的帮助，这些帮助通常以血缘或亲情为纽带，不含有直接的功利目的，因此这种利他行为也被称为硬核利他。人类间的亲缘利他行为通常以自己为中心，随着亲缘关系的疏远，亲缘利他行为的强度也逐步衰减，形成类似蛛网式的层层向外展开的网络结构，犹如石子投入水中而产生的波纹，“一圈圈推出去，愈推愈远，也愈推愈薄”②。爱德华·威尔逊将生物界中根据“亲缘指数”不同而逐步衰减的利他行为排成了一个系列谱：位于其一端是个人，依次是核心家庭、大家庭、社群、部落，直到另一端最高政治社会单位，这也就是费孝通先生所提出的差序格局。从生物学的意义上说，能够亲缘利他的物种在生存竞争中具有明显的竞争优势，能够将自己的基因更远地遗传开去。但是，亲缘利他行为对公共资源的合作治理并不具有典型意义，因为“如果人类有很大的成分是受先天制定的学习规则以及预先导向的情绪发展所引导的，而这些学习规则与情绪发展的宗旨又在于为亲属及部落谋福祉，那么……国际性的合作很容易碰到这个限制的上限而被战争或经济纠纷之类的纷乱所破坏，使得依据纯粹理性而做的向上冲涌的努力全被抵消”③。

---

① ［英］亚当·斯密：《道德情操论》，蒋自强译，商务印书馆1997年版，第5页。

② 费孝通：《乡土中国　生育制度》，北京大学出版社2006年版，第27页。

③ 郑也夫：《利他行为的根源》，《首都师范大学学报》2009年第4期。

其二是互惠利他合作治理。互惠利他是指没有血缘关系的个体为了回报而相互提供的帮助。也正因为互惠利他的个体期望自己为同伴提供的帮助而在日后获得回报，因此互惠利他具有了期权式投资的性质[①]，因此互惠利他也被称为“软核利他”。一般看来，互惠的基础是关系的可持续性，否则互惠利他就无法持续，博弈的结果就是互惠的关系局限在人数较少且稳定的团体中。从博弈论的角度说，关系的可持续性使个人之间的重复博弈有了可能，也使得参与博弈的个体需要在短期利益和长远利益之间做出权衡——当博弈是重复多次时，参与人就可能为了长远利益而牺牲眼前利益从而选择不同的均衡战略，而且有积极性为自己建立一个好的声誉而谋求更长远的利益[②]。在持续性的关系中，参与博弈的个体需要建立某种识别机制，即互利行为不仅需要互动的重复性，而且还需要具备识别和记住其他个体的能力，以抑制其他博弈参与人在策略选择中可能出现的道德风险或机会主义的倾向。

互惠利他在公共资源合作治理具有广泛而形式多样的应用，如生态补偿以及区域之间的环境合作治理协议等。在实践形态上，互惠利他合作治理既可以是公共部门之间的互惠利他，如被誉为“中国水权交易第一例”的浙江省义乌市和东阳市之间的水资源永久使用权转让协议，不仅实现了水利资源共享、优势互补、共同发展，既解决了义乌近、远期的缺水矛盾，又实现了东阳市充分利用水资源的价值，促进了两市的水利资源共建、共享和共同发展；也可以是公私部门之间的互惠利他或私人部门之间的互惠利他，如亿利资源集团在库布其沙漠治理中，通过农牧民“荒沙废地”使用权入股、返租倒包和一次性补偿等形式，与3512户农牧民签订合作协议，无偿为农牧民发放由其培育的甘草苗，收获的甘草则全部由亿利集团以市场价收购，使农牧民每年仅参与企业生态建设的直接收益就超过1亿元[③]，极大地促进了农牧民沙漠治理的积极性。这种沙漠治理模式取得了显著的成绩，在30年的时间里，库布其沙漠有1/3的面积被绿化，2014年联合国环境规划署更将亿利资源库布其沙漠生态治理区确立为全球沙漠“生态经济示范区”；2015年7月28日，库布其荣获联合国防治荒漠

---

① 叶航：《利他行为的经济学解释》，《经济学家》2005年第3期。

② 张维迎：《博弈论与信息经济学》，上海三联书店2004年版，第124页。

③ 编者：《亿利资源集团公司沙漠生态建设的成功实践》，《实践》（党的教育版）2007年第Z1期。

化公约UNCCD颁发的“2015年度土地生命奖”，这标志着互惠利他合作治理的沙漠治理模式得到了联合国的重视，也使中国大力发展沙漠经济治理模式获得了世界级的标本意义。

其三是纯粹利他合作治理。纯粹利他是指没有血缘关系的个体在主观上不计任何回报的利他行为。为了合理解释纯粹利他行为的生物学依据，群体选择理论认为，遗传进化是在生物种群层次上而不是在个体层次上实现的，当生物中的个体做出有利于种群的利他行为时，这个种群就有可能在激烈的生存竞争中获得更多的生存适应性，随着种群在生存竞争中的胜利而成功演化。尽管主流生物学家对群体选择理论进行了大量批驳，认为自然选择只能作用于生物个体而非种群，而且现代基因技术和遗传科学的发展，以及生物学的经验观察和实证研究似乎都证明了生物进化必须通过生物个体的基因介质才能实现——有利于个体生存适应性的生物性状才会在遗传中得以保存和进化，与个体生存适应性无益甚至有害的生物性状，其有效信息最终都会在遗传中丢失和湮没①，但我们依然可以在人类社会中发现不同于亲缘利他和互惠利他的利他行为的存在，以至于连生物进化论的始创者达尔文也不得不在“关于道德感和某些形而上学的陈旧而无用的笔记”中对人类的利他性进行思考②。实际上，把主流生物学家对利他行为的定义直接运用到人类身上确乎存在失当之处，他们认为纯粹的利他行为会导致生物个体的适应性降低，而提高受惠者的生存适应性，因此不是稳定的进化均衡。然而对于人类而言，有些利他行为不仅不会降低施惠者的生存适应性，甚至还能提高其生存适应性，比如说慈善中的捐赠者本身并不期望获得回报，但却有可能因此而获得好的声誉。虽然生物学家不认为这是纯粹利他行为，但如果捐赠者是“无心为善”，那我们仍然应该认为这是纯粹的利他行为，应该将行为动机和行为结果分离，判断的标准应是动机而非结果，这也就是生物学家在解释人类纯粹利他行为时遇到困境的原因，因为利他行为本身就是人类进化的结果。如果所有人都是利己者，那么人类将会灭亡，这一点，齐良书在其《利他行为及其经济学意义——兼与叶航等探讨》一文中已做过证明。

其四是利他惩罚合作治理。利他惩罚又称强互惠行为，是一种既非亲

① 叶航：《利他行为的经济学解释》，《经济学家》2005年第3期。

② 郑也夫：《利他行为的根源》，《首都师范大学学报》2009年第4期。

缘利他，又非互惠利他的非纯粹利他行为。强互惠行为的特征是在团体中与人合作，并不惜成本去惩罚那些破坏合作规范的人（哪怕这些破坏不是针对自己），甚至预期在得不到补偿的情况下也会这么做。“一个带着合作倾向进入一个新社会环境的强互惠者，倾向于通过维持和提高它的合作水平来对其他人的合作行为做出回应，并对他人的‘搭便车’行为进行报复，即使这会让他花费成本，甚至不能理性预期这种报复能否会在将来给个人带来收益。这个强互惠者既是有条件的利他合作者也是一个有条件的利他惩罚者，他的行为在付出个人成本的时候会给族群其他成员带来收益。”① 强互惠能抑制团体中的背叛、逃避责任和“搭便车”行为，从而有效提高团体成员的福利水平，但实施这种行为却需要个人承担成本，且不能从团体收益中获得额外补偿②，因此强互惠行为又被称为“利他惩罚”。在 Bowles 等人看来，趋社会情感是强互惠行为产生的根源。“趋社会情感是一种导致行为者从事我们前面所定义的合作行为的生理和心理反映。一些趋社会情感，包括羞耻、负罪感、同情以及对社会制裁的敏感性，导致行动者承担建设性的社会互助行为。”③ 强互惠行为有效解释了亲缘利他和互惠利他在解释人类合作问题上的不足，也有效解释了群体选择理论在解释有利于群体但对个体而言是高成本甚至是牺牲性的行为时的缺陷，证明了少量不考虑未来的回报而对背叛者施以惩罚的强互惠者能够显著提高人类族群的生存机会，说明强互惠行为能够在激烈的自然选择中成功演化并保持均衡。利他惩罚在公共资源合作治理中的不计成本的惩罚性特点，使得利他惩罚者在现实中常常不被人理解，甚至因被人打击报复而使自身的生存境遇恶化，这尤为值得人们深思。被誉为“滇池卫士”的张正祥曾经是云南省昆明市西山区碧鸡镇的人大代表，因为长期致力于滇池的保护而先后当选为“中国十大民间环保杰出人物”、“昆明好人”和“感动中国年度人物”，不过也正因其环保行动和抗争，“敢和官斗，敢和老板斗”的张正祥

---

① ［美］萨缪·鲍尔斯、赫伯特·金迪斯：《人类合作的起源》，载［美］赫伯特·金迪斯、萨缪·鲍尔斯《人类的趋社会性及其研究——一个超越经济学的经济分析》，浙江大学跨学科社会科学研究中心译，上海世纪出版集团 2006 年版，第 55—57 页。

② 叶航、汪丁丁、罗卫东：《作为内生偏好的利他行为及其经济学意义》，《经济研究》2005 年第 8 期。

③ ［美］萨缪·鲍尔斯、赫伯特·金迪斯：《人类合作的起源》，载［美］赫伯特·金迪斯、萨缪·鲍尔斯《人类的趋社会性及其研究——一个超越经济学的经济分析》，浙江大学跨学科社会科学研究中心译，上海世纪出版集团 2006 年版，第 55—57 页。

失去了镇人大代表的身份和“滇池环保巡查监督员”的头衔，并在一些地方官员眼中成了妨碍地方经济的“滇池疯子”①，其本人也因此负债累累、家庭破裂，更曾因此被人撞到山下，导致右手残疾和右眼失明。

第三节　公共资源利他合作治理的博弈模型

在一个典型的公共资源治理囚徒困境中，参与人被定义为纯粹的利己者，但通过观察总结可知，人性不仅有利己的一面，也有利他的一面。在本模型中，我们将人类的利他性和利己性同时纳入公共资源治理的博弈模型，考虑在存在利他因素的条件下，公共资源治理的博弈均衡将发生何种改变？哪些类型的制度设计将有利于公共资源的合作治理？为此，本模型假设在公共资源利他合作治理的博弈中存在A和B两个参与人，A的策略集是｛利他，不利他｝；B的策略集是｛合作，不合作｝。为进一步研究参与者之间行为和关系的相互影响，做进一步的参数假设：

（1）C_A 为A的利他成本，C_B 为B的合作成本；

（2）当A选择利他时，如果B选择合作，则A的收益为 v，B的收益为 π；如果B选择不合作，B的收益为 φ，但A将对B的不合作行为提出控诉，B为此承担的损失为 β，也即此时A的收益为 β；

（3）当A选择不利他时，如果B选择合作，则A的收益为 κ，但B同样将对A的不利他行为提出控诉，A将为此承担同样的损失 β，B获得收益 β；如果B选择不合作，则此时双方的收益都为0；

（4）C_A、C_B、v、π、φ、β、κ 为常数。

根据以上假设，构建A和B之间的公共资源利他合作治理博弈矩阵，见表3-1。

表3-1　**公共资源利他合作治理的博弈矩阵**

A＼B	合作	不合作
利他	$v-C_A$，$\pi-C_B$	$\beta-C_A$，$\varphi-\beta$
不利他	$\kappa-\beta$，$\beta-C_B$	0，0

① 冉冉:《环境治理的监督机制：以地方人大和政协为观察视角》，《新视野》2015年第3期。

假定λ为A利他的概率，γ为B合作的概率。给定γ，A利他（$\lambda=1$）和不利他（$\lambda=0$）的期望收益分别为：

$$\begin{aligned} u_A(1,\gamma) &= (v - C_A)\gamma + (\beta - C_A)(1 - \gamma) \\ &= v\gamma - C_A\gamma + \beta - \beta\gamma - C_A + C_A\gamma \\ &= \beta - C_A + (v - \beta)\gamma \end{aligned} \tag{3-1}$$

$$u_A(0,\gamma) = (\kappa - \beta)\gamma + 0(1 - \gamma) = \kappa\gamma - \beta\gamma \tag{3-2}$$

解π_A（1，γ）$=\pi_A$（0，γ），得$\gamma^*=\beta - C_A/\kappa - v$。$\gamma^*$表示如果B合作的概率小于$\beta - C_A/\kappa - v$，A的最优策略是利他；如果B合作的概率大于$\beta - C_A/\kappa - v$，A的最优策略是不利他；如果B合作的概率等于$\beta - C_A/\kappa - v$，则A随机地选择利他或不利他。

给定λ，B选择合作（$\gamma=1$）和不合作（$\gamma=0$）的期望收益分别为：

$$\begin{aligned} u_B(\lambda,1) &= (\pi - C_B)\lambda + (\beta - C_B)(1 - \lambda) \\ &= \pi\lambda - C_B\lambda + \beta - \beta\lambda - C_B + C_B\lambda \\ &= (\pi - \beta)\lambda + \beta - C_B \end{aligned} \tag{3-3}$$

$$u_B(\lambda,0) = (\varphi - \beta)\lambda + 0(1 - \lambda) = (\varphi - \beta)\lambda \tag{3-4}$$

解π_B（λ，1）$=\pi_B$（λ，0），得$\lambda^*=\beta - C_B/\varphi - \pi$。$\lambda^*$表示如果A利他的概率小于$\beta - C_B/\varphi - \pi$，B的最优选择是不合作；如果A利他的概率大于$\beta - C_B/\varphi - \pi$，B的最优选择是合作；如果A利他的概率等于$\beta - C_B/\varphi - \pi$，B随机地选择合作或不合作。

因此，此时的混合战略纳什均衡是：$\lambda^*=\beta - C_B/\varphi - \pi$，$\gamma^*=\beta - C_A/\kappa - v$，即A以$\beta - C_B/\varphi - \pi$的概率利他，B以$\gamma^*=\beta - C_A/\kappa - v$的概率合作。

上述结论表明：

（1）A选择利他还是不利他，与B在此时选择不合作与合作的收益值的差成反比，即如果B选择不合作与合作的收益值的差越大，则A选择利他的概率越小；

（2）B选择合作还是不合作，与A在此时选择不利他和利他的收益值的差成反比，即如果A选择不利他与利他的收益值的差越大，则B选择合作的概率越小；

（3）无论是A还是B，其是否作出利他或合作的选择，与控诉所获收益和利他或合作成本的差成正比，即如果二者的差越大，A或B越有可能作出利他或合作的选择。

上述模型考虑了 A 和 B 在简化行动中的博弈模型及其均衡。实际上，现实中的博弈参与人的可供选择的行动可能不是非此即彼。比如 B 在合作和不合作之外，可以选择部分合作，即不是完全不合作 A 的策略，也不是完全合作 A 的策略，而是选择部分合作。同样，A 也可能在纯粹利他和纯粹利己之间选择部分利他和部分利己相结合的策略。为此，A 和 B 的行动集合就可以分别扩展为｛纯粹利他，部分利他，不利他｝及｛完全合作，部分合作，不合作｝。为分析在扩展行动集合中双方的博弈均衡，在前文的基础上，对博弈模型进一步作如下假设：

（1）A 和 B 分别有如上三个可供选择的行动。

（2）α 为 A 和 B 对彼此非合作或非利他部分进行反制的系数，θ 为 B 的合作系数（即执行多少问题），且 B 合作的收益和合作成本与 θ 相关，δ 为当 B 选择部分合作时带给 A 的效益系数（假设 B 合作 80% 与合作 20% 带给 A 的效益不一样），其中 $0<\alpha$，θ，$\delta<1$。

（3）β 为 A 和 B 非利他或非合作而受到的损失（包括经济的、政治的和社会的），当 A 完全利他时，A 对 B 不合作的行为将加大控诉力度，控诉力度设定为 2β，且 $2\beta>C_A$；且当 A 选择完全利他时，A 对 B 选择部分合作的处罚额度大于利他成本，反之，亦然。

（4）ω 为 A 选择部分利他的系数。

根据以上分析，构建扩展行动中的 A 和 B 的博弈支付矩阵，见表 3－2。

表 3－2　**扩展行动中的公共资源利他合作治理博弈支付矩阵**

A＼B	完全合作	部分合作	不合作
完全利他	$v-C_A$，$\pi-C_B$	$\alpha\beta+\delta v-C_A$，$\pi-\alpha\beta-\theta C_B$	$2\alpha\beta-C_A$，$\varphi-2\alpha\beta$
部分利他	$v-\alpha\beta-\omega C_A$，$\alpha\beta+\omega\pi-C_B$	$\delta v-\omega C_A$，$\omega\pi-\theta C_B$	$\alpha\beta-\omega C_A$，$\omega\varphi-\alpha\beta$
不利他	$\kappa-2\alpha\beta$，$2\alpha\beta-C_B$	$\delta v-\alpha\beta$，$\alpha\beta-\theta C_B$	0，0

根据表 3－2 可知，给定 A 的策略选择，则在 A 选择完全利他时，B 选择完全合作、部分合作和不合作的收益分别为 $\pi-C_B$、$\pi-\alpha\beta-\theta C_B$ 和 $\varphi-2\alpha\beta$。此时 B 并不存在占优策略，B 的策略选择取决于 B 合作的收益 π、合作的成本 C_B、不合作的收益 φ、A 对 B 的控诉系数 α，以及不合作的损

失 β 的取值及其相互关系。同理，也可求出 A 选择部分利他和不利他时 B 的收益，我们发现 B 依然不存在占优策略。反之，在给定 B 的策略时，A 也不存在占优策略。

结论是，在扩展行动中的公共资源利他合作治理博弈中，给定 A 或 B 任何一方的策略，另一方都不存在占优策略，意味着博弈双方不存在唯一的纳什均衡解。对任何一方而言，其最优策略既取决于相应策略的成本与收益，也受对另一方不利他或不合作的惩罚力度及双方控诉系数的影响。因此，尽管参与人的利他程度不一，但在一定的博弈规则下，参与人不会走向完全自利的边界，而且在满足一定的从众强度条件下，从众的学习机制使得利他者的频率仍然会增加，合作就能得以保持，从而证明了公地悲剧并不是公共资源开发利用及治理的唯一结局。

第四节　公共资源利他合作治理的制度完善

传统公共资源治理理论将利己的“经济人”作为人性的唯一假设，认为在公共资源开发和治理中的个体、企业或政府都是追求自我利益的纯粹利己者，这不符合人性复杂且丰富的事实，人类的利他行为是可能发生且广泛存在的。在面临公地悲剧的毁灭性结局时，参与者之间采取合作还是对抗的策略对整个人类的命运生死攸关。我们需要以更为丰富、更加符合真实人性的假设为基础，建立一套更为良性的公共资源治理的制度体系，统筹考虑人性、制度规范、历史传统、文化习俗、社会资本，乃至社群结构与形态对个体选择的影响，探寻在何种制度环境下，个体将采取合作的策略和有利于公共资源保护的行为；又在何种情境下个体会选择不合作的策略和不利于公共资源治理甚至破坏公共资源的行为①。人类的利他行为为公共资源的合作治理研究开辟了一条不同于传统利己主义理论的路径，但我们同时认为虽然人具有利他的本性，但人类利他行为的产生并不总是无条件的，甚至在利己和利他之间存在着矛盾和冲突，如何为利他行为的产生提供良好的环境是社会科学家和实践工作者应肩负的道义。

其一是构建对“他人”的伦理责任，以“看不见的眼”引导人们的行

---

① 李文钊:《环境管理体制演进轨迹及其新型设计》,《改革》2015 年第 4 期。

为，夯实利他精神的思想根基。费孝通曾以“维系着私人的道德”概括中国传统社会中人的道德①，这种价值观念虽然根植于传统的宗族和小农社会，但早已积淀成一种影响深远的文化心理结构，深刻地影响着我们在日常生活和公共生活中对待“他人”的态度，并在不完善的市场经济体制和法治体系下畸变为“唯利是图”的“精致的利己主义者”，这在环境领域表露得一览无余。因此，构建环境治理中的利他合作治理机制，首先必须超越“维系私人的道德”，超越“亲疏”观念造成的二元对立关系，真正把“自我”与“自己人”之外的每一个人当成具有独立人格的生命个体，切实尊重与关怀他们的尊严和幸福②，树立公共精神，这是利他行为得以产生的思想根基。

其二是建立对利己者的监督和惩罚机制。参与制定1787年美国宪法的核心人物麦迪逊曾说：“如果人人都是天使，就不需要任何政府了；如果是天使统治人，就不需要对政府有外来或内在的控制了。”在利己心这只“看不见的手”的指引下，虽然可能能使人比在真正出于本意的情况下更有效地促进社会利益，但在公共资源治理领域，大量的污染和破坏是利己行为造成的。虽然对个体而言，这一行为符合利益最大化的理性取向，但对集体而言，这样的行为却是灾难性的，将导致公共资源无法估量的破坏。如何防范人极端利己本性对公共资源产生的破坏性影响，是公共资源合作治理制度设计的重要组成部分。为此，我们一方面需要建立对利己者和利己行为的监督机制，完善环境保护的公民参与和公益诉讼制度。“群众的眼睛是雪亮的”，公众参与监督能更及时地发现问题，减少政府监督中的信息不对称，提高发现破坏公共资源行为的概率。另一方面，需要完善环境司法制度，加大对破坏公共自愿者的惩罚力度，避免“守法成本高，违法成本低”的尴尬局面，加大环境违法犯罪的立案审查机制，提升环境法庭在公共资源治理中的作用。

其三是建立对利他者的保护和奖励机制。人类之所以能够合作，不仅是因为对互惠利他的追求，还因为我们时时刻刻具有某种设身处地地为别人考虑的能力，始终都有换位思考的天生禀赋。虽然人与人之间可以通过

① 费孝通：《乡土中国　生育制度》，北京大学出版社2006年版，第27页。

② 贺来：《“陌生人”的位置——对“利他精神”的哲学前提性反思》，《文史哲》2015年第3期。

这种同情心的相互作用，形成某种具有合宜性的规则和秩序[①]，但“国无赏罚，虽尧舜不能化”，如果没有对极端利己者的惩罚和对利他者的保护，将不足以彰显公共资源合作治理中利他行为的善性。如何保护人性中善的一面，使其不被性恶的一面所压制，是公共资源利他合作治理制度设计需要充分考虑的问题。“滇池卫士”张正祥因为长期致力于滇池的保护而先后当选为“中国十大民间环保杰出人物”、“昆明好人”和“感动中国年度人物”，然而这个英雄人物却因为他的正义行动而遭受了巨大的苦难。为避免公共资源保护者“吃力不讨好”甚至“流血又流泪”现象的出现，我们一是要建立切实有效的对利他者的保护机制，保障其生命健康权、人身自由权和财产权不受来自外界的侵犯或报复，维护其作为公民的基本尊严；二是要建立对利他者的奖励机制，对其维护公共利益、保护公共资源的行为教育、鼓励、宣传和奖赏，让其获得与其行动相对应的荣誉，并以此提升全民的生态意识，提高公民参与公共资源治理的积极性。

其四是建立公平公正的合作成本分担和剩余分享机制。创造和分享合作剩余是人类合作的基本动力，公平和公正则是现实中常用的两种分担分享原则[②]。如果人们无法建立公平公正的合作成本分担和剩余分享机制，则会极大地伤害人们参与合作治理的积极性和动力。在这方面，内蒙古亿利资源集团引入的库布其沙漠治理模式很好地见证了公共资源利他合作治理的成功，联合国环境规划署也于2014年将库布其沙漠生态治理区确立为全球沙漠“生态经济示范区”，这也标志着库布其沙漠利他合作治理的模式得到了联合国的重视。时任中共中央政治局委员、国务院副总理汪洋在考察库布其沙漠生态建设时也指出，“保障治理者的合法权益，让参与防沙治沙的企业、个人经济上得到合理回报，政治上得到应有荣誉，充分释放市场、企业、社会组织的活力，这条路子非常好，希望更多的社会力量参与沙漠治理”[③]。这充分肯定了在公共资源利他合作治理中奖励、惩罚，以及合作成本分担和剩余共享在实践中的重要作用。因此在公共资源合作治理中，要科学界定保护者和受益者的权利义务关系，通过完善上下级政

---

① 汪丁丁、罗卫东、叶航：《人类合作秩序的起源与演化》，载赫伯特·金迪斯、萨缪·鲍尔斯《人类的趋社会性及其研究——一个超越经济学的经济分析》，浙江大学跨学科社会科学研究中心译，上海世纪出版集团2006年版，第16—17页。

② 齐良书：《利他行为及其经济学意义——兼与叶航等探讨》，《经济评论》2006年第3期。

③ 海川：《亿利资源：让沙漠长出“摇钱树”》，《新经济导刊》2014年第5期。

府间和横向政府间的生态补偿机制，建立公平公正的长期合作关系，通过对合作治理参与者采取资金补助、人才培训和园区共建等形式，减少参与者对未来不稳定性的担忧，为公平公正的合作治理提供良好的环境和平台。

结语

公地悲剧理论、囚徒困境理论和集体行动理论揭示了公共资源利用中个体理性而集体非理性的悖论，但现代主流经济学撇开了影响人类行为的社会、心理和文化等各种因素，将人性高度抽象为“经济人”假设，并在这一利己主义的背景下提供了国家集权管理、私有化或自主治理三种环境治理的方案，且认为无限重复博弈关系是形成公共资源合作治理秩序的必要条件。这虽然能够对人类行为进行一定程度的解释，但它无法解释多样化的人类行为，也无法全面指导环境治理制度的完善和改进。本章的理论贡献在于：（1）从自然与社会文化统一体的角度阐述人类的利他行为，认为利他行为的普遍存在为公共资源的合作治理提供了可能，而人类的利他行为是自然生物利他与文化道德利他的有机统一，是自然选择与社会文化选择共同作用的结果，将人类的利他性引入环境治理领域，突破了传统“经济人”假设对环境治理的束缚，拓展了环境合作治理研究的领域；（2）通过引入利他主义的环境合作治理模型，发现在存在利他性偏好的团体中，利他行为的存在能显著改善环境治理的结果，从而有效地化解“公地悲剧”问题；（3）提出了环境合作治理制度建设的“惩恶扬善”思想，以构建对“他人”的伦理责任为基础，通过建立对利己者的约束机制和对利他者的激励机制完善环境治理中的利他合作。以上诸点对环境治理和生态文明建设具有极强的理论和现实指导意义，但本章没有解决的问题，亦即不足之处在于对环境利他合作治理中的一些更为具体、细致的问题尚缺乏进一步的分析，如利他性及其公平公正的合作成本分担和剩余分享机制将怎样影响参与人之间的策略选择与战略互动？构建对“陌生他人”的伦理责任将面临何种障碍，如何克服？这些问题都有待进一步分析。

第四章

流域水资源公共治理的地方政府科层型协同机制

科层制有时也称作官僚制，马克斯·韦伯被公认为官僚制理论的鼻祖。在其研究视野中，所谓官僚组织，第一，必须是大型组织；第二，组织中的绝大多数成员都是全职人员，并且他们的大部分收入都依靠其组织中的工作；第三，初期雇佣的人员的提升、留用和评估的方式，至少都是基于他们在组织中的权责而定的，而不是按照个人特征；第四，它产出的主要部分不是由市场权衡机制来评估。以官僚组织为运行载体进而展演的官僚制，通常指一个特别的制度或者制度的分类，意味着在一个大型组织内配置资源的特定方法，有时也意味着“官僚化”特性[①]。官僚制、官僚组织与其他组织机制的区别在于支配权威不一样。根据支配者与其“组织”的关系，以及此两者与被支配者之间形成的支配结构，韦伯划分出三种组织支配权威类型：个人魅力型权威、传统型权威、法理型权威。“官僚制是法理型支配（统治）的最纯粹方式。”[②] 亦即与工业社会相适应的官僚制的运作主要基于法理型权威，也正是在此意义上，官僚制与科层制两个概念才可以真正意义上混同使用，因科层制本质上正体现为分工制度、命令制度、等级制度等一系列制度的结合，按照新制度经济学的看法，科层制的典型特点就是基于内部纵横分工形成的“纵向一体化”，其会产生内部交易成本，与产生外部交易成本的市场机制存在相互替代的关系。

当代中国，科层制运用于流域水资源公共治理的地方政府协同，进而

---

① ［美］安东尼·唐斯：《官僚制内幕》，郭小聪译，中国人民大学出版社 2006 年版，第 27—30 页。

② Max Weber, *Economy and Society*, Berkeley: University of California Press, 1978, pp. 218 -219.

形成科层型协同机制，其运行方式主要体现为上级乃至中央政府依靠流域管理机构、流域法治、政党领导与整合、可交易水权制度、河长制等正式途径从上至下增进流域水资源处置与保护的地方政府协同行为，以下详细阐述。

第一节　流域管理机构

一　流域管理机构：意义及模式

W. W. 拉坦认为，一个组织一般被看作一个决策单位，对资源的控制由组织实施，制度概念当然包括组织的含义①，舒尔茨也将制度概念扩展于公司、学校、飞机场等组织或机构②。制度经济学代表诺思认识上稍有区别，其将组织视为“制度变迁的主角”，而非制度本身。不过，其却认为，企业组织“是降低经济活动的衡量成本的一种工具”；“组织不仅是制度约束的函数，也是其他一些约束的函数（如技术、收入、偏好等）。这些约束之间的相互作用型塑了企业家（经济的或政治的）潜在的财富最大化机会”。③ 根据这些认识，诺思理解的组织与制度的特点和功能事实上也别无二致，且组织与制度一样体现出一定时间内的稳定性，毋宁将制度和组织看作相互嵌入、互为补充的关系，在此意义上，组织实质上也完全可以理解为一种制度或制度的一个组成部分。

依此，流域水资源公共治理的地方政府协同机制发挥作用的前提和题中应有之义是流域管理机构的设立并且有效行使职权。设立流域管理机构的现实需求则在于，流域是陆地水循环的基本单元，流域水资源具有整体性，上下游、左右岸关系密切。因此，实行流域水资源统一管理，才能更好地发挥水资源综合效益④。对于横跨多个区域的流域来说，为实现这一目的，就须设立一个超然于流域各行政区之上的协调性组织，此即流域管

---

① ［美］R. 科斯、A. 阿尔钦、D. 诺斯：《财产权利与制度变迁——产权学派与新制度学派译文集》，刘守英译，上海三联书店、上海人民出版社1996年版，第329页。

② 杨龙：《西方新政治经济学的政治观》，天津人民出版社2004年版，第115页。

③ ［美］道格拉斯·C. 诺思：《制度、制度变迁与经济绩效》，杭行译，格致出版社·上海三联书店·上海人民出版社2008年版，第101—102页。

④ 李维明、何凡：《中国最严格水资源管理制度实施进展、问题与建议》，《中国经济报告》2019年第3期。

理机构，并据此构建以其为核心的新型水治理体制，推进水治理体系和治理能力的现代化[①]。

概览世界各地流域管理机构设置与职权模式，笼统意义上，可以区分为两种形态，之一是法定型流域管理机构。此种流域管理机构依法设立，其组织定位、基本职权、运行方式等均由法定，还可以区分为两种亚类型。一种是以田纳西流域管理局为代表的全权型。另一种是法国、荷兰、西班牙等国家设置的非全权型流域管理机构。之二是协定型流域管理机构。其依据合作协议设立并明确权限，以在跨区域甚至国际流域管理中发挥协调作用[②]。

更清晰意义上，就职能配置而言，世界各国所采取的流域管理机构模式又可以进一步区分为以下三种类型[③]。

（1）出现于斯里兰卡、马来西亚等国的协调的水理事会，通常由自然资源管理和用水部门（如农业）以及计划规划机构的领导组成。理事会不定期会面，确定新政策和战略设想，主要发挥协调、政策建议、数据处理和审计等作用，而不拥有任何实际的管理和控制职能。在大多数水资源开发项目已经实施、存在较为完善的数据收集和处理系统、现行流域各种机构能较好地行使职能而只需改善交流和增进协调的“成熟”水行业，理事会的存在大有助益。

（2）出现于法、德等国的规划和管理的流域委员会，该机构相比协调理事会常常拥有更大的权力、更多的人员。流域委员会具有明确的法律地位和权责，职能可能包括，建立完善的数据收集和处理系统，制定流域用水和环境保护措施，制定水规划和开发政策与战略，建立系统的监督和报告系统，监测流域功能和流域内的用水，通过同有关机构的运行协议和合同监督、管理或管制重要水利工程。

（3）出现于美国的开发和管理的流域管理局，美国田纳西河流域管理局（TVA）是其典型，其董事会（决策层）成员共三人，由总统提名，经国会通过后任命，并直接向总统、国会负责，而并不对流域内各州负责。

---

① 黄秋洪、刘同良、李虹：《创新以流域机构为核心的水治理体制》，《新视野》2016 年第 1 期。

② 李奇伟：《流域综合管理法治的历史逻辑与现实启示》，《华侨大学学报》2019 年第 3 期。

③ 贾金生：《探索具有我国特色的水电开发管理机制——谈水电开发管理国际经验及其对我国的启示》，《中国改革报》2013 年 1 月 25 日第 6 版。

此外，法案要求国家任何行政部门或独立机构及其所属官员、职员和雇员应协助并提供建议，以便TVA能有效、顺利地行使职责。TVA依法享有异常广泛的权责：改善田纳西河航运条件，控制洪水危害；在河流边缘地带恢复林业、合理使用土地；明确河流溪谷中农业、工业发展条件；为与流域内国防工业合作开发创造条件。其他权责包括开展肥料生产试验、建设水库签订承包合同、销售剩余电能等。总的来说，TVA的职权和任务，已经大大越出了流域水污染防治范围，甚至超出了水资源管理，其目标即是要促进全流域“在自然、经济和社会方面得到有秩序的发展”①。

我国2002年修订的《水法》第十二条规定：“国家对水资源实行流域管理与行政区域管理相结合的管理体制。国务院水行政主管部门负责全国水资源的统一管理和监督管理。国务院水行政主管部门在国家的重要江河、湖泊设立的流域管理机构（以下简称流域管理机构），在所管辖的范围内行使法律、行政法规规定的和国务院水行政主管部门授予的水资源管理和监督职责。”“县级以上地方人民政府水行政主管部门按照规定的权限，负责本行政区域内水资源的统一管理和监督管理工作。”按照这一法律规定，我国流域管理机构均采取流域管理与属地管理相结合的方式设置。但各个流域机构的设置和权力以及相对于属地管理的独立性也有区别，可以区分为以下几种模式②。

其一是区域协调为主、流域管理为辅的珠江流域管理机构模式。由于珠江支流繁多，流域途经众多省市，但流域主体却在广东境内，从而主要在广东一省之内形成“珠江区域协调为主，流域管理为辅”的管理机构设置模式，具体特征是：设立多层流域管理机构，但主要管理权限仍为省市地方政府拥有；省市行政首长及地方水主管部门领导组成协商机构协调彼此行为；以区域发展战略实施为契机，确立一揽子地方政府横向协调机制；通过统一规划、地方立法，明确流域内各行政主体权责分配与管理职能。

其二是流域管理为主、区域管理为辅的辽河流域管理机构模式。2010年伊始，辽宁省委、省政府决定在辽河流域划出一定范围设为辽河保护

① 姬鹏程、孙长学：《流域水污染防治体制机制研究》，知识产权出版社2009年版，第58页。

② 张菊梅：《中国江河流域管理体制的改革模式及其比较》，《重庆大学学报》2014年第1期。

区，成立辽河保护区管理局，省水利厅、环境保护厅、国土资源厅、交通厅、农委、林业厅、海洋与渔业厅等部门承担的关于辽河保护区的相应职能均划归辽河保护区管理局，从而使得辽河治理和保护工作由以往的“多龙治水”、分段管理、条块分割向凸显流域管理为主的统筹规划、集中治理、全面保护转变。

其三是流域管理与区域管理混行的长江流域机构模式。长江水利委员会代表水利部重在强化流域重大水利项目的规划、审批、建设、协调等工作，发挥统一管理与协调的作用，并且对于采砂、取水、水资源调度、水环境保护等事项通过流域法律条例作出规范。但长江水利委员会管理层级太低，水利部附属单位的性质决定其仅属于以提供技术服务为主的事业单位，不具有流域行政管理职能，缺乏必要的行政和法律监督手段，对于违法水事行为很难直接查处，从而使得长江流域难以实现统一管理。另设立不久的长江流域生态监督管理局是以生态环境部管理为主、由生态环境部和水利部共同派出的流域管理机构，管理层级与权力同样较低，职权行使多为区域行政所掣肘①。

二 流域管理机构模式：评价与选择

究竟怎样的流域管理机构模式才算是成功的、有效的？综合考察当代流域管理各种典型案例，可以发现，流域管理机构设立和运转一般须考量三个基本因素，一个高效、合理的流域管理机构恰恰就应兼具以下三个因素。

其一是自主行使职权，实施流域统一管理。以我国为例，不单单长江，现有七大水系的流域管理机构均为水利部派出机构，其主体地位和行政执法权也并没有得到法律法规的充分确认，从而导致各流域机构协调、议事和裁决的能力有限，对于流域各地方政府涉水事项难以协调达成一致行动。水利部珠江水利委员会一位官员就曾吐露：“流域机构职责有限，国家有很多权力没有给我们，……即使有这个权力，在行使这个权力的过程中也会有各种困难，涉及部门地方利益的协调都是比较困难的……流域机构只是司局级（正厅级）的单位，它是省级单位，不好协调，结果只有通过水利部门协调，水利部门也往往不能协调……它涉及的利益和纠纷太

① 吴宇：《长江流域管理体制改革：整体性与复杂性的因应》，《环境保护》2018年第23期。

多了，不是流域机构所能解决的。”[1] 长江水利委员会亦然，作为水利部派出机构，其性质是事业单位而非国家行政机关，职责范围限定于《水法》第二十条规定的法律授权和水利部授予的监管职责。在这样的法律地位之下，长江水利委员会面对着级别与自己相当甚至高于自己的行政机关，其流域统一管理职能是难以有效发挥的，运行中很容易陷入“指导不领导、监督不干扰、协办不取代”的尴尬局面[2]。基于此，为了保证在流域跨界水事纠纷处理以及水资源统一管理中充分发挥协调和控制作用，实现流域水资源的可持续利用和发展，就意味着流域管理机构需要得到中央政府强有力的支持[3]，尤其是授予其法定全权，可以独立、自主地代表国家对流域水资源进行统一规划、管理、调度。

其二是行政命令统一，实施流域综合管理。流域管理是一个庞大的系统工程，涉及诸多管理部门，倘若部门间各自为政、互不协调，显然不利于水资源的保护和有效利用，进而加剧流域跨界水分配和治理的矛盾。因此，根据命令统一的原则，所有关涉流域的管理职能，最好能集中到同一个流域管理机构来行使。当前，我国辽河流域管理已经展开了这方面的尝试，遗憾的是，由于旧体制的巨大惯性，辽河保护区管理局与上级主管部门以及其他相关职能部门的关系迄今仍未理顺，从而影响了其所获得的资金和技术支持，更主要的是，其对于区域管理的监督权力在行使过程中，仍面临着现有行政管理、技术资料和行政执法力量不足的难题，以致对于区域管理过于依赖，并且流域支流一段时间内仍归区域管理，从而并未真正实现对于辽河保护区的统一管理[4]。

其三是参与、协商决策，实施流域民主管理。流域内各个地方政府保护主义行为往往是流域水资源处置和配置的各种跨界矛盾的体制根源所在，而对于地方保护行为一味谴责和打压往往无济于事。关键是要建立一种地方利益的表达与平衡机制，地方政府应能有权、有渠道提出自己的利

---

① 任敏：《流域公共治理的政府间协调研究》，社会科学文献出版社 2017 年版，第 70—71 页。

② 李奇伟：《从科层管理到共同体治理：长江经济带流域综合管理的模式转换与法制保障》，《吉首大学学报》2018 年第 6 期。

③ ［美］布莱克·D. 拉特纳：《流域管理——东南亚大陆山区的生活和资源竞争》，杨永平等译，云南科技出版社 2000 年版，第 32 页。

④ 薛刚凌、邓勇：《流域管理大部制改革探索——以辽河管理体制改革为例》，《中国行政管理》2012 年第 3 期。

益诉求。在流域管理中，即是流域内横向上各地方政府须能平等地参与流域管理机构的决策并表达自己的呼声。流域政府的参与既有利于实现流域管理机构决策的民主化和科学化，也将促使流域管理机构与流域政府之间形成稳定规范的利益调节机制，从而可以显著增强前者对后者的协调能力。遗憾的是，我国当前各种流域管理机构模式的一个通病恰恰是缺少地方政府和部门的参与，从而极大地影响了自身的协调能力。事实上，不仅地方政府参与缺乏渠道，各种利益相关者与社会力量的参与同样付之阙如。从涉水的各项法律以及各级政府对水管理权的规定来看，提及社会参与时没有规定任何实质性的权力，即使有所涉及也仅仅是形式性的或号召性的①。

对照这三个因素仔细对上述国内外流域管理机构模式加以权衡，就国际上流行的流域管理机构诸种模式而言，理事会的权力过小，一旦要面对多个流域行政区并解决跨界外部性纠纷、实施流域一体化管理时往往就显得效能严重不足；流域管理局模式在实践中则遭受了不少批评和诟议，因流域管理局过大的权力极易与流域内各地方政府利益发生冲突。仅有流域委员会凭借其自身所具有的优点恰当地兼顾了上述三方面因素，这些优点是：首先，法定全权。委员会行政权力由流域管理协议作出明确规定，其决定对缔约各方有足够的法律约束力。其次，行政统一。委员会统一行使权力，并负有全面责任，委员会的决议具有强制性和权威性。再次，政治民主。来自流域各行政区以及中央政府的委员们平等协商、共同决策，委员的参与权和知情权得到充分保障②。而就国内流域管理机构来说，以上已经论及，目前来看，无论珠江模式，还是辽河模式、长江模式，“自主行使职权，实施流域统一管理”这一条在各大流域均未能恰如其分地实现，“行政命令统一，实施流域综合管理”仅在辽河等少数流域一定程度上得以实现；“参与、协商决策，实施流域民主管理”这一点，各流域机构模式在运行中也基本上未见落实。

按照赫伯特·考夫曼（Herbert Kaufman）周期理论的理解，公共行政犹如钟摆，钟摆的一端是效率的价值诉求，另一端则是民主与回应性的价

---

① 黄秋洪、刘同良、李虹：《创新以流域机构为核心的水治理体制》，《新视野》2016 年第 1 期。

② 王晓东、钟玉秀：《流域管理委员会制度——我国管理体制改革的选择》，《水利发展研究》2006 年第 5 期。

值诉求[①]，“官僚是一种将民主和效率结合起来的工具”[②]，没有效率，民主难以延续并获得支撑；而没有民主，官僚机构亦将蜕变为“异化的样板”，两者必须兼顾并设法取得平衡。流域委员会正好由于法定全权和命令统一的运作特点确保了效率，同时吸收流域内地方政府的参与又体现了民主，所以由其实施流域一体化管理最可能取得预期绩效。有论者即分析指出，流域相关方的利益最大化追求难以和流域整体利益的维护保持一致，各方的社会经济活动在流域水资源有限性客观背景下必然造成冲突，并造成对流域资源的掠夺性开发使用，因此，流域管理中最需要的是对于相关各方行为的有效监督和制约，流域委员会因其对于流域管理权力的集中行使，天然具有这一秉性。同时，流域决策需要兼顾流域相关各方的不同诉求，并且不允许出现大的失误。流域委员会实行民主、协商决策，也正为此提供了程序保障[③]。有鉴于此，流域委员会机构设置与运行模式应当成为我国流域管理体制下一步改革的方向所在。

以漳河流域管理为例。漳河是华北地区海河水系的南运河支流，发源于山西长治，流经河北与河南两省边界，最后进入海河水系的南运河，长约 412 千米，流域面积为 1.82 万平方千米。为争夺灌溉用水以及产量高的河滩地资源，从 20 世纪 50 年代开始，流域内村与村、县与县、省与省之间经常爆发水事纠纷，一直延续至今，纠纷各方不但发生械斗，甚至动用枪支、土炮，相互炸毁对方水利工程以及其他设施。最严重的一次发生在 1999 年春节期间，河南的古城村与河北的黄龙口村发生爆炸、炮击事件，近百名村民受伤，多处民房和生产设施遭破坏，直接经济损失达上千万元[④]。漳河流域水事纠纷时有发作，难以治理，显然需要一个着眼长远的一揽子解决方案，而这其中流域管理机构模式的调整尤其重要。由于流域横跨山西、河北、河南三省，地理与人口范围广大，所涉水事矛盾又十分尖锐，然而“现有的流域协商机制并没有为普通的用水主体如农民提供参与的平台，对大的用水主体包括地方政府也不具有决策权限以及激励和约

---

① Kaulman H. , *Time*, *Chance*, *and Organization*: *Natural Selection in a Perilous Environment*, Chatham N. J. : Chatham House Publishers, 1985.

② J. Stuart Mill and C. V. Shields, *On Liberty*, New York: Liberal Arts Press, 1956.

③ 李大鹏等:《黑河流域水资源综合管理研究》，甘肃文化出版社 2016 年版，第 126 页。

④ 张海滨:《气候变化对中国国家安全的影响——从总体国家安全观的视角》，《国际政治研究》2015 年第 4 期。

束效力，因此目前的流域协商机制在解决用水主体冲突方面发挥的作用十分有限”①。

缘此，设立对于流域既具有独断、统一的管理权，同时决策又能充分体现民主的流域委员会体制是最为可行的选择。在具体设计与操作层面，首先，委员会人员组成可以包括漳河流域上级管理部门——水利部海河水利委员会的高层管理人员，漳河上游管理局和漳卫南运河管理局主要领导，山西、河北、河南三省各层级人员代表等，可由漳河上游管理局局长担任主任；其次，漳河流域管理委员会以会议方式行使职权，其全体会议负责协调漳河流域重大事项，专题会议协调漳河流域内跨省的局部区域有关事项，各参会人员一人一票，以多数表决方式通过决定；再次，以漳河上游管理局为执行机构、漳卫南运河管理局为协管机构、流域各地方政府水行政部门为配合机构，明确各自权责；最后，以漳河流域委员会为平台，设立流域水资源环境信息共享系统，确立信息共享机制与执法联动机制②。

身处长三角经济高度发达地带、污染形势仍显严峻、跨界协调难度较大的太湖流域也可以参照以上做法，重构流域管理为主、区域管理为辅的水资源管理体制。以现有的太湖流域管理局为基础，建立太湖流域委员会，直接隶属国家发展改革委，由国家发展改革委主要领导兼任委员会主任，国家环保部门、水利部门，苏、浙、沪两省一市主要领导兼任委员会副主任，统一管理流域水资源、水环境，同时把太湖流域管理局作为其常设机构，增加水环境管理职能，扩充其编制，提高其权威性，增强对于流域各地区、各部门的约束力，确保全流域水环境水资源协同管理③。

第二节　流域法治

一　流域法治的缘起与意义

流域法治旨在实现各级政府对流域的管理工作严格依法进行，并且确

① 牛富、靳利翠、李占伟：《多利益方参与的漳河流域管理委员会研究》，《海河水利》2015年第6期。

② 牛富：《多利益方参与的漳河流域管理委员会研究》，《海河水利》2015年第6期。

③ 赵来军：《我国湖泊流域跨行政区水环境协同管理研究——以太湖流域为例》，复旦大学出版社2009年版，第165页。

立通畅、有效的涉水纠纷法律调处机制。流域水资源公共治理的科层型协同机制之所以将流域法治引以为重要实现形态，就理论层面分析，缘由在于：首先，现代科层制组织以效率为根本诉求，其权威基础不是领袖的个人魅力，也非世袭特权，而是依照一定理性准则制定的法律规章。科层制抑或官僚制因而彻头彻尾体现出法治的设计原则和精神。流域水资源公共治理的科层型协同机制既然以科层制为功能载体，从而也必然将流域法治视作内在要求和本质体现。其次，新制度经济学代表人物诺思曾将制度区分为非正式约束、正式约束以及实施机制，并且特别指出完善的实施机制将是前二者行之有效的根本保证。而理所当然的是，实施机制也正包括了作为规范性和强制性举措、体现工具理性的法治。

从现实层面来说，健全流域管理各项法律制度，实现流域法治的必要性乃是为了调和我国流域管理与区域管理之间的矛盾和冲突，事实上，流域水分配与污染治理之所以经常陷入地方政府间协同困境进而造成流域“公地悲剧”，很大程度上也正缘于此。通过建立与完善流域法律体系，走流域法治化道路，可以明晰流域治理机构的职能，推动流域管理走向权威化、制度化和程序化，抵制区域管理对于流域一体化管理的解构与破坏。仍以“中华母亲河”长江为例，长江干流流经青海、西藏、四川、云南、重庆、湖北、湖南、江西、安徽、江苏、上海 11 个省（区、市），流域面积达 180 万平方千米，约占中国陆地总面积的 1/5，人口和经济总量均超过全国的 40%，生态和经济地位均十分重要。然而，长江经济带发展目前也面临诸多跨界治理顽疾，主要是生态环境状况形势严峻、长江水道存在瓶颈制约、区域发展不平衡问题突出、产业转型升级任务艰巨、区域合作机制尚不健全等①。2018 年生态环境部联合中央广播电视总台对长江经济带 11 省市进行了暗访、暗查、暗拍，从而对长江生态环境状况“体检”，在约 10 万千米的行程中，发现了许多沿江地区污染排放、生态破坏的严重问题，一些地方并未真正改变粗放发展模式，环境治理能力明显不足②。究其根源，流域法治不兴是重要原因，比如流域资源保护法律执行难、部门利益与区域利益恶性竞争、经济发展与环境保护频遭法律冲突等。长江

① 《〈长江经济带发展规划纲要〉正式印发》（https://finance.ifeng.com/a/20160912/14874413_0.shtml）。

② 吕忠梅：《建立“绿色发展”的法律机制：长江大保护的“中医”方案》，《中国人口·资源与环境》2019 年第 10 期。

流域另存在一些特有的生态问题，如上游部分支流无序开发利用水能资源；中下游河道占用水域岸线、非法采砂、滩涂围垦等行为不时发生；亟须对蓄滞洪区实施生态补偿；咸潮入侵河口有所加剧、滩涂利用和海水倒灌速度加快；跨流域引水工程大量实施，影响流域各地区用水进而激发跨界用水矛盾。现行分散立法模式下创制的相关流域立法，不但无法解决这些问题，甚至就是问题本身[①]。缘此，习近平总书记指出："长江保护法治进程滞后"[②]，现实急切呼唤出台专门的《长江保护法》。当前，作为十三届全国人大常委会立法规划的一类项目，该法已被列入2019年全国人大常委会立法工作计划，并且已经启动立法工作，但各方面对于《长江保护法》某些关键问题仍缺乏共识[③]。立法部门应通过各种调研与对话对该法立法宗旨设法取得一致，从长江流域生态保护面临的基本矛盾出发，将明确界定与有效解决中央政府水管理部门和地方政府在长江流域的涉水事权划分，亦即调整区域管理与流域管理的关系，作为《长江保护法》制定的法理基石。以此为基础，《长江法》应当重构长江流域涉水事权的各项制度设计，主要包括：明确央地涉水事权的划分标准及具体类型、更新长江流域管理机构的法律定位与职责、对于流域管理与区域管理相结合的管理体制成体系化作出完善[④]。

实际上，长江流域水资源生态保护存在的诸多问题及其面临的法律困境在其他各大流域也或多或少、或轻或重地呈现。例如在淮河流域，针对日益突出的流域水污染、洪涝灾害等问题，现行流域管理法规体系建设同样存在与长江流域大同小异的问题：流域立法进程滞后，法制缺位问题严重；流域立法协调、衔接性不强；流域立法针对性较差，且缺乏统一规划与协调，推进淮河流域地方性水法规建设也因此刻不容缓[⑤]。再如在黄河流域，作为世界上最难治理的一条河流，随着沿线经济社会的发展与人口

---

① 吕忠梅：《寻找长江流域立法的新法理——以方法论为视角》，《政法论丛》2018年第6期。

② 习近平：《在深入推动长江经济带发展座谈会上的讲话》（http：//www. xinhuanet. com//2018 - 06/13/c_ 1122981323. htm）。

③ 吕忠梅：《建立"绿色发展"的法律机制：长江大保护的"中医"方案》，《中国人口·资源与环境》2019年第10期。

④ 刘超：《〈长江法〉制定中涉水事权央地划分的法理与制度》，《政法论丛》2018年第6期。

⑤ 郝天奎：《推进流域立法 为淮河流域综合规划实施提供法律支撑》，《治淮》2013年第8期。

的增加，流域生态经受的考验愈益加大。2019 年 8 月习近平总书记在甘肃考察时就说道："我曾经讲过，'长江病了'，而且病得还不轻。今天我要说，黄河一直以来也是体弱多病，水患频繁。"习近平强调，要坚持生态优先、绿色发展，以水而定、量水而行，因地制宜、分类施策，上下游、干支流、左右岸统筹谋划，共同抓好大保护，协同推进大治理，着力加强生态保护治理、保障黄河长治久安、促进全流域高质量发展、改善人民群众生活、保护传承弘扬黄河文化，让黄河成为造福人民的幸福河①。对照这一要求，反观当前黄河流域固有的矛盾和管理上存在的缺陷，与长江流域类似，十分突出。通过高层次立法规范和调整行业之间、流域与区域之间以及各地区、各部门之间错综复杂的利益关系日益迫切，为此，亟待将《黄河法》尽早纳入国家立法程序②。当然也绝不是要为每一条流域逐一立法，但至少应为我国七大流域一一专门立法，或者修改现有《水法》，从而对于流域管理与区域管理的关系、流域管理机构的权责等作出调整和明晰，以回应现实的紧迫需要。为推动立法工作，应注重借鉴国际上流域专门立法经验，结合本土实际，厚实立法理论，提升立法技术，以期真正可以求解流域多方面纠葛复杂的利益与管理关系。

走向流域法治，另一背景原因是基于对传统运动型流域水资源环境治理的反思与检讨。运动型治理作为执政党由来已久的政策落实途径，其形成通常被追溯至战争年代，较早提出运动型（式）治理一词的学者唐皇凤认为："'运动式治理'以执政党在革命战争年代获取的强大政治合法性为基础和依托，通过执政党和国家官僚组织有效的意识形态宣传和超强的组织网络渗透，以发动群众为主要手段，在政治动员中集中与组织社会资源以实现国家的各种治理目的，进而达成国家的各项治理任务。"③ 不过，周雪光等人则分析认为运动型治理古已有之，例如乾隆朝面对来势汹汹的"叫魂"事件，就出现皇帝直接出面干预、叫停常规官僚机制，进而以运动方式紧急动员作出处理的情况。历史上，运动型治理经久不衰，反复演现，原因即在于"中国大一统体制中，存在着中央集权与地方治理之间的

---

① 《图文故事 | 一江一河，习近平总书记这样谋划》（http：//www.xinhuanet.com/politics/leaders/2019－09/20/c_1125017583.htm）。

② 高志锴、晁根芳：《黄河法立法问题分析》，《南水北调与水利科技》2014 年第 2 期。

③ 唐皇凤：《常态社会与运动式治理——中国社会治安治理中的"严打"政策研究》，《开放时代》2007 年第 3 期。

深刻矛盾，而运动式治理则是针对这一矛盾及其组织失败和危机而发展起来的应对机制之一，反映了国家治理的深层制度逻辑”[①]。冯仕政则如此理解运动型治理何以成为无论革命时期还是建设时期，又无论改革前还是改革后中国共产党推动政策意图家喻户晓并迅速变现的一个惯常手段，是由于中国共产党致力于确立一种“革命教化政体”，“该政体对社会改造具有强烈的使命感，并把拥有与社会改造相适应的超凡禀赋作为自己的执政合法性基础。基于这一政体的内在压力，国家需要不断发起国家运动”[②]。

概括各种对于运动型治理的理论评价，全盘肯定抑或全盘否定者均很少见，较多给出尽量客观的看法。例如有论者认为，在目标责任制与属地权威制之下，党委政府、运动式治理的主持部门与配合部门三者有着彼此矛盾的行动逻辑，为相互调适，运动式治理被不断地生产与再生产[③]；转型期公共事务呈现高度复杂性以至于超出常规官僚制的回应能力，官员与公众的规则虚无意识却又较为浓厚，在此情形下，运动型治理被反复运用，以至于“屡试不爽”就不足为奇了，其可以应对复杂性治理的需要，并可以发挥社会动员的作用[④]。运动型治理并非随意采用，而是建立在特有的、稳定的组织基础和象征性资源之上，可以不时震动和打断常规型治理机制的束缚和惰性及其后维系的既得利益，从而保证官僚体制的运转不掉轨，间歇调和国家治理权威性与有效性的矛盾[⑤]。

有鉴于运动型治理的必然性和必要性，以及各级官员对于其驾轻就熟的运用能力，十八大以来，随着决策者生态文明建设的政治意愿空前加强，运动型治理也被广泛运用于环境保护领域。例如长江经济带发展提升为国家战略后，2018 年下半年生态环境部对沿长江 11 个省市的 40 多个地市进行了暗访，发现了 160 多个触目惊心的污染问题。2019 年 3 月伊始，生态环境部遂针对长江生态保护展开八项体现运动式治理的整治工作：饮

① 周雪光：《运动型治理机制：中国国家治理的制度逻辑再思考》，《开放时代》2012 年第 9 期。

② 冯仕政：《中国国家运动的形成与变异：基于政体的整体性解释》，《开放时代》2011 年第 1 期。

③ 刘梦岳：《治理如何“运动”起来？——多重逻辑视角下的运动式治理与地方政府行为》，《社会发展研究》2019 年第 1 期。

④ 唐贤兴：《政策工具的选择与政府的社会动员能力——对“运动式治理”的一个解释》，《学习与探索》2009 年第 3 期。

⑤ 刘梦岳：《治理如何“运动”起来？——多重逻辑视角下的运动式治理与地方政府行为》，《社会发展研究》2019 年第 1 期。

用水水源地的保护；城市黑臭水体整治；旨在纠正自然保护区破坏的“绿盾”行动；整治沿江的固体废弃物非法转移和倾倒“清废行动”；劣V类水体专项整治；入江、入河排污口的排查整治；磷矿、磷化工企业、磷石膏库“三磷污染”专项整治；11个省市的省级以上工业园区污水处理设施的专项整治[①]。当前运动式治理在生态环境保护领域动作更大、引发反响更强的举措是中央环保督察机制的设立与运转。由于中央环保督察自上而下依靠命令手段不固定实施、发现线索即“从重从严”处理等特点，可以认定“环保督察是常态化科层管理之外运动式治理的一种形式”[②]。而其短期内的成效也确有证据显示。以第四批中央环保督察为例，据统计，被督察的八省（区）共问责1035人，其中厅级干部218人（正厅级57人），从问责原因来看，涉及生态环境保护工作部署推进不力、监督检查不到位等不作为、慢作为问题占比约44%；涉及违规决策、违法审批等乱作为问题占比约38%；涉及推诿扯皮、导致失职失责的问题占比约15%；其他有关问题占比约3%[③]。在如此凌厉问责势头下，流域水资源公共治理的地方政府协同明显受到撬动和促动。例如，广东省湛江、茂名两市领导就主动接洽推进跨界流域水污染联防联治，确保鉴江流域水环境质量明显改善，双方政府联合召开了跨界流域水污染联防联治工作推进会，就建立联席会议机制、联合申报国家专项资金、加强信息共享、联合执法、预警应急、水质监测等多项议题进行深入磋商，达成了共识，明确多项工作计划[④]。在环保督察一再加强而丝毫未见示弱、随时可能遭遇“回头看”的压力下，地方党政领导人作为环保督察的首要负责人，运用下发文件、设立领导小组和网格化等形式强化了环保相关部门的垂直科层压力。环境委员会等机构的设置促进了横向部门间的协作，环保局内设的专门小组则为迎接检查提供了对口单位。随着组织战略调整、结构调适而来的是组织能力和

---

① 刘世昕：《“长江病了，而且病得还不轻”，即将展开八项攻坚战治理长江生态》（http：//news. cyol. com/xwzt/2019－03/11/content_ 17950533. htm）。

② 吴建南：《专栏导语：作为环境治理创新的环保督察：从定性到定量研究》，《公共行政评论》2019年第2期。

③ 《第四批中央环保督察8省（区）移交案件问责1035人》（http：//tech. gmw. cn/2019－04/22/content_ 32765403. htm）。

④ 《湛茂携手推进跨界流域治污》（http：//zj. southcn. com/content/2017－05/15/content_ 170720310. htm）。

环保执法工作绩效的显著提升①。

尽管如此，运动型的中央环保督察及其效果仍引起诸多争议或质疑。督察既赋予了环保部门以权能，但也加大了环保人员的工作压力并可能引发其厌恶和反弹；督察短期内对于经济增长、物价水平和就业机会等造成的冲击已有显示，考虑到当前宏观经济呈现下行趋势，环保督察是否可以持续高强度进行仍有存疑；环保督察虽被中央环保部门一再声明不是造成地方政府环保“一刀切”的根本原因，但至少可以理解为直接原因；环保督察仍较难防治地方弄虚作假的问题，“整改当前，不积极解决问题，反而照抄照搬、编造材料；被督察时加班加点、严阵以待，督察过后‘松一口气’，整改‘虎头蛇尾’”……类似现象并不少见。例如：遵义市播州区党委在“回头看”期间公然违反政治纪律，大量编造虚假文件应对督察；河南省濮阳市范县相关部门怕被追究责任，便照搬照抄濮阳市政府的相关文件，编造了《关于印发范县“十三五”煤炭消费总量控制工作实施方案的通知》，但印发日期却比市政府的文件还要早 6 个月，甚至比河南省级方案还提前 2 个月；2019 年 2 月，湖北省武汉市城管委发布黄陂区前川社区范围内 20 多处需要整改的点位图片。整改时限将至，前川社区还有 8 处未整改。该社区相关负责人“灵机一动”，想出了“P 图整改”的“妙招”，借用科技手段对这 8 张图片“整改一新”，作为成效上传应付整改②。概而言之，中央环保督察显示的这些问题，恰恰是运动型治理由来已久、常遭诟病的问题。概括来说，一是“只要结果不计成本”；二是“只问结果不问过程（程序）”③；三是运动的启动和维持需要注入大量的资源（比如官员注意力、财政资源、频繁检查以及对其他任务部署的干扰等），因此成本高昂，通常较难长时期持续开展。20 世纪 90 年代就有先例。彼时为治理淮河流域、太湖流域水环境，由当时的国家环保总局牵头实施了体现运动型治理的“零点行动”，要求流域沿途所有工业企业限时“达标排放”，当时，工厂全部停工、不准排污、用自来水冲洗河道……为了在零点达标，地方上什么办法都用上了。这样的运动式治理显然难以取得实

---

① 庄玉乙、胡蓉、游宇：《环保督察与地方环保部门的组织调适和扩权——以 H 省 S 县为例》，《公共行政评论》2019 年第 2 期。

② 《上报材料假话连连，督察过后污染照旧，敷衍整改怎有绿水青山?》（https://www.thepaper.cn/newsDetail_forward_4380967）。

③ 何显明：《信用政府的逻辑》，学林出版社 2007 年版，第 279 页。

效，十年后，淮河污染依然故我，2007年太湖流域更是出现了令无锡全城断水数天的“蓝藻危机”。

指出这些问题，不是要抛弃运动型治理，废止中央环保督察，运动型治理在中国国家治理体系中已是一种具有内在嵌入性、可以长期存在的治理机制①，而中央环保督察也已经构成与常规性环保管理相互转化、密切依赖、不可偏废的关系②。但显然，为取得长效，避免可能引发的各种负面后果，运动型环保治理在其发动条件、实施程序、绩效监控、结果运用、与常规管理的配合和转换等方面必须加强制度建设，作为最终体现和根本要求，即是要加强流域法治化管理，法理层面更多赋权于流域管理机构，提升其对于全流域的规划权力、协调权力、执法权力，即便采用运动型治理，也应进一步加强其制度化建设，以环保督察为例，不应动辄诉诸中央，流域管理机构可以依法自行发起流域水环境治理的环保督察行动，并形成完善的环保督察规则体系，对于督察的具体开展、地方政府的协调职责、督察结果的运用、督察的中止或终止等作出明文规定；亦应注意到督察制度典型案例公开制度建设，“公开是最好的监督。公开典型案例能精准传导压力，更直观、更深入地反映督察整改不力，特别是敷衍整改、表面整改、假装整改以及‘一刀切’等形式主义、官僚主义问题，更好地发挥督察效果”③。

二　建立健全流域法治的路径选择

在1978年十一届三中全会前召开的中央工作会议上，邓小平提出了“有法可依、有法必依、执法必严、违法必究”的法制建设目标。直到党的十七大，这“十六字方针”都是作为社会主义法制的基本要求。十八大以来，中央审时度势，提出了“科学立法、严格执法、公正司法、全民守法”的新十六字方针，确立了新时期法治中国建设的基本要求④。也正基于对法治中国内涵的这一全新定位，结合流域法治建设存在的诸多现实问

① 陈家建：《督察机制：科层运动化的实践渠道》，《公共行政评论》2015年第2期。

② 戚建刚、余海洋：《论作为运动型治理机制之“中央环保督察制度”——兼与陈海嵩教授商榷》，《理论探讨》2018年第2期。

③ 杜宣逸：《公开是最好的监督　生态环境部2018年最后一场新闻发布会说了哪些重点?》(http://www.sohu.com/a/285442955_120043298)。

④ 江必新：《厉行法治　建设法治中国——习近平总书记全面推进依法治国重要思想学习体会》(http://dangjian.people.com.cn/n/2015/0916/c117092-27594388.html)。

题，本书提出以下建立健全流域法治的路径选择。

（一）加强流域管理立法，赋予流域管理机构充分职权

这也正是国外流域水资源环境治理的普遍经验。很多国家均将流域法治作为流域管理的依据和根本途径，并以此求解流域水资源公共治理的跨界争端，从而颁布了相关法律法规。比如美国《田纳西河流域管理法》、西班牙《塔—赛古拉河联合用水法》、日本《河川法》、英国《流域管理条例》等。此外还有大量流域水资源环境治理的相关规定散见于各种水法规中，如1968年《欧洲水宪章》、英国《水法》、法国《水法》、西班牙《水法》等。这些水法规尤其强调了按流域建立水资源管理机构，并且赋予其广泛权力进而实施以流域为基础的水资源统一管理。这对于我国具有重要借鉴意义。一直以来，我国一方面流域管理立法工作显现滞后，致使流域管理的法律依据不足，导致管理效能严重欠缺，因此亟待借鉴国际经验完善相关立法；另一方面，对流域管理机构权责的现有立法规定也仅限于制定水资源规划和参与商议流域事务，没有水事行政执行权，所以流域管理机构难以在流域跨界水分配和污染治理中发挥应有的协调、监督与规范作用。

为此，加强我国流域立法，主旨应在于强化流域管理机构对于流域的统一管理与执法职能，调和流域水资源的整体性和区域管理造成的管理分割性之间的矛盾，进而在法律、行政法规、规章等不同立法层面，对流域管理体制、水资源分配与交易管理、流域防汛抗旱减灾、河湖水域岸线管理、流域水土保持管理等主要内容作出规定[①]，从立法层面上将流域管理机构统一化和固定化[②]。流域立法应当坚持可持续性原则、协调性原则、整体性原则、时效性原则。考虑到我国已有流域管理立法不仅位阶较低，难以支撑流域法治，而且具有分散性、多层次性和应急性等特征，完善流域立法应当提高立法层次，一方面考虑为大型流域专门立法，另一方面则应统一修订流域管理上位法，也就是“水基本法”，其作用在于为流域综合治理提供管理框架原则，特定流域管理法立法则是对“水基本法”的贯彻落实，并可以就体现地方特色的流域治理问题有针对性地提出法治解决

---

① 王国永：《流域管理立法的调整范围和目标》，《生态经济》2011年第9期。

② 朱艳丽：《我国流域立法的困境分析及对策研究》，《华北水利水电大学学报》（自然科学版）2017年第2期。

方案[①]。除此之外，在流域立法过程中，还应加强协商机制和公众参与，以及提升区际协议的法律效力，从而改进立法质量，丰富立法体系[②]。

（二）加强流域水资源环境执法工作，提升执法能力

“法治是动态的法律实践，法治的生命在于其运行，法律正义需要通过执法这一法治实践来体现流域法治的实现。”[③] 在此意义上，强化流域法治不仅要重视流域立法，还应高度关注和改进执法工作。一直以来，由于流域管理权力分散，流域管理与属地管理呈现尖锐矛盾，从而导致流域水环境保护执法遭遇地区间执法标准差异和部门间法律法规冲突、执法体制过度分散撕裂流域水环境保护的整体性、流域属地执法事权配置无法实现“督企”与“督政”的激励兼容等困境，极大地削弱了流域水资源环境执法的协同性和有效性，最终使得流域法治被“搁浅”，难以发挥应有的规范流域跨界水分配和污染治理的作用[④]。

如上所析，运动式开展流域水资源环境执法、“执法必严”的制度化建设相对滞后，也在很大程度上消解了流域水资源环境执法权威与长效。比如为加强流域水资源环境执法工作，2017 年 3 月水利部发布《关于开展河湖执法检查活动通知》，开展运动色彩浓厚的河湖执法检查活动，在水利部统一部署下，以流域与行政区域相结合的工作方式，九个多月内空前加大执法检查力度、严格查处违法案件、强化整改落实、严厉打击河湖违法犯罪行为、加强河长工作考核，取得了一定的执法成效，尽管如此，河湖违法案件依然多发、频发，一些地方与河湖争地、非法采砂、违法侵占水域岸线等违法行为时有发生[⑤]。

流域水资源保护执法工作的加强，还须关注作为“街头官僚”的流域水行政基层执法人员素质和能力，这对于执法结果的好坏发挥着直接影响，甚至决定了流域法治的实际样态，然而其总体执法素质与执法条件堪忧，以阿克苏流域水行政基层执法人员为例，大多甚至从未接受过水法规的正式培训教育，从而也造成执法工作重实体轻程序，执法队伍缺乏正式着装、缺乏执

---

① 李奇伟：《流域综合管理法治的历史逻辑与现实启示》，《华侨大学学报》2019 年第 3 期。

② 曾祥华：《我国流域管理立法模式探讨》，《江南大学学报》2012 年第 6 期。

③ 李海滢、王立峰：《执法正义：法治政府的价值理念》，《社会科学研究》2012 年第 5 期。

④ 杨志云、殷培红：《流域水环境保护执法改革：体制整合、管理变革及若干建议》，《行政管理改革》2018 年第 2 期。

⑤ 水利部政策法规司：《加强河湖执法监管为全面推行河长制提供有力法治保障》，《中国水利》2018 年第 12 期。

法装备和执法保险保障、缺少复合型人才①。这一情况在海委漳河上游局等流域机构也不同程度存在②。

有鉴于以上情况，进一步的流域水行政与水环境保护执法模式改革就应着重围绕这几个方面取得突破：一是将各类流域水资源环境行政执法事项归总于统一的流域行政执法机构负责，实现流域综合行政执法，保障流域行政执法权地域管辖范围的整全性；二是要强化依法依规执法，促进流域行政执法程序和评价标准的统一性；三是从提升主体性、加强专业性、实现组织上的相对独立性等方面入手加强流域行政执法机构建设，赋予其充分的法律地位和执法权威③。

（三）建立专门的流域法院，为流域法治提供机构保证

经由司法途径来增进流域法治、促进流域水资源公共治理的地方政府协同是流域法治的一项重要内容。例如在美国，流域水分配与治理引发纠纷进而违背州际协定实施或者权利义务的确认等，从而发起的诉讼通常都在联邦最高法院进行，其间，司法充当了重要的协调与规范力量。更深意义上，司法不仅要积极有为，还须科学有为，体现专业水平。这就要考虑到，流域毕竟是一类特殊的自然资源，界定流域地方政府间对水资源公平、合理的消费量，以及对流域水分配与治理相关违法背约行为进行司法评判和施以惩戒等均需要一定的专门知识，普通法院很可能难以胜任这方面的审判工作，并且审判工作会受到属地政府行政权力的阻挠。因此可以考虑建立专门的流域法院，进而可以就跨界流域水分配与治理相关法律纠纷作出专业性判断并给以权威性司法处理意见。一个有效的流域法院系统所应满足的要求则有：1. 通过发现和参考程序，确定水资源供给和使用类型的可靠信息；2. 基于使用类型和集体决定的水资源安全消费量或污染量来裁定权利，即哪些权利对流域利益各方是安全的，并可以进一步缔结为协定以减少水资源消费或污染总量，直至安全水平；3. 在办案原则上，流域法院应服从流域管理机构的统一安排，同时在业务上接受最高法院的指导；4. 流域法院法官不仅应通晓宪法和各种普通法律知识，同时对流域管理专门立法更应了然于胸，断案时做到

---

① 孙国华：《阿克苏河流域水行政执法存在的问题及对策》，《新疆水利》2015 年第 2 期。

② 靳利翠、王磊：《流域机构基层水政执法能力建设的思考——以海委漳河上游管理局为例》，《海河水利》2016 年第 2 期。

③ 杨小敏：《论我国流域环境行政执法模式的理念、功能与制度特色》，《浙江学刊》2018 年第 2 期。

公正、公平，显示良好的职业操守①。

20世纪下半叶以来，为应对环境权崛起和公众诉求的加强，发轫于澳大利亚新南威尔士州、专门受理环保案件的环保法庭目前已在世界上40多个国家出现；我国从2007年开始，也已出现80余个环境法庭②。环境法庭是比普通法庭更专业的环境司法平台，是保障国家环境立法实施和为公民提供环境司法正义的重要通道。但目前我国环境法庭存在着无序增长、庭多案少、解决实效不理想等问题③。如若成立更为单一的流域法院，这些问题是否有可能进一步显现？案源是否充足或许是成立流域法院最值得忧虑的问题，但本书对此持积极看法。正像上文主张，流域执法要打通流域水行政与水环境保护，归总进行；流域司法也应如此，流域水环境保护与流域水行政两方面的案件合并处理，应能为流域法院提供充足的案源，这样做不仅有助于提升司法人员的专业性，也有利于增进流域水行政与水环境保护部门的业务联系和协同。当然，流域法院的设立仍应注意布点和总量控制，一是基于运行成本考虑；二是避免流域法院司法权威的耗散。

（四）宣扬历史生态法治智慧和培养守法公民，为流域法治创造条件

古代中国虽缺乏法治传统，然而经由长期常识理性的积累、提炼，形成了“天人合一”的伦理追求、“顺天应时”的播种秩序和自然资源利用观、“束水攻沙”、“水土一体”、“节制开荒杜绝水患”等水利治理原则。这些生态智慧及其形成的生态法律理念在今天流域法治形成与确立过程中仍熠熠生辉，有其重要借鉴意义。除此之外，历史中国出自“集权的简约治理”的需要，水权的管理、水利组织的建立与运营，包括水案处理，基本是民间自发行为，民间习惯法对于流域水分配所致矛盾和纠纷的解决发挥着至关重要的作用，在公平与效率、集体与个人、地方与地方、国家与社会之间关系处理上显示出巧妙、高超的“摆平术”，这些对于今天流域水分配乃至水污染治理的地方政府协同机制的建构和运行仍可以提供启发，流域法治的建构与完善应对此高度重视，加以扬弃和传承。

从更宏大的视野来看，推进流域法治是法治社会建设的一个组成部分。

---

①　王勇：《政府间横向协调机制研究——跨省流域治理的公共管理视界》，中国社会科学出版社2010年版，第70页。

②　郑少华：《生态文明建设的司法机制论》，《法学论坛》2013年第5期。

③　白明华：《我国环境法庭的窘境和化解》，《郑州大学学报》2016年第5期。

法治社会战略的提出是相对于法治国家、法治政府而言的，与后两者着眼于规范公权力的意图相异，法治社会着眼于社会组织与个体社会成员的规范秩序和交往状态。在此意义上，法治社会不能简单理解为以法治理社会，毋宁理解为社会以法实现自治以及社会以自我守法行为增进法治[①]。由此，流域法治的打造不能单单托之于流域管理机构与区域行政机构等公权力量，还应吸纳公民、NGO、企业等社会力量流域广泛加入其中，利用当代发达的移动通信与自媒体等手段，对于各类社会成员作出更为即时、方便、生动、情景化的普法教育，使其对于流域法律内容充分知晓，乃至成为流域法治的维护者、监督者，从被执法者变成执法者，如此，流域法治才能获得良好的社会氛围，建立于牢固的社会根基之上。

第三节　政党领导与整合

“在共产党的领导体制下，考察国家政权组织首先要理清党政关系。虽然当代中国的国家机构在组织上自成系统，但实际上其结构和功能都与共产党组织有极为密切的关系，在某种程度上是与中共融为一体的，从政府过程功能上看是共产党组织的辅政结构。”[②] 在此意义上，中国政治体制实为党治。党治并非一个新概念，其由孙中山最早提出，曾被当作负面词汇对待。对其“拨乱反正”后，所谓党治作为当代中国的一种客观事实甚至制度优势所在，可以理解为在不发达国家的现代化过程中，为克服社会低组织化状态，政党不得不在国家政治生活中扮演决策、推动、规范、管理的角色，或政党借助党义（意识形态）、党章、党规、党组、党员治理国家社会的过程[③]。

正由于党治体制嵌入于当代中国科层体制，在一些西方学者眼里，此种科层体制并不符合韦伯意义上对于经典科层制的认识，转而称之为“政治科层制”。表面上看其确已建立起现代化的组织结构和官僚队伍，但这套体制实质上仍是一套以政党为中心的政治动员体制，现代科层组织所强调的“政治”与“行政”分离，以及在此前提下的各种理性规则与程序并未真正确立

---

① 周恒、庞正：《法治社会的四维表征》，《河北法学》2018 年第 1 期。

② 胡伟：《政府过程》，浙江人民出版社 1998 年版，第 98—294 页。

③ 陈明明：《双重逻辑交互作用中的党治与法治》，《学术月刊》2019 年第 1 期。

起来；进而，该科层体制主要任务并不是致力于建立起常规的技术化、制度化治理，而是服从于执政党的各项临时性的政策指示[①]。这一认定在本轮党政机构改革全面加强党的领导以至于党的机构纷纷与政府机构合并、合署办公且由党组织发挥领导核心作用后，似乎更具说服力。但持这一看法的研究者其实是戴着“有色眼镜”，而且很可能是“雾里看花”。一方面，韦伯意义上纯粹的官僚制，在现实世界中根本不可能找到，“政治与行政”二分仅仅是一个“传说”而已，即便通常被视为“政治与行政”二分理论创立者之一的古德诺在其《政治与行政》一书中也认为“政治与行政”二分并不可能，转而寻求通过政党力量实现两者协调的更好方法。事实上，当代各国执政党或明或暗地都会加强与行政的融合甚至施加干预。在此意义上，各国科层制或许都难免“政治科层制”之实；另一方面，在当代中国党治体制下，执政党及其领导层也并非将自身政策意图随意传递给行政，而是存在着规范化的领导规范与方式。就领导规范而言，中国党治体制对于科层体制影响作用的发挥，始终坚持党的领导、人民当家作主、依法治国有机统一，执政党十九大报告特别强调“各级党组织和全体党员要带头尊法学法守法用法，任何组织和个人都不得有超越宪法法律的特权”[②]。因此，党治体制对于行政部门及其科层体制的领导至少形式层面是以法治方式进行的，或者说不得违背法治的程序要求；就领导方式而言，党的领导亦通过三种规范的方式来实现：思想领导、政治领导、组织领导。

在党治与法治相互衔接的情势下，党对于科层体制的领导不断趋于规范，据此党治不断强化其动员、整合、全控功能，这不仅无碍于法治化进程，反而是中国科层体制的优势所在，并且，这一情况体现于“五位一体”的各个领域，包括在生态文明建设领域，对于流域水资源公共治理的地方政府协同，执政党通过其三种领导方式介入，展现政党领导与整合作用。

一　思想领导：生态意识形态整合

意识形态是指“一整套逻辑上相联系的价值观和信念，它提供了一幅简单化的关于世界的图画，并起到指导人们行动的作用”[③]。制度经济学者诺思

---

① 参见丁轶《反科层制治理：国家治理的中国经验》，《学术界》2016年第11期。

② 习近平：《决胜全面建成小康社会　夺取新时代中国特色社会主义伟大胜利——在中国共产党第十九次全国代表大会上的报告》，《人民日报》2017年10月19日第1版。

③ ［美］詹姆森·E. 安德森：《公共政策》，谢明译，华夏出版社1990年版，第20页。

将意识形态作为三类制度（注：正式约束、非正式约束、实施机制）之一的非正式约束的重要组成部分，明确肯定其在社会经济发展过程中所起的突出作用：第一，意识形态作为人们解释他们周围世界时所拥有的主观信念，无论在个人相互关系的微观层次上，还是在组织的宏观层次上，都提供了对过去和现在的整体性解释。正由于此，意识形态能修正个人行为，减少集体行为中的"搭便车"倾向。第二，准确地说，意识形态有助于降低衡量与实施合约的交易费用，从而在提高经济绩效、促进经济发展中可以起到重要作用①。罗伯特·达尔从统治者的角度亦揭示了意识形态的意义："与用强制手段相比，运用意识形态的权威手段进行统治要经济得多。"② 盖伊·彼德斯则更直截了当地指出："意识形态为掌权者提供了一套可以控制的符号。"③

促进流域水资源公共治理的地方政府协同，抑制各自辖区内对水资源环境治理的"搭便车"行为，降低辖区间放纵和转移流域水资源处置造成的负外部性进而引发的交易费用，正需要执政党主流意识形态的供给进而对流域内地方政府官员起思想领导与整合作用。作为这方面努力的结果，即是形成一种生态意识形态，亦即"一种依照生态意识来认识世界和改造世界的整体思维方式，是被'绿化'了的同时又具备生态性意识的政治理念。相对于政治意识形态凸显的阶级性，生态意识形态凸显包括人类在内的整个生态群体的生态性。上升到意识形态的生态意识更加强调人对自然的改造应该严格地限制在地球生态条件所能容许的限度内，反对片面地强调人对自然的统治，更反对人们无止境地盲目地追求物质享乐的价值取向"④。党的十八大以来，中国共产党创新形成的最重要的生态意识形态，莫过于习近平"两山"理论生态民生观。在担任浙江省委书记时，习近平就从认识论的角度阐述了人们对于金山银山和绿水青山之间的辩证关系，明确提出了"绿水青山就是金山银山"的科学论断。此后，习近平无论所担任领导职务有怎样的调整，"两山"思想没有改变，一直到就任总书记以来，面对越积越深、愈加尖锐的环境欠账问题，习近平对于生态文明建设更显关注，并且对于"两山"重要思

---

① ［美］道格拉斯·诺思：《经济史中的结构与变迁》，陈郁等译，上海三联书店1994年版，第59页。

② ［美］罗伯特·达尔：《现代政治分析》，吴勇译，上海译文出版社1987年版，第77—79页。

③ ［美］B. 盖伊·彼德斯：《官僚政治》，聂露译，中国人民大学出版社2006年版，第74页。

④ 张建设、李德好：《生态化意识形态与意识形态生态化》，《合肥工业大学学报》2012年第3期。

想做了进一步的提炼，形成“三个重要论断”：一是“既要金山银山，又要绿水青山”；二是“宁要绿水青山，不要金山银山”；三是“绿水青山就是金山银山”。如今，“两山”思想已经载入中国共产党十九大报告及新党章。

“两山”理论精要之处，在于颠覆了一直以来将生态建设与民生建设相对立的流行观点。事实上，民生与生态二者不仅不矛盾，而且可以兼得；反过来讲，若处理不好生态问题，那么民生问题也难有持续、可靠的解决方案。早在2005年，习近平就曾在《浙江日报》发文阐述“两山”理论：“如果能够把这些生态环境优势转化为生态农业、生态工业、生态旅游等生态经济的优势，那么绿水青山也就变成了金山银山。绿水青山可带来金山银山，但金山银山却买不到绿水青山。绿水青山与金山银山既会产生矛盾，又可辩证统一。”① 这是习近平首次阐述绿水青山和金山银山之间的辩证关系。十八大以来，习近平秉持这一理念，相继提出了“良好生态环境是最普惠的民生福祉”、“环境就是民生”等新论断，立足国内、放眼全球，立足当代、放眼未来，将生态环境建设与民生高度融合，超越了将民生囿于物质范畴的传统思维，开拓了我国民生建设新领域；确立“绿色发展”理念，引领生态民生建设，倡导“生态环境生产力”，守护“生态保护红线”，展现民生建设新策略；用最严格的制度、最严密的法治保护生态环境展刚性本色，亲力亲为、促生态民生建设，显柔性情怀，刚柔相济，严抓落实；改善生态民生，呈现真想、真做、真治的意志与能力，凸显真抓实干、身体力行、以人民为中心的真担当②。

概括理解，习近平“两山”理论的生态民生观核心意涵可以总结为“生态是幸福生活的重要内容”、“生态是普惠的民生福祉”两方面。作为“两山”理论策源地的浙江省正是基于对这两方面的深刻领会，2013年以来组织实施了至今声势未减的“五水共治”行动，其中一个重要内容即是对于跨界流域引入“河长制”，全省跨设区市的6条水系干流河段，分别由省领导担任河长，市、县、乡镇的主要负责人担任辖区内河道的河长。各级河长负责包干河道水质和污染源现状调查、制定水环境治理实施方案、推动落实重点工程项目、确保完成水环境治理目标任务。“河长制”的引入在很大程度上使得流域水资源环境治理的跨界难题获得求解的希望。由于官方河长均为主

① 习近平：《绿水青山也是金山银山》，《浙江日报》2005年8月24日。

② 张永红：《习近平生态民生思想探析》，《马克思主义研究》2017年第3期。

政一方的行政首长，在治水当中，不仅可以学会坚持全流域观点看待流域水资源环境治理，而且可以促其创造性地处理好流域水生态保护与经济发展的关系。新时期借助“学习强国”学习平台，以“两山”理论为代表的中国共产党当代生态意识形态更显生动、更具效率地走近各级官员，进一步释放其对于增进流域水资源公共治理的地方政府协同潜移默化的引导与规劝作用。

二 组织领导：党管干部与干部交流

正如郑永年分析指出，“中国实行的不是西方那样的选举制度来产生领导人，而是先选拔、后选举的制度，就是先通过一套很复杂的机制和程序来选拔一批优秀干部，然后交由党中央委员投票选举选出领导集体。就是这个选拔制度，是很多人尤其是西方人所最看不懂的地方”①。在贝淡宁笔下，其将中国共产党这一套做法概括为“民主尚贤制”②。支撑这一做法的体制条件即是中国共产党党管干部原则，其集中体现的正是作为党的三大领导方式之一的组织领导。由于思想层面党的各种意识形态创新以及政治层面党的各种方针政策最终都有赖于干部队伍的贯彻落实，也就是毛泽东所谓“正确的路线确定之后，干部就是决定的因素”③，在此意义上，党管干部原则对于执政党而言最为实在，也最为重要。在长期组织实践中，党管干部原则还进一步推演为干部交流机制，通过干部交流制度来具体落实。

2002 年颁布实施的《党政领导干部选拔任用工作条例》对于党政领导干部交流制度作出了原则规定，该项制度肇始于革命斗争年代，真正大规模推行并趋于规范化却是在改革开放以来。党中央于 1999 年下发《党政领导干部交流工作暂行规定》、2006 年下发《党政领导干部交流工作规定》，明确了干部交流的宗旨、范围和要求，持续驱动这一工作。据统计，干部交流迄今已覆盖 98% 的县市区书记、99% 的县市区长；交流的岗位、部门、地域、行业亦不断拓展。有调查显示，干部交流总体上起到了激发干部活力、拓展干部视野、减少腐败发生等作用④。有待完善的地方在于如何避免被交

---

① 郑永年：《西方看不清的十九大政治》（https：//www. guancha. cn/ZhengYongNian/2017_09_ 21_ 428059. shtml）。

② ［加］贝淡宁：《论中国垂直模式的民主尚贤制——对读者评论的回应》，吴万伟译，《文史哲》2018 年第 6 期。

③ 《毛泽东选集》第 2 卷，人民出版社 1991 年版，第 526 页。

④ 陆忠等：《党政领导干部交流的科学方法研究》，《行政管理改革》2018 年第 5 期。

流的干部成为“匆匆过客”，不愿意作长远打算，产生急功近利、应付了事等负面心理，以及如何真正处理好本地干部（前一职务即在本地任职者）与外来干部（前一职务在外地任职者）的关系。

坚持党管干部原则和实行干部交流制度，同样能够发挥对流域内地方政府的整合、协调作用，进而对于解决流域水资源处置引发的跨界矛盾发挥重要影响。具体可以通过以下路径。

首先，流域内地方政府保护主义行为经常造成相互间肆意争夺或者破坏流域水资源，在公众对于流域水资源环境保护要求不断攀高的情形下，也愈发引起公众与社会舆论的不满，为此，执政党中央履行党管干部原则而考察、任用流域地方政府主要官员时，应该明确这一方针：凡是存在对所负责辖区内微观主体流域水资源处置的负外部性行为治理不力或有意纵容等情形的官员，一概不予考虑任用、提拔晋升。

其次，通过民主考察和技术手段加强对后备干部生态观念、公正观念、法制观念、诚信观念等方面的检测，并以这一结果作为是否任用其为流域内地方政府主政官员的重要依据。可以相信，这些现代观念较强的人员担任流域内各地方政府主政官员，将可以更懂得尊重邻近区域对水资源的消费权利，更坚定地执行国家环保法令，更倾向于为维护声誉而致力于减少辖区内流域水资源处置所产生的负外部性，如此也就更有利于实现流域水资源公共治理的地方政府协同行为。

再次，执政党组织部门进一步可以通过干部交流制度来提高流域内地方政府主政官员的移情思考能力，增进彼此辖区水分配与治理的协同。这尤其对于化解同一流域内因流域水资源处置而产生的长期严重的跨界冲突很有帮助。具体办法是，对调任命冲突双方的党委书记；通过向冲突双方权力机关推荐进而对调任用行政首长。这一办法的好处在于，被对调任命或任用的地方党委书记、行政首长由于在跨界冲突双方区域内均“或多或少留下自己的‘烙印’”[①]，拥有显著的权威、权力资源，并且对冲突双方居民均可能产生比较深厚的感情，因此更容易推动冲突双方的合作进而消解冲突。

最后，通过干部交流进一步实现本地干部与外地干部的优化组合，在守护地方利益和促进流域整体利益之间取得平衡。本地干部与外地干部，亦即

---

① 徐现祥、王贤彬、舒元：《地方官员与经济增长——来自中国省长、省委书记交流的证据》，《经济研究》2007 年第 9 期。

传统意义上的“土官”与“流官”，其在地方政治空间内的组合与互动，很大程度上，背后实际演现的是中央（上级）与地方（下级）关系，甚至国家与社会关系。由上级调任、来自外部的外地干部，其行为逻辑更可能遵循的是上级乃至中央意志、国家诉求；而本土成长起来的本地干部，其行为逻辑依照的主要是地方意志与社会诉求。就增进流域水资源公共治理的地方政府协同、实现流域一体化管理而言，也应考虑到这一情况，通过干部交流实现本地干部与外地干部的优化组合，例如，地方行政首长与党委书记可以一个为本地出身的干部，其拥有流域水资源利用或治理的“地方性知识”，并且具有本土情感；一个为外来干部，其可以带来流域整体观，易于和相邻政区间围绕流域水资源分配与污染治理展开协作。

三 政治领导：打开政策窗口

所谓党的政治领导，可以如此理解：“中国共产党从全局高度把握政治方向、防范政治风险，运用政治权威或政治权力，吸引、动员和带领广大人民群众为实现政治纲领、路线、方针、政策共同努力奋斗的动态过程。”① 党的政治领导无论负载怎样的重大题材和内容，其基本途径通常表现为党的领导机构制定和印发各类文件，并作出传达、部署。文件在权力逐级运行中扮演着重要角色，甚至构成中国政治一个不可或缺的部分，没有文件，政治系统可能会无法运转。也由此，中国政治有时被形容为“文件政治”。“文件政治”既非法治，也非独裁政治，而是介于两者之间的国家治理形态②，更明白意义上来讲，是中国共产党各级机关实施政治领导的主要途径和表现。

党的政治领导施及于流域水资源分配与水环境治理的地方政府间协同，党的十八大以来，正表现为一系列重要文件的颁布实施，举其要者，由中央深改委（注：2018年3月之前为中央深改组）通过的有《关于全面推行河长制的意见》《关于健全生态保护补偿机制的意见》《环境保护督察方案（试行）》《关于省以下环保机构监测监察执法垂直管理制度改革试点工作的指导意见》《生态环境监测网络建设方案》《关于开展领导干部自然资源资产离任审计的试点方案》《党政领导干部生态环境损害责任追究办法（试行）》；由

① 何丽君：《党的政治领导：内涵、要义与能力提升》，《中国浦东干部学院学报》2018年第6期。

② 罗大蒙、任仲平：《中国乡镇基层政权中的文件政治：象征、效能与根源——G乡的表达》，《学习论坛》2015年第9期。

中央政治局审议通过的有《水污染防治条例》（“水十条”）；由全国人大通过实施的有《环保法修订案》；由水利部颁发的有《关于做好跨省江河流域水量调度管理工作的意见》。这些文件打开了流域水分配与治理的政策窗口，其逐一实施既有赖于地方政府间协同，也会反过来生产和再生产地方政府间协同行为。

然而，文件毕竟存在于纸面之上，其自身无法直接演展为现实。近年来被广泛热议的文件“空转”现象即说明了这一问题。十八大以来各种由中央政府出台的改革项目据学者统计已不少于2000项，不少改革项目有条不紊地在落实过程中，然而为数不少的文件到了地方或基层，要么被搁置，要么被“以文件落实文件”。有学者总结为既得利益阻挠的原因；有学者以官员规避改革风险来作出解释；有学者认为是改革配套资源不足使然；还有学者从技术治理体制存在先天缺陷、改革逻辑被逐级替代等方面作出理解[①]。如何解决文件“空转”、改革项目执行乏效的问题？回归党的政治领导视野，还是要“搞对”官员激励问题。事实上，过去40年，中国改革开放之所以能取得巨大成就的一个深刻原因也恰恰是党员干部队伍的作用获得淋漓尽致的发挥，正如黄宗智所指出的：“我们不该忽视中国共产党和其干部的创业能力在中国发展中所起的重要作用。”[②] 党员干部何以显示改革的巨大热情，并被激发出巨大的创业能力，按周黎安解释，背后的逻辑在很大程度上正是在于以GDP为主要标准的“官员晋升锦标赛”制发挥了“指挥棒”作用。

为促进以上各项文件的贯彻落实，同样也须从更新“官员晋升锦标赛”制入手。这一赛制决不能重复以往，依旧以GDP为主要标准，这正是改革开放以来经济飞速增长、环境危机却不断加深的原因所在，新的“官员晋升锦标赛”制必须以生态文明和绿色发展理念为价值基准作出设计。实际上，2013年，习近平总书记即已明确强调“不简单以GDP论英雄”，不久，中央组织部门发布了《关于改进地方党政领导班子和领导干部政绩考核工作的通知》，对于习近平这一指示精神予以细化落实；进一步，2016年中共中央办公厅、国务院办公厅印发的《生态文明建设目标评价考核办法》中，《绿色发展指标体系》给予GDP增长质量权重占全部考核权重已不到10%；并且综合媒体报道，与以往环保官员难获升迁的情况大为不同，近期已经出现多

---

① 王勇：《政府改革乏效现象探究》，《中共宁波市委党校学报》2018年第3期。

② 黄宗智：《中国经济是怎样如此快速发展的？——五种巧合的交汇》，《开放时代》2015年第3期。

位环保官员转岗或升任地方主政官员的案例①。这些情况说明党管干部原则的落实及其对于干部的考核标准已经明显体现生态文明导向，这有可能缔造新的以生态友好型指标来衡量的“官员晋升锦标赛”制，在其作用下，就可以驱使各级干部为了辖区生态的改善、实现生态与经济的协调而努力。一旦如此，流域各行政区竞争也包括官员竞争最终就可能步入互相合作、与水资源环境友好的博弈状态，进而就可能为推进流域水分配与治理的地方政府协同机制提供管理支持。

第四节　可交易水权制度

一　水权与水权制度：概念理解

水权亦称水资源产权，是水权主体围绕水资源而发生的责、权、利关系，主要包括水资源所有权、水资源使用权、水资源工程所有权和经营权。对水权的认识和理解须具体注意以下四个方面：第一，水是一种特殊商品，区别于普通商品，其具有一定的公益性和不可替代性；第二，水权是有价的，为了实现水资源优化配置与可持续利用，想要获得水权，就须缴纳相应的水资源费；第三，水权可以转让与交易，水权转让者应获得一定的补偿，而水权接受者则需支付一定的代价；第四，水是一种特殊商品，水市场是一种不安全市场，政府应当在水权交易过程中行使必要的调控职能②。

与一些国家实行私有水权制度或者公私混合水权制度相区别，我国实行公有水权制度。《宪法》第九条规定“水流”作为一种自然资源归国家所有；《水法》（2002年）第三条也规定“水资源属于国家所有”；《物权法》第四十六条和第四十八条中亦确认“水流”作为“自然资源”归“国家所有”，这些法律规定意味着水权虽可以转让和交易，但转出的仅仅是水资源的使用权、处置权等，而非所有权。不过，“水资源归国家所有”所指的水资源也仅为国家主权管辖地理范围内的水资源。由于全球范围内水资源系统与水循环的整体性，一国范围内的水资源与其主权之外的水资源共同构成全球水生

① 蔡永伟：《环保官员的仕途之变 引舆论关注》（http://www.chinaelections.net/article/117/251500.html）。

② 李燕玲：《国外水权交易制度对我国的借鉴价值》，《水土保持科技情报》2003年第4期。

态系统[1]，相互间具有不可分割的特点，在此意义上，国家不能滥用其对于主权之下的水资源的所有权，否则将可能对全球水生态系统构成威胁，或者难以实现全球范围内跨国水资源协同保护与治理。具体到我国一国之内，各地区之间亦然。国家既应认可各地区对于辖区内水资源在使用权方面的专有权利，但国家作为水资源所有者也应运用所有权权利在各地区间调控、调度流域水资源分配与处理，从而维护水生态的总体平衡与稳定，以及促进地区间流域水资源使用权公平。如此，就形成了相应的国家水权制度，而其主要内容，一是由国家出面对流域水权作出地区间调度和配置的水权分配制度，二是各地区或各微观主体利用所拥有的水权使用权进行相互转让与交易等所需遵循的各项规则。

二　水权制度历史演进与可交易水权制度的形成

正如中国古代土地产权制度的发展曾经历了从模糊到明晰的漫长发展历程[2]，古代中国水权制度的发展也大抵如此，内蒙古归化城土默特地区沟水权的形成历史最能说明这一情况，其间经历了两个关键性变化：一是从游牧社会向农业社会的演进过程中，沟水的产权意识与初始安排逐渐萌生，“水分”成为土默特民众表达产权的主要概念工具；二是民国以来西方产权制度开始传入，近现代法律意义上的“水权”观念，逐渐被土默特民众接受和据以证明自己对沟水产权的合法拥有[3]。

探究近现代以来我国社会水权终能形成的深刻原因，主要缘于人口增长、农业发展，从而灌溉和生活用水需求不断增加，以至水资源越发宝贵。历史中国尤其在其雨量、水量充沛的南方，相当长的历史时期内民众几乎无水权意识，更无正式的水权制度。水权作为一项现代法律权利，在讲权力、不讲权利的古代中国社会，实际上也是不可能存在的，所谓水权制度当然也就不可能形成。不过，若按照诺思的理解，制度包括了正式约束和非正式约束，在此意义上，中国古代民间在用水纠纷处理过程中，形成了大量的习惯法，或也可以理解为中国古代非正式的水权制度，不论是民事审判机制还是

---

① 刘卫先：《对我国水权的反思与重构》，《中国地质大学学报》2014年第2期。

② 魏天安：《从模糊到明晰：中国古代土地产权制度之变迁》，《中国农史》2003年第4期。

③ 田宓：《“水权”的生成——归化城土默特大青山沟水为例》，《中国经济史研究》2019年第2期。

附属刑案的审判，均引以为据[①]。比如清代新疆各县之间分水，“根据灌溉面积和距离远近，达成分水协议：或者以闸板启放的尺寸，决定各县或各干渠支渠的分水；或协商各县各干渠支渠的放水期限；或者修建永久性的分水闸门，决定放水的水量”[②]。在北方半干旱、历史上即缺水严重的山西，各村与用水户之间的分水，习惯规则繁多复杂，拥有“地方性知识”的民众却也能有条不紊地加以运用和发展，例如山西南、北霍渠居民曾对于晋水实行三七分成，民众将分得的“水分”可以作为姑娘外嫁的陪嫁，山西一些地方乃至采取“油锅捞钱”的极端形式来决定各村分水比例的做法等。总之，中国古代如果非得说存在水权制度，较有意义的是民间习惯法部分，并且大多显示和运用于用水纠纷之中。

只有到了现当代社会，水权制度才真正意义上形成，并趋于正式化。但也经历了两个阶段（初始分配阶段、再分配阶段）的变迁。初始分配阶段先后交替形成：1. 沿岸所有权制度。是在土地开发初期水资源比较丰富的条件下自然存在并发展起来的一种水权制度。其规定流域水权属于沿岸的土地所有者，精髓是水权私有，并且依附于地权，当地权发生转移时，水权也随之转移。2. 优先专用权制度。这一制度更适合水资源较为短缺的地区。其强调将水权与地权分离，用水权利不再与地权有关，水资源成为一项新的公共资源，政府以配给方式按先后次序分配给各用水户。3. 比例分享制度。该制度既取消了地权与水权的联系，同时又取消了优先权原则中水权间高低等级之分，按照一定认可的比例和体现公平的原则，将水权界定为河川水流或渠道水流的一种比例关系。水的使用权表示为每单位时间的流量。总体而言，以上三个阶段的水权制度虽然在特定时期具有合理性，但也各有欠缺。沿岸权使沿岸与非沿岸地区之间缺乏水权公平；优先权又会陷入优先取得水权者及高等级水权用户用水效率不高的困境；比例分享权制则可能造成关系国计民生的重要取用水难以保障。由于这些缺陷，各国进一步关注现有水权的再分配问题，开始逐步允许优先专用水权者在市场上出售富余水量，使水资源得以更充分利用，现当代以来，水资源不断趋于紧张、经济属性开始凸显也是深刻的背景原因所在。于是可交易水权制度在各国纷纷引入，所谓水权交易

---

① 田东奎：《论中国古代水权纠纷的民事审理》，《西北大学学报》2006 年第 6 期。

② 王培华：《清代新疆的分水措施、类型及其特点——以镇迪道、阿克苏道、喀什道为中心》，《中国农史》2012 年第 3 期。

即是指水权人或用水户之间通过价格的协商，进行水的自愿性转移或交易①。

三　最严格水资源管理政策背景下流域可交易水权制度：意义及预期效应

水是生命之源、生产之要、生态之基。改革开放以来，长期高速、粗放型的经济发展既缔造了“中国奇迹”，也造成了极其严峻的水危机。生活用水、生产用水、生态用水全面告急。为应对这一情况，2011 年中央一号文件和中央水利工作会议明确要求实行最严格水资源管理制度，确立水资源开发利用控制、用水效率控制和水功能区限制纳污“三条红线”，从制度上推动经济社会发展与水资源水环境承载能力相适应②。响应中央关于水资源管理的战略决策，2012 年 1 月，国务院发布了《关于实行最严格水资源管理制度的意见》，规定了四项制度：一是用水总量控制制度：加强水资源开发利用控制红线管理，严格实行用水总量控制，包括严格规划管理和水资源论证，严格控制流域和区域取用水总量，严格实施取水许可，严格水资源有偿使用，严格地下水管理和保护，强化水资源统一调度；二是用水效率控制制度：加强用水效率控制红线管理，全面推进节水型社会建设，包括全面加强节约用水管理，把节约用水贯穿于经济社会发展和群众生活生产全过程，强化用水定额管理，加快推进节水技术改造；三是水功能区限制纳污制度：加强水功能区限制纳污红线管理，严格控制入河湖排污总量，包括严格水功能区监督管理，加强饮用水水源地保护，推进水生态系统保护与修复；四是水资源管理责任和考核制度：将水资源开发利用、节约和保护的主要指标纳入地方经济社会发展综合评价体系，县级以上人民政府主要负责人对本行政区域水资源管理和保护工作负总责③。

最严格水资源管理制度如何落实？习近平总书记 2014 年在中央财经领导小组第五次会议上提出了“节水优先、空间均衡、系统治理、两手发力”的新时期水利工作思路，并强调“推动建立水权制度，明确水权归属，培育水权交易市场”。这就为实现最严格水资源管理制度明确了基本的政策手段：

① 雷玉桃：《流域水资源管理制度》，博士学位论文，华中科技大学，2004 年，第 78—81 页。

② 《〈国务院关于实行最严格水资源管理制度的意见〉有关情况介绍》（http：//www. china. com. cn/zhibo/zhuanti/ch - xinwen/2012 - 02/16/content_ 24650946. htm）。

③ 《国务院出台〈关于实行最严格水资源管理制度的意见〉》（http：//www. prcfe. com/web/2016/08 - 11/126852. html）。

一方面要通过政府之手严控用水总量，加强用途管制；另一方面要通过市场之手盘活水资源存量，提高水资源的利用效率和效益[①]。正如时任水利部部长陈雷阐释："水是公共产品，水治理是政府的主要职责，该管的不但要管，还要管严管好。同时要看到，政府主导不是政府包办，要充分利用水权水价水市场优化配置水资源，让政府和市场'两只手'相辅相成、相得益彰。"[②]

正由于此，确立和完善可交易水权制度的重要性昭然若揭。一直以来，我国水权制度中水的使用权、配置权、经营权和收益权等界定不清，水权分配沿袭计划经济体制下的行政管制分配模式，从而造成政府对水资源无偿或低价供给，致使用水粗放增长、浪费严重，既不讲效率又不讲公平。缘此，在坚持水资源所有权国家所有的前提下，对现有水权制度作出改革，逐步建立起以产权明晰、政资分开、权责明确、流转顺畅为目标，以水权许可和登记、水权有偿获得、可交易水权为核心内容的现代水权制度可谓势所必然[③]。而在最严格水资源管理制度情境下，可交易水权制度的确立更显必要。正如有论者指出："伴随着最严格水资源管理制度的实施，出现了诸如区域分配水量不足、非规划水源利用量增加等问题，缺少有效促进用水效率提高的方法及水资源分配再优化的机制。这些问题涉及不同地方、各个层面的水权分配与交易，要有效落实最严格水资源管理制度必须构建一个与之相适应的水权交易制度体系。"[④] 不仅如此，贯彻最严格水资源管理制度，一方面需要通过加强政府水行政部门执法力度给予保证，另一方面亦有赖于各类用水户自身用水、节水自觉性和守法意识的提高。引入和确立可交易水权制度，不仅赋予用水户使用水资源的法定权利与义务，而且将水资源管理与用水户利益密切挂钩，如此就可以有效激发用水户守法的内在动力，进而实现节约与保护水资源的目的[⑤]。

---

① 郭晖：《关于加快推进水权交易的思考》，《水利发展研究》2017 年第 9 期。

② 陈雷：《新时期治水兴水的科学指南：深入学习贯彻习近平总书记关于治水的重要论述》，《中国水利》2014 年第 15 期。

③ 付实：《国际水权制度总结及对我国的借鉴》，《农村经济》2017 年第 1 期。

④ 李胚、窦明、赵培培：《最严格水资源管理需求下的水权交易机制》，《人民黄河》2014 年第 8 期。

⑤ 窦明、王艳艳、李胚：《最严格水资源管理制度下的水权理论框架探析》，《中国人口·资源与环境》2014 年第 12 期。

水权交易的开展抑或可交易水权制度的推进，可以直接或间接对于增进流域水资源分配的地方政府间协同有所助益。因水权交易可以分两次进行[①]，第一次交易是同一行政区内用水户间的用水权交易，可以解决在微观层面的水资源优化配置问题；第二次交易则是流域内不同行政区域之间的取水权交易，交易主体为地方人民政府。取水权的取得主要是依据当地水资源稀缺程度，进而通过政府间磋商实现。取水权交易目的在于解决水资源在不同流域或其支系之间以及流域内各行政区间宏观分配的效率与公平问题。例如，甘肃张掖山丹县将部分水量富裕村庄的水权集中统一配置、转让、收取水费，以及宁夏以"投资节水、转让水权"为原则，进行大规模、跨行业的水权转换与交易，即属于第一次交易；义乌—东阳水权交易以及漳河从上游五座水库联合调度、跨省调水则属于第二次交易[②]。就第一次交易而言，由于水权交易使得水资源成为一种有价商品，买方用水户获得水资源需要付出货币，卖方用水户付出水资源则可以获得货币，因此刚性的价格机制将驱使买卖双方产生明确的节约、清洁水资源的意识，长远来看，对于流域水资源配置所致跨界矛盾的缓解间接意义上产生益处；第二次交易对于促进水资源在不同流域（支系）之间以及流域内各地方政府间的优化配置、调和彼此用水矛盾的意义则更为直接。

首先，由于水资源分布的非均衡性以及中央政府初始分配水权有可能难以尽如人意，不同流域以及流域各行政区间需要进行水资源的调剂，这时，流域各地方政府作为交易主体参与水权市场，通过相互间水权交易使水资源从低效率用途的地区流向高效率用途的地区，从而实现水资源的互通有无，这将可以减少受水区内因水资源过度提取而对其他地区造成负外部性的可能。

其次，水权交易的达成势必对水质提出要求，这使得原水权持有者必须加强对其水资源的保护。也由此，用水户间的水权交易可以减少卖方用水户污染水源的行为，流域内地方政府间水权交易则可以促使卖方减少辖区内用水户污染水源的行为，这两方面总体上都有利于减少流域各行政区

---

① 赵培培等：《最严格水资源管理制度下的流域水权二次交易模型》，《中国农村水利水电》2016 年第 1 期。

② 郑菲菲：《我国水权交易的实践及法律对策研究——以东阳义乌、漳河、甘肃张掖、宁夏的水权交易为例》，《广西政法管理干部学院学报》2016 年第 1 期。

间水污染负外部性的发生。

最后，流域内地方政府间的水权交易实现了水权的有偿转换，在一定程度上也可以促进区域经济的协调发展，并且有利于增进彼此经济交换与协作意识，如此也将有助于消弭流域地方政府间水资源争夺的矛盾。

2014 年水利部印发《关于深化水利改革的指导意见》，明确要求建立健全水权交易制度；同年印发《水利部关于开展水权试点工作的通知》，决定在宁夏、江西、湖北、内蒙古、河南、甘肃、广东七省（自治区）启动水权试点；2015 年印发《水利部关于成立水利部水权交易监管办公室的通知》；2016 年水利部出台《水权交易管理暂行办法》，为水权交易开展提供了政策依据；2016 年水利部和北京市政府联合发起设立的国家级水权交易平台——中国水权交易所正式成立；2018 年，水利部、国家发展改革委、财政部联合出台《关于水资源有偿使用制度改革的意见》，明确探索开展水权确权工作，鼓励引导开展水权交易。经由这一系列的努力，我国可交易水权制度的“四梁八柱”逐步完善，并初步显现其对于协调解决跨界流域水资源配置矛盾的制度效应。尽管如此，我国当前水权质量仍属较低、水权计量亦需改进、水权交易价格核算有待完善。由此造成我国水权交易开展不够普遍，水权交易的成本—收益尚需进一步研究和测算；不仅如此，水权交易的效益其实并不止于经济层面，还将惠及或损及社会效益与生态效益，交易过程亦有可能衍生对于第三方的负外部性。概而言之，我国可交易水权制度仍需持续探索和完善①。而就对于流域跨界水资源公共治理的地方政府协同至为重要的跨界水权交易而言，一方面应统筹考虑流域自然地理、现状需求、社会风俗、发展空间等因素，建立和优化水权政区间初始分配可依据的指标体系②；另一方面，还须从明确交易主体、选择交易方式、确立交易利益补偿机制、完善激励—约束机制四个方面入手，进一步健全以交易公平与效率兼顾为导向的跨区域水权交易契约的框架设计③。

---

① 张建斌：《水权交易的经济正效应：理论分析与实践验证》，《农村经济》2014 年第 3 期。

② 刘世庆、巨栋、林睿：《上下游水权交易及初始水权改革思考》，《当代经济管理》2016 年第 11 期。

③ 刘璠、陈慧、陈文磊：《我国跨区域水权交易的契约框架设计研究》，《农业经济问题》2015 年第 12 期。

第五节　河长制

一　河长制：制度历程与“诀窍”

河长制是一项由地方政府党政主要领导担任河长，组织与实施跨部门、跨地区协同治理的流域水环境治理机制，其组织载体通常为各地党委书记担任组长、发挥顶层设计与协调作用的“河长制”工作领导小组，下设“河长制办公室”（通常挂靠于水利部门）行使日常管理和执行职能；配套机制方面，有的地方引入“河长制”管理保证金制度施以河长考核压力；召开联席会议从而促进地区、部门间横向协作；给予专门的经费投入，对应“一河一策”建立问题诊断机制等[①]。

有文献将河长制创新起点溯及明清，以芳溪堰为代表的基层灌溉工程为落实管理责任，当时就已设立了河长、湖长、塘长、堰长、渠长等职务，可以视为我国河长制滥觞[②]。但显现牵强的是，这些职务基本上为民间自发创立，并未上升为一项正式的国家制度，也未大规模铺开，当代中国河长制则具备了这些特征。2003 年，浙江省长兴县在全国率先实行河长制，但其时尚未引发强烈关注；2007 年在遭遇太湖“蓝藻危机”后，倒逼无锡市启动制度创新，引入河长制，由各级党政负责人分任境内太湖水系 64 条河道的河长，加强污染物源头治理，负责督办河道水质改善工作，而其成效极为明显，无锡境内水功能区水质达标率从 2007 年的 7.1% 提高到 2015 年的 44.4%，太湖水质也跟着好转[③]。有鉴于此，河长制不久就上升为江苏省省级层面太湖治理的一项基本制度。在省委、省政府工作部署中，一方面将河长制进一步拓展为双河长制（地方政府党政主要领导、上级政府水利部门负责人同时担任河长），另一方面确定了河长职责：组织编制并领导实施所负责河流的水环境综合整治规划，协调解决工作中的矛盾和问题，抓好督促检查，确保规划、项目、资金和责任“四落实”，带

---

① 周建国、熊烨：《“河长制”：持续创新何以可能——基于政策文本和改革实践的双维度分析》，《江苏社会科学》2017 年第 4 期。

② 鲍宗伟、张涌泉：《古代“河长制”实物文献的宝贵遗存——以乾隆十七年芳溪堰告示为中心》，《浙江学刊》2018 年第 6 期。

③ 乔金亮：《责任！20 万名河长将提前到位》，《经济日报》2017 年 8 月 29 日第 5 版。

动治污深入开展[①]。2008 年伊始，河长制溢出江苏，向云南、北京、天津、浙江、安徽、福建、江西、海南等省扩散；2016 年，中央深改组第 28 次会议通过《关于全面推行河长制的意见》，标志着“河长制”已从地方政府制度创新上升为国家水环境治理方略。2017 年，习近平在新年贺词中发出“每条河流要有‘河长’了”的号召，截至 2018 年 6 月底，全国 31 个省（自治区、直辖市）全部引入了河长制[②]。

河长制在其短短十多年的发展历程中，其制度绩效已然广获认可，这是其由一项地方政府创新“登顶”为中央顶层设计的因由所在。有研究依据国控监测点和自动监测点水污染数据，以及各地河长制启动时间数据，使用双重差分法分析发现，地方层面河长制确实显著增加了水中的溶解氧，取得了初步的水污染治理效应[③]。实践层面的观察、统计也可佐证。例如报道称，贵州省在 22755 名河长的共同努力下，2017 年全省重要江河湖库水功能区总体达标率 87.3%，比 2016 年提高了 5.3 个百分点；全省监测的主要河流的 138 个河段，水质总体达到优良的河长占总评价河长的 89.1%，比 2016 年提高 1.3 个百分点[④]。重庆自河长制实施以来，全市河道水质持续改善，梁滩河、龙溪河等污染较重河流综合治理深入推进，长江重庆段水质为优，城乡集中式饮用水水源地总体安全，完成 118 个非法码头的整改，城市建成区 31 段黑臭水体基本消除，河道脏乱问题得到初步治理[⑤]。在被水利部、环保部联合评估认为河长制“起步早，工作走在全国前列”的浙江省，2013 年以来在全省范围内设立省、市、区县、乡镇街道、村社五级河长共 5.4 万名（其中村级河长 3.7 万名），分层切块负责全省总长 13.8 万千米河流污染治理工作。省委书记、省长亲任全省总河长，省委副书记、人大常委会副主任、2 位副省长、2 位政协副主席分别担任曹娥江、苕溪、运河、钱塘江、瓯江、飞云江 6 条河流的省级河长。

---

① 《全国政协考察太湖水环境综合治理：责任重大不轻松》（http://cppcc.people.com.cn/GB/34956/16472682.html）。

② 《我国全面建立河长制》（http://www.gov.cn/xinwen/2018-07/18/content_5307246.htm）。

③ 沈坤荣、金刚：《中国地方政府环境治理的政策效应》，《中国社会科学》2018 年第 5 期。

④ 《贵州省副省长吴强做客人民网 谈“贵州河长这一年”》（http://slj.zunyi.gov.cn/slzx/mtzs/201806/t20180615_755794.html）。

⑤ 《重庆实施河长制效果明显 118 个非法码头整改已完成》（http://www.ccpc.cq.cn/home/index/more/id/212796.html）。

在省委统一部署和省领导带头下，各级河长牵头制定“一河一策”治理方案，报道称，截至2018年11月，浙江各地已经编制11720份“一河一策”治理方案、1.6万余个小微水体“一点一策”方案。方案治理目标明确，治理项目细化，并标示了时间节点。各级河长办另出台劣Ⅴ类水体清单等“五张清单”，驱动河长着力推进截污纳管、河湖库塘清淤、工业整治、农业农村面源治理、排放口整治和生态配水与修复等工程。截至2017年底，58个县控以上劣Ⅴ类断面以及1.65万个劣Ⅴ类小微水体治理完成并通过销号验收[①]。

以往我国环境保护先后推出环境影响评价、“三同时”、限期治理、排污许可等制度创新，但从实践来看，均未达到预期效果。缘何“河长制”却能较快取得如此成效？有学者透过干部考绩与晋升的视角，认为“河长制”切中了官员要害，将辖区水环境质量的改善与兼任河长的地方领导政绩相联系，甚至施行“一票否决制”，从而促使其不得不像抓经济那样抓水污染治理，如此，水环境保护的目标就易于实现[②]；循此途径，有研究进一步发现，地方官员随着年龄增长，晋升概率趋于下降，污染边际回报也随之减少，在中央政府持续加强环境问责的情势下，潜在惩罚成本却不断增加，从而导致年长的地方官员更有动力推行河长制，以避免或降低惩罚成本[③]。也有论者将我国现阶段行政模式理解为一种受管理对象性质、管理环境变化、管理主客体作用方式等影响进而管理责任无法准确界定的模糊性行政，河长制恰是为了实现管理责任清晰化所作的一种有意义的努力[④]，此即河长制把河流治理目标考核细化到区域地方党政领导头上，深化落实了目标责任制[⑤]。概而言之，河长制明确了各级党政领导的河流治理责任，并通过考核机制“硬化”了这一责任，这是河长制得以奏效的“诀窍”所在。

---

① 吴頔等：《给群众一份满意的河湖答卷》，《中国水利报》2018年10月11日第3版。

② 王灿发：《地方人民政府对辖区内水环境质量负责的具体形式——“河长制”的法律解读》，《环境保护》2009年第9期。

③ 金刚、沈坤荣：《地方官员晋升激励与河长制演进基于官员年龄的视角》，《财贸经济》2019年第4期。

④ 李利文：《模糊性公共行政责任的清晰化运作——基于河长制、湖长制、街长制和院长制的分析》，《华中科技大学学报》2019年第1期。

⑤ 李云生：《从流域水污染防治看“河长制”》，《环境保护》2009年第9期。

二 基于经验事实的河长制跨界水环境治理效应

现有河长制分析文献大多聚焦于河长制发展逻辑、运行困境与对策、对于公众参与的激活等主题，鲜有文献专门研讨河长制跨界水环境治理效应。但实际上，对此需要引起足够的重视。有文献认为，河长由各地党政领导兼任，负责所在行政辖区内河段管理，例如，贵州省发布的《“河长制”的实施通知》中就明确要求采取“分段式治理”，并配套实施“分段考核并问责”，这不免造成流域治理的碎片化，河长间相互协调困难，易于导致流域整体治理失灵①。但经验层面却往往给出相异答案：不少地方引入河长制后，不但促使辖区内“九龙治水”的局面大为改观，部门间治水协作意识、能力与机制水平明显提升，也同样有利于求解流域跨界水环境府际协同治理难题。2016 年，河长制作为一项国家水环境治理制度全面铺开，更为此提供了条件，在相当程度上打开了流域跨界治理经常呈现的“囚徒困境”死结，因流域内相邻地方政府河长均面临着自上而下的考核压力，其中一个重要内容即是流域断面考核。在共同的考核压力下，为实现各自出境水质达标而势必推动河长间彼此携手加强跨界合作，流域内地方政府间多头治理、协调不力的局面获得改变；另一方面，治水压力型体制也进一步推动纵向河长多层级联动机制的形成。即便在突发情况下，政府上下层级仍可在“第一有效时间”内及时处理跨域水环境治理问题。概括而言，“河长制在跨域水环境治理过程中起到‘桥梁’作用”②。

经验事实可以说明这一情况。比如在身处长三角、治污任务复杂严峻的太湖流域，河长制全面实施以来，浙江平湖、嘉善等地与紧邻的上海市金山区确立了水域突发事件联动机制。一旦跨境水污染事件发生，平湖、嘉善与金山有通畅的联络会商机制，双方河长结合河道“一河一策”治理方案，联合处理相关问题。太湖中心城市苏州与沪、浙各区市交界河湖岸线长度近 200 千米，其中不乏江南运河、吴淞江、淀山湖等被列入江苏省省级骨干河道或省湖泊保护名录的河湖。省际河湖管理涉及上下游、左右岸，由于水系相通、地块分隔，交界地区一度成为“三不管”地带。河长制在苏州、浙江和上海各自引入后，“冤家”变成“亲家”。苏州吴江区和

---

① 汤显强等：《流域管理与河长制协同推进模式研究》，《中国水利》2018 年第 10 期。

② 詹国辉：《跨域水环境、河长制与整体性治理》，《学习与实践》2018 年第 3 期。

与其搭界的嘉兴秀洲区，建立了联合巡河机制。镇村两级河道河长，每月到对方地界监督检查河道水质，共同研究制定剿灭劣Ⅴ类水行动计划。“一块块‘苏州市吴江区、嘉兴市秀洲区省际边界河道联合河长公示牌’上，详细的河流、河长信息让责任区域不再难以划分；‘省际边界联防联治’的微信群让双方对清污信息做到心中有数；联合巡河让执法行动统一有效。在对交界区域河道、湖泊等水域管理责任进行划界定后，联合河长每季度至少开展一次联合巡查，并共同谋划联防联治计划常态化，实现水环境检测数据和重大水环境安全信息共享。”① 太湖流域各地河长不仅工作上加强合作，经验上也加强交流，例如2017年7月太湖流域片河长制现场交流会议在绍兴举行，来自浙江、江苏、上海、福建、安徽五省（市）的河长办相关负责人、河长代表纷纷畅谈治河心得，并且走访了绍兴多地，实地感受河长制给水乡环境带来的改变，这种交流会在太湖流域定期举行，浙江的经验启发了外地河长代表，外地经验介绍也给了浙江借鉴，从而相互启发和借鉴。为了进一步推进太湖流域治理，国家水利部太湖流域管理局也将围绕河长制，完善太湖流域与区域议事协调机制，各相邻省、市可通过太湖流域水环境综合治理水利工作协调小组、环太湖城市水利工作联席会议、太湖湖长协作会议等协商平台，统筹推进太湖、入湖河道和周边陆域的综合治理和管理保护，协调解决跨区域、跨部门的重大问题②。

浙江省内，由于河长制较早已形成“纵向到底、横向到边”的五级河长联动体系，河长制考核压力一级一级往下传，以往市县交界处河流最难实现府际跨界协同治理，如今却看到了希望。丽水市青田县与温州市永嘉县交界处的茹溪河即是如此。茹溪河中下游所在的永嘉县桥头镇黄坦村两岸有多家纽扣厂、炼油厂等小企业，长期以来任意排放污物导致茹溪河水质遭到严重破坏。浙江全省实施“五水共治”以来，永嘉县进行了严厉治理，一些污染企业陆续搬到毗邻桥头镇黄坦村的青田县境内继续生产，虽然就在近旁，这些企业却挂着青田县颁发的营业执照，永嘉县环保局奈何不得，导致茹溪河污染无法有效控制。河长制引入后，茹溪河属于瓯江支流，瓯江治理由省领导担任河长，压力逐级传输到青田、永嘉两县，两地

① 《江浙沪三地通过河长联合巡河机制进一步深化省界水域联防联治》（http://changjiang.chinadevelopment.com.cn/jtsl/2019/03/1481666.shtml）。

② 《全面落实河长制六大任务　浙江河长制迈向升级版》（http://js.zjol.com.cn/ycxw_zxtf/201707/t20170707_4509880.shtml）。

领导与河长开始显露诚意，展开合作，双方建立了高规格的联动协调小组，确立了巡查机制、信息情报共享机制，列出问题清单、任务清单和责任清单，采取一厂一策方案，明确了整治一部分，整改提升一部分，搬迁一部分，一段时间后，终于还茹溪河以清澈①。

再如地处西南、跨川渝两地的南溪河全长92千米，流经七个乡镇后进入嘉陵江。南溪河由谁治理以及如何治理，一直是川渝两地比较头疼的问题。2017年初，重庆市合川区全面推开河长制。南溪河的重庆河长们主动拜访四川同行，分析问题根源，寻求解决方案，经过热烈、友好的讨论，七个乡镇签订了联合共治协议。随后南溪河河长制联络制度、流域环境保护定期联席会议制度、流域环境污染联防联控制度、流域生态环境事故协商处置制度一一建立并发挥作用。按照自愿参与、协同应对、平等互利、优势互补的原则，七个乡镇对流域内信息共享、协同管理、联合巡查等达成共识和联合行动，终于使得流域水环境大为改观。一位参与南溪河协同治理机制的乡镇党委书记感叹："形成协议，协作治河，河长制是关键抓手。"七个乡镇负责人，都是南溪河的河长，这是南溪河跨界合作治理开展的基础，而河长制推行快的区域，又倒逼了其他地方加快动作跟上来②。

三　正确看待河长制制度性不足的质疑

河长制虽广受赞誉，却也遭遇一些批评和质疑，主要针对河长制在一定程度上显现的非制度化特点。在一些法律学者看来，即为非法治性色彩浓厚，法律依据不足，运作体现人治作风③。诚然，以地方主政领导担任河长，实现流域跨界、跨部门协作，确可谓一种人治安排，能否取得长远效果，难免要打个问号，实践似乎也不乏例证，由于一些地方不注重河长制制度建设，导致"河长职责写得明明白白，条条举措无一落实"。2019年11月26日上午，国务院农村人居环境整治大检查第十检查组在顺德区乐从镇大闸村叙龙二涌就发现这一情况。报道称，该河涌接受检查时的污

---

① 《永嘉治水：跨区域联动还菇溪河清澈》（http：//news.163.com/14/1202/09/ACEVB1BJ000146BE_ mobile.html）。

② 《四川重庆一跨界河流治理调查：共治协议盖7个公章》（https：//3g.china.com/act/news/11038989/20170826/31192946_ 2.html）。

③ 刘芳雄、何婷英、周玉珠：《治理现代化语境下"河长制"法治化问题探析》，《浙江学刊》2016年第6期。

染情形触目惊心。从河涌口一眼望去，约3米宽的河涌上漂浮着大量生活垃圾，废木柴、泡沫盒、塑料袋等随处可见。建筑垃圾随意倾倒，堵塞河涌，严重阻碍水体流动。河道两岸及河面随处可见村民私搭乱建的简易窝棚、畜禽养殖笼，甚至是粪污直排的厕所，还有部分河道被各种垃圾覆盖、挤占几乎看不到水面。检查人员还发现，由于大闸村未集中建设连通污水处理厂站的地下管网，也没有建设分散式处理设施，致使该河沿岸村民的家庭餐厨废水、洗漱废水及化粪池污水均通过简易管道直排河涌。河水发黑发臭，蚊蚋成群①。

但在笔者看来，一方面，一项制度创新不可能一蹴而就，总是有一个不断趋于完善的过程，不能急急忙忙就对其下结论，毋宁抱着“干中学”的态度，允许、呵护其不断提升制度化水平，而现实中出现的一些河长履责不力的案例也仅属于地方性个案，并不能体现河长制在各地运行的普遍情况，河长制运行良好且体现创新特色的地方案例也可以举出更多；另一方面，制度创新也没有通行的模板，好的制度创新，不是因为其符合了一些通用的评判标准，而是因为该项制度扎根本土，适切于公共行政现实所需。河长制的创新归根结底就体现了这一特点。有分析就指出，河长制实施之前，地方政府间、政府部门间也时不时自发开展横向水环境合作治理行为，但较难突破彼此利益和惰性阻挠，信息沟通不畅，意志难以聚合，因而多体现为一种“碎片化”治理，官员群体对于科层型纵向协同更为熟悉和依赖。缘此，针对流域水环境治理，各级、各部门官员更希望由上级介入实施权威性协调，并且实现信息的纵向流动，正是基于这一背景，河长制应运而生且能运转自如②。

非但如此，还应看到河长制在其发展历程中，制度化建设实质上从未间断，制度水平持续提高。

首先，河长制已从地方政府遭遇突发公共危机之下的诱致性制度创新走向中央政府出台的强制性制度变迁，标志之一即是2016年中央深改组讨论通过《关于全面推行河长制的意见》，不仅意味着河长制制度化已经达到一个很高的水平，因中央深改组所通过的决定虽不具有法定权力，却具

① 周颖：《国务院检查组暗访核查佛山一农村河涌黑臭十余年无人管理：河长职责写得明明白白，条条举措无一落实》（http：//www. gov. cn/xinwen/2019 – 11/28/content_ 5456520. htm）。

② 任敏：《“河长制”：一个中国政府流域治理跨部门协同的样本研究》，《北京行政学院学报》2015年第3期。

有最高政治权威，赋予河长制高度的政治严肃性和一段时期内的制度稳定性，另也意味着河长制已须在全国范围内推行。自此之后，各个省、直辖市、自治区均建立了上下对口的河长制领导与办公机构，将河长制作为一项国家正式制度来对待。标志之二是2017年6月，十二届全国人大常委会第二十八次会议将河长制正式写入《水污染防治法》，规定“省、市、县、乡建立河长制，分级分段组织领导本行政区域内江河、湖泊的水资源保护、水域岸线管理、水污染防治、水环境治理等工作”。此举为河长制在法律上正名，其效力已不止于政治层面，而是上升到法律层面。为河长制及其组织机构在各地的设立与运转提供了法理规范。

其次，从地方层面来看，河长制相关操作规则随着实践不断发展完善。在河长制创新经验最为丰富的浙江省，2014年省环保厅即组织编制了《全省河长制水环境治理方案编制指南》，成为各地河长科学、扎实推进河流（道）水环境治理工作的指导性文件；2016年，省治水办出台了《基层河长巡查工作细则》，首次为全省基层河长的巡河工作制定了详细规范，让基层河长工作有章可循。这份《细则》从总则、职责分工、巡查频次和内容、巡查记录、问题发现和处理、考核奖惩以及附则七个方面，为浙江基层河长的巡河工作作出了规范①；同年，浙江省委、省政府印发《浙江省党政领导干部生态环境损害责任追究实施细则（试行）》作为各级河长工作的考核依据，2017年6月，浙江省委办公厅、省政府办公厅联合印发《浙江省全面深化河长制工作方案（2017—2020年）》、浙江省水利厅印发《浙江省水利厅贯彻落实河长制工作实施方案》，明确了河长制的量化目标以及六大任务，并且针对各级河长以及河长制组织机构和成员机构均厘定了职责，进一步还提出要健全七方面的工作机制；2017年7月，《浙江省河长制规定》经浙江省第十二届人大常务委员会第四十三次会议审议通过并公布，其对于浙江省五级河长的职责、义务、奖惩等均作了细致规定，并获得地方立法效力；2018年9月27日，全国首个河湖长制地方标准在绍兴市正式发布②。非但浙江，福建省河长制制度化建设历程与成就也值得关注。与浙江类似，福建省水资源同样极为丰富，年人均占有量约3446

---

① 《河长制将在全国推行　浙江先行先试效果良好》（http：//zjnews. zjol. com. cn/zjnews/hznews/201610/t20161014_ 1974640. shtml）。

② 《浙江河长制干得怎么样？请看这张河湖答卷!》（http：//www. sohu. com/a/258892626_684405）。

立方米，居全国第8位，闽江流域面积60992平方千米，约占全省面积的一半，被誉为福建的母亲河。但一直以来，由于产业质量不高，闽江等大小河流同样遭遇了严重的污染威胁。2014年，福建省政府办公厅印发《福建省“河长制”实施方案》，全省范围内设立四级河长，明确权责，启动河长制。经过一段时间的运行，在总结各地经验的基础上，福建省政府再度于2019年9月4日审议通过《福建省河长制规定》，预示着河长制制度化建设取得新的成就。该《规定》共5章24条，主要在以下几个方面做了明确规定：（一）河长制的定义、适用范围、工作内容、宣传教育、社会参与；（二）河长设立与职责、河长办设立、河道专管员招聘管理、行政执法与刑事司法衔接；（三）河长巡查及问题处置，河长办督察，河长、河长办及成员单位工作协调，社会监督、信息共享；（四）河长述职、考核及结果应用、违规行为处罚。

概而言之，实践的发展某些方面或已超出学者的理论想象，河长制创新以来，在中央政府赋予高度政策注意力以及舆论给予强烈关注的情况下，其自身正式化、规范化建设在各级官员努力下已经取得极大成就。制度经济学将制度区分为正式规则、非正式规则和实施机制。正式规则包括政治（和司法）规则、经济规则和契约；非正式规则则包括惯例、观念、道德、有组织的意识形态等。正式规则架设了人类社会基本结构，尽管如此，非正式规则却具体约束、调节了人们大部分行为。实施机制也极为重要，缺乏强制性的实施机制，任何制度尤其是正式规则就形同虚设。鉴于制度经济学这一分类与看法，河长制在不断成长为一项正式制度的情势下，或许更值得关注的是，如何进一步改进和加强其赖以成长与发挥效用的非正式制度和实施机制？本书则更为关注如何提升其跨界水环境治理效应。

四　进一步释放河长制跨界水环境治理效应

对此，本书认为，一方面，须重视与河长制相调适的非正式制度建设。例如，强化各级河长以及涉水管理部门对于以“两山”理论为代表的新时代中国特色社会主义生态意识形态的学习和践行，各级河长人员的任用不但要考虑其持有的行政权力资源状况，还应通过科学、有效的方式、办法考察其是否具有生态民生情怀；在涉水管理部门间加强彼此交往与工作联系，建立常态性的联合学习机制，营建协作性文化，进而打造一种不断改进流域水资源协同治理的工作习惯与浓厚氛围，利于河长协调各部门工作。另一方面，则应继续深入推进河长制各项实施机制建设。

（一）改进河长制考核办法

目前浙江、江苏等河长制先行先发地区均出台了对于各级河长的量化考核细则，此举应有助于推动河长管理责任的落实，保障河长制走向“河长治”，但考核的科学性仍有待提高，当代公共管理与传统公共行政一个显著区别在于，坚持结果导向，而非过程导向。河长制运行若着眼过程和短期效应，以至于出台过细、过严、过急的量化考核方案，实践中很可能走偏，难以实现预定目标，乃至出现逆向委托—代理问题[1]，亦即各级河长阳奉阴违式履职、上下级河长“共谋”蒙混过关的情况[2]。有鉴于此，对各级河长的考核应转向结果导向，以水质改善为主旨，而水质改善也并非一日之功，应该为各级河长制定一个考核期更为长久、任务更显务实、问责结果更加明确的量化考核目标，从而使其有充分的时间与可能去推进所负责的河流治理。为保障河长业绩考核的科学与公平，考核工作可以委托第三方进行，考核方法与结果向外界公布。

（二）改善河长制履责条件

一是对于兼任河长的各级官员，根据其河长履责考核结果与公众评价意见，应给予更多的晋升预期，提升其经济待遇；二是进一步改进各级河长的工作条件，叫停一些地方由副职兼任河长的做法，明确必须由党政一把手担任河长，保障河长治水权威，因实践显示，“除了四套班子一把手领导外，普通的副职在推动涉及面广量大的河流治污工作中确实存在很大难度。如，在河流水环境综合整治中，最迫切需要解决的是资金问题，而普通‘河长’无人事管理权和资金调配权，在指导工作时往往力不从心，或底气不足；一些亟须解决的突出问题，因普通河长职权所限，也难以协调到位；遇到违法排污等不属于自己分管的问题时，也难以动真碰硬”[3]；三是加强河长履责信息化手段的运用，浙江在这方面即有诸多尝试，例如采用大数据分析、GPS 卫星定点监控、无人机航拍等为河长履责行为提供

---

① 朱玫：《论河长制的发展实践与推进》，《环境保护》2017 年第 2 期。

② 李汉卿：《行政发包制下河长制的解构及组织困境：以上海市为例》，《中国行政管理》2018 年第 11 期。

③ 朱玫：《铁腕治污　科学治太——江苏省太湖流域治理体制机制实践探索》，江苏人民出版社 2015 年版，第 106—107 页。

信息技术帮助，也为河长规范行使职责创造了便利条件。比如温州、绍兴等地实现市域范围电子化巡河全覆盖，各级河长手机安装 APP 每天上传巡查轨迹和巡查日志，一旦发现河道污染问题，就可以拍摄取证并上传到河长 APP，上级河长和相关街道部门可以在第一时间看到；四是河长责任应进一步作出详细规定，不同层级的河长职责划分应清晰、具体，避免流域水环境治理责任一味下移；五是加强流域水环境综合执法。例如，推广浙江等地出现的“河道警察”创新经验、福建大田县设立生态综合执法局的做法等，以此强化河长与公安部门、水利部门、环保部门、海事交通部门等协同作业机制，形成流域水资源治理合力。

（三）强化河长制公众参与

2017 年以来，江苏、浙江等地纷纷出台了升级版的河长制实施意见，要求实现河长制在境内全覆盖，以江苏为例，村级以上河道有 10 万多条、乡级以上河道有 2 万多条，统筹协调和治理如此之多的河流，管理任务何其繁重、复杂；而由于各级河长均为兼任，在多任务、多目标政策执行背景下，对于其构成的管理负担和挑战可想而知。基于此，应极为重视在河长制运行中引入社会力量的参与，例如推进环境和污染源监测、企业环境行为评估、治理工程绩效评估的第三方服务、河道治理的第三方监管等①；招募志愿人员担任民间河长，与官方河长配合开展常态河道巡查工作，并为官方河长提供治水所需的“地方性知识”；依靠信息化手段，开发面向社会公众的手机客户端，流域水环境与执法信息等实时公布、便于公众查询，以及举报线索，从而让公众成为流域水环境治理的“第三只眼”或“民间纪委”，并且弥补河长人员自身治理信息与资源的不足。

（四）搭建河长制跨界合作平台

实践中不少地方已作出探索。例如四川省，黑石河二支渠先后流经都江堰市柳街镇与崇州市观胜镇接壤，柳街镇生活垃圾和污水沿渠排放，造成观胜镇渠道污染严重，为解决这一跨界问题，观胜镇立即与柳街镇进行协调沟通，两镇充分发挥总河长、河长、段长、河道管理员职责，一是建立联合监管机制。在“两合水”流域重点位置设立联合监管点，并分别派人员轮流巡查管理。二是有效配合协力推进。加强畜禽养殖、屠宰场、污水处理厂污染治理，建立雨污分流设施和粪污综合利用模式。三是与涉及

① 朱玫：《中央环保督察背景下河长制落实的难点与建议》，《环境保护》2017 年第 2 期。

村（社区）签订面源污染责任书，村（社区）与农户全覆盖签订承诺书。四是加强对群众的宣传教育[①]。浙江省德清县新市镇、洲泉镇为解决跨界流域水污染治理难题，更进一步，设立了交界河道跨界河长。两镇地域相邻，河网相通，为加强交界断面水质管理，经协商后设立跨界河长，由两镇五个行政村村书记兼任。“跨界河长”的职责是，按照“共巡、共治、共管”的原则双向延伸巡河，巡河次数每个月不少于1次，巡河长度不少于500米。延伸巡河情况通过电话、微信等方式，及时告知对方行政村书记或河长。对巡查中发现的问题，当即整改、跟踪落实。跨界河长的考核要求是，确保“河道三洁”：河岸整洁、河面清洁、河流畅洁。通过“跨界河长”的设立，新市镇与洲泉镇区域联动机制更加完善，一方面能使两地共享治水平台资源，资源优势互补；另一方面能使工作效率显著提高，做到快速解决问题[②]。

（五）激励上下游河长跨界联动

河长一职毕竟是各级党政领导的“副业”，如何真正获其重视？尤其对于跨界河流治理，各行政区辖区利益存在差别甚至体现竞争，在此情形下，河长如何能倾心倾力投入流域水环境治理和跨界联动之中？对此，除了加强纵向考核压力之外，还须引入经济激励机制，让河长及其辖区看到彼此治水投入的现实利益所在，从实践来看，流域生态补偿是最为有效的经济激励措施。所谓流域生态补偿，即为以保护流域生态环境为目的，依据生态系统服务价值、生态保护成本、发展机会成本，调节流域内上下游之间以及生态保护利益相关者之间利益关系的公共制度[③]，又可以区分为纵向生态补偿和横向生态补偿，前者是指中央出面对于为流域水资源保护承担更大责任的上游地区作出的补偿；后者是指上下游之间相互采取的补偿行为，或为因上游污染对于下游造成外部性，由上游对于下游作出的惩罚性补偿；或为下游对于上游保护流域水资源产生的正效应给予的激励性补偿。诚如有学者分析，“当前，由于缺乏国家层面协调、监管与激励的跨省补偿办法，一些地方对长江流域治污积极性不高，甚至不愿参加联席

---

① 《观胜镇河长跨界联动协力治水》（http://www.sohu.com/a/313893258_120151411）。

② 虞高岚等：《新市交界河道有了“跨界河长”》（http://dqnews.zjol.com.cn/dqnews/system/2017/03/10/021106628.shtml）。

③ 郑云辰、葛颜祥、接玉梅、张化楠：《流域多元化生态补偿分析框架：补偿主体视角》，《中国人口·资源与环境》2019年第7期。

会议，跨省治理水污染的责任落实、加大保护力度、避免落后产业转移等意向多停留在口头上、纸面上”[①]。缘此，若使得河长制与流域生态补偿机制相结合，应可以对实现水环境治理的上下游跨界协同产生显著的正向作用。

在这方面，横跨安徽、浙江的新安江治理提供了很好的经验与启发。新安江干流总长 359 千米，其下游重要水域千岛湖水库是长三角仅剩的一片大型清洁水源。从 1990 年开始，新安江浙江淳安县境内千岛湖，水质富营养化趋势加剧；1998 年、1999 年，新安江水库中心湖区和威坪水域发生大面积季节性“蓝藻事件”；2004 年、2005 年威坪再次出现曲壳藻异常增殖；2007 年坪山水域出现束丝藻异常增殖；2010 年发生较大范围的鱼腥藻异常增殖，严重影响了水体的透明度。新安江三分之二在安徽境内，来自安徽的平均出境水量占千岛湖年均入库水量近七成，新安江上游水质优劣在很大程度上决定着千岛湖水质的好坏。新安江在安徽黄山市歙县街口镇进入浙江省境内。2001—2007 年，街口江段水质是Ⅳ类水，2008 年变成更差的Ⅴ类水。面对这一紧迫形势，在国家领导人作出批示、国家有关部委协调下，皖浙两省全国首个跨省流域生态补偿机制试点在新安江流域实施，涉及上游的黄山市、宣城市绩溪县和下游的杭州市淳安县。迄今试点实施已达两轮共 6 年，首轮试点引入对赌博弈，设置补偿基金每年 5 亿元，其中中央财政 3 亿元、皖浙两省各出资 1 亿元。年度水质达到考核标准，浙江拨付给安徽 1 亿元，否则相反。第二轮试点按照“分档补助、好水好价”标准，皖浙两省各增加 1 亿元。试点以来，黄山市及绩溪县共获得国家补偿 20. 5 亿元、浙江省补偿 9 亿元、安徽省补偿 10 亿元，其中黄山市获得国家补偿 18. 2 亿元、浙江省补偿 8. 4 亿元、安徽省补偿 9. 2 亿元。补偿机制调动了黄山市治理新安江的决心。六年来，黄山市突出规划引领，成立新安江保护局，实施五大类 225 个项目，累计投入 126 亿元推进新安江流域综合治理；与淳安县建立了联合监测、汛期联合打捞、应急联动等机制，成立了联合环境执法小组，共同预防与处置跨界环境污染纠纷；建立环境形势专家会诊制度，与中国环科院、中科院南京地理湖泊研究所等一流环境研究机构建立战略合作关系，设立环境保护院士工作站，每半年

---

① 李黔渝：《流域生态补偿机制受困“地域界限”》，《经济参考报》2017 年 2 月 13 日第 A07 版。

召开一次环境形势分析会，并有针对性地制定工作措施，细化考核目标和责任下达区县，建立河长制，明确湖区、河道的湖长及河长，实施“一河一策”，严格奖惩，形成水域河（湖）长和治理全覆盖[①]。2018 年 4 月 12 日，由原环保部环境规划院编制的《新安江流域上下游横向生态补偿试点绩效评估报告（2012—2017）》通过专家评审。该报告显示，试点实施以来，新安江上游水质为优，连年达到补偿标准，并带动下游水质与上游水质变化趋势保持一致，新安江成为全国水质最好的河流之一[②]。2018 年 7 月，安徽省副省长、新安江干流省级河长周喜安赴新安江一线开展巡河督察，进一步要求黄山市各级河长严格责任落实，创新管护举措，着力打造新安江河长制升级版。值得注意的是，黄山市倾力治理境内新安江河段，不仅收获了丰厚的生态补偿回报，还极大地带动了本地经济增长与绿色效益，这也有助于进一步坚定其完善河长制与河长责任制、持续关注和推动新安江水环境保护的信心与决心。统计数据显示，2017 年新安江生态系统服务价值总计 246. 5 亿元，水生态服务价值总计 64. 5 亿元；2012—2017 年，黄山市生产总值年均增长 7. 7%，财政收入年均增长 6. 6%。尤其是二轮试点以来，生产总值连续跨上 500 亿元、600 亿元两个台阶，财政收入突破百亿元大关[③]。

结语

流域水分配与治理所致跨界矛盾和争端的解决断然离不开中央政府的介入。在流域各地方政府间，由中央政府出面，依靠自上而下的层级控制与正式的制度规范，经由流域管理机构、流域法治、政党领导与整合、可交易水权制度、河长制等途径实施的科层型协同机制，对于促进流域水分配与治理的地方政府协同确乎具有举足轻重的作用。正如威廉姆森所肯定：“就激励的意义而言，科层制减弱了均不受对方控制的正常谈判之缩影的侵犯性的态度倾向。科层制最显著的优势也许是，在科层制内部可以用强制实施的控制手段比市场更为灵敏，当出现冲突时拥有一种比较有效

---

① 沈满洪、谢慧明、李玉文：《中国水制度研究》，人民出版社 2017 年版，第 377—399 页。

② 《问江哪得清如许　改革护得碧水长——新安江流域生态补偿实践启示录（上）》（http：//www. ah. gov. cn/UserData/DocHtml/1/2018/8/27/2168363283625. html）。

③ 《安徽省副省长周喜安赴新安江巡河督察河长制工作》（http：//www. mwr. gov. cn/ztpd/gzzt/hzz/gzjz/sjhzxh/201808/t20180803_ 1044607. html）。

的解决冲突的机制。”①

科层型协同机制特别依赖一个强大中央集权的存在。正是由于具备集权的前提，中央政府可以凭借超然的权力、权威资源打破流域各地方政府相互间行政区划阻隔，实现彼此握手言和，并能有效集中流域各行政区分散的人财物，统一实施大规模流域水资源治理工程。事实上，中央集权展露的这一好处在各国传统“治水”活动中即曾屡屡显现，难怪黄仁宇通过对我国黄河治理历史的考察也不得不叹服：“足见光治水一事，中国之中央集权，已无法避免。”② 魏特夫亦有同感：“修建所需要的灌溉工程和防洪工程，必须有高度的组织性工作，这只有通过有能力规划并执行这些工程的政府机构才能实现。‘东方专制主义社会’就是处于不同特定区域的古代水利社会长期演进的结果，在这样的社会中，统治者自然要求并运用‘绝对的权力’。”③ 实际上，马克思、恩格斯也曾强调东方水利社会政府修缮公共水利设施的重要性及其对于政府体制的塑造。恩格斯就指出，在亚洲的统治者“每一个专制政府都十分清楚地知道它们首先是河谷灌溉的总管”④。马克思亦分析认为，“使利用水渠和水利工程的人工灌溉设施成了东方农业的基础”⑤。在西方国家水利灌溉设施往往由私人自愿联合实现供给，但在东方，“由于文明程度太低，幅员太大，不能产生自愿的联合，因而需要中央集权的政府进行干预。所以亚洲的一切政府都不能不执行一种经济职能，即举办公共工程的职能”⑥。

无论如何，水利社会确可能产生中央集权的推力，至少中央集权有助于大型水利项目的兴建。我国历史清晰地体现出这一道理。中华帝国是以农耕作为存在基础的。农耕的重要条件是水利。中国有着世界上独一无二的农耕条件，就在于有两条大河——黄河和长江及其相应的水系。大江大河及其发达的水系给农业生产带来了足够优越的条件，但也可能缕起水患

① ［美］奥利弗·E. 威廉姆森：《反托拉斯经济学》，黄涛等译，经济科学出版社 2000 年版，第 29—30 页。

② ［美］黄仁宇：《赫逊河畔谈中国历史》，生活·读书·新知三联书店 1992 年版，第 8—9 页。

③ ［美］费勒尔·海迪：《比较公共行政》，刘俊生译，中国人民大学出版社 2006 年版，第 171 页。

④ 《马克思恩格斯选集》第 3 卷，人民出版社 2012 年版，第 560 页。

⑤ 《马克思恩格斯选集》第 1 卷，人民出版社 2012 年版，第 850 页。

⑥ 同上书，第 850—851 页。

给人们造成灭顶之灾。如何将水患变成水利？这绝非一姓一族一地可以完成的，由此，正是治水的需要推动了中国先民在世界历史上率先超越血缘和地缘限度，缔结而成规模宏大的中央集权的国家共同体①。自秦朝“废封建、置郡县”以后，“封国土、建诸侯”的“封建制”就淡出了历史舞台，为中央集权制所取代。从此以后，百代都行秦政制②，中央集权制度成为历朝确立政治体系、政治关系、政治秩序和推动政治发展的一项基本政治制度，并内化为一种观念，外化为一种行为习惯，积淀为集权制度文化，涵盖家国同构的理想、国家至上的理念、追求统一的精神、崇尚权威的意识、效忠顺从的态度等内容③。而自汉武帝起，经修葺一新的儒家学说则对于中央集权的确立和存续发挥了理论基础和精神支撑作用。此后历代统治者均将儒学提升为国家意识形态，化作君臣和民众共同的利益认知与价值取向，从而在集权体制与小农生产方式之间形成互赖关系，构建起集权体制、小农生产方式、以儒学为内核的文化传统相互支持的互动结构④。以至于在长时间内，中央集权的思想和体制可以延绵不绝，任何历史时期，中央集权的政治主题始终如一地得到贯彻和体现。可以说，中华帝国在其发展过程中，历经统一—分裂—统一的过程，历经建立—瓦解—统一的若干回合，但每一次重建，都是以统一的多民族的中央集权为内核和表现的⑤。这一情况也同样延续至新中国成立以后，甚至一度走向了高度中央集权（但与历史上的君主集权有根本区别，新中国确立的乃是人民民主集权）。改革开放后，这一情况随着地方分权的推进确曾有明显改观，然而后毛泽东时代，“各方面讲都符合‘现代’制度特征的中国实际上没有取消‘集权体制的’特点”⑥，并且进入新世纪，凸显于政策领域的选择性集权复又被强化；及至十八大以来，“集权继续强化：第一，高度强化中央权威，强调政治规矩、垂直化管理和政治大一统；第二，上收了部分

---

① 徐勇：《历史延续性视角下的中国道路》，《中国社会科学》2016 年第 7 期。

② 巩建华：《中国公共治理面临的传统文化阻滞分析》，《社会主义研究》2007 年第 6 期。

③ 陈元中：《论传统治国文化及其现代转化》，《新视野》2010 年第 3 期。

④ 黄清吉：《中西古代国家发展的分野及其当代意涵》，《上海行政学院学报》2016 年第 5 期。

⑤ 邓剑秋、张艳国：《中国传统政治文化发展的历程及其特点》，《武汉大学学报》1998 年第 4 期。

⑥ ［法］让·皮埃尔·卡贝斯坦：《人民中国政治制度》，法国大学出版社 1994 年版，第 33—35 页。

事权；第三，加强了对地方纪委的垂直领导；第四，通过新设立的国家安全委员会整合了维护社会稳定的各部门力量；第五，通过新设立的全面深化改革委员会强化了对改革的领导权”[①]。事实上，秉持宪法明确的“两个积极性”原则[②]，中央集权体制若能保持在适度范围内，并且央地职能划分渐至于明晰、法理化，则中央集权益处多多，对于转型中国而言，有助于“保证中央统一领导与政令畅通，确保国家统一和社会稳定”[③]。在此意义上，十九届四中全会将我国中央集权致力于实现并予以保障的“坚持全国一盘棋，调动各方面积极性，集中力量办大事的显著优势”作为我国国家制度和国家治理体系的十三大优势之一[④]。2016 年以来，长江经济带发展、黄河流域生态保护和高质量发展先后被确立为国家重大战略，由于长江、黄河均流经多个省（区、市），在战略实施层面，协调工作尤其复杂、繁重，若没有中央集权介入并通过行政、法律等各种手段，发挥顶层设计与协调推动作用，则此两项战略的顺利实现不可想象。

在制度经济学视界中，由于我国计划经济时期即已确立了高度的中央集权，转型期就更应重视科层型协同机制并引以为流域水资源公共治理的地方政府主导性协同机制。原因在于：第一，尽管中央集权建立的初始成本很高，但是转型期业已运转多时的中央集权其运行费用已降至较低水平，实施的单位成本也因而很低；第二，中央集权的科层行政体制具有学习和激励效应，表现在各级地方政府在长期实践中逐渐适应并认可了这一制度安排，而且在这一制度安排下地方政府遵守相应的行为规则对其自身也很有利，并可以形成稳定的预期，所以中央集权的科层行政体制也就渐渐形成了新制度经济学所谓的“路径依赖”而具有了相当的生命力[⑤]。

通览各国流域水分配与治理，中央政府依靠中央集权采用科层型协同机制，实践中不乏成功的经验，尤其美国 TVA 提供了范本。正如前文论

---

① 张紧跟：《以府际治理塑造新型央地关系》，《国家治理》2018 年第 12 期。

② 参见《宪法》第三条规定：“中央和地方的国家机构职权的划分，遵循在中央的统一领导下，充分发挥地方的主动性、积极性的原则。”

③ 王浦劬：《中央与地方事权划分的国别经验及其启示——基于六个国家经验的分析》，《政治学研究》2016 年第 5 期。

④ 《中共中央关于坚持和完善中国特色社会主义制度　推进国家治理体系和治理能力现代化若干重大问题的决定》，《人民日报》2019 年 11 月 6 日第 1 版。

⑤ 张紧跟：《当代中国地方政府间横向关系协调研究》，中国社会科学出版社 2006 年版，第 108 页。

及，其流域管理的鲜明特色正是在于确立了流域水资源公共治理的地方政府科层型协同机制，也由于此，其治理绩效斐然：据 TVA 称，田纳西流域已经在航运、防洪、发电、水质、娱乐和土地利用 6 个方面实现了统一开发和管理。流域防洪方面，建立了 34 座大坝，每年减少洪灾损失 1.77 亿美元；航运方面，田纳西河干流已建成 9 座梯级船闸，完成了航道渠化整治，通航里程 1050 千米；能源方面，TVA 拥有世界领先的能源技术以及全美最大的自营电子公司；生态环境方面，通过成立居世界领先地位的环境研究机构，负责全流域生态环境的监测、研究和管理。概括评价，TVA 主导的田纳西河流域治理开发同时具备了专门立法、专门的流域管理机构、专门的综合开发规划这三个要素，所以较好地实现了流域开发、治理和保护的统一以及环境资源保护与经济社会发展的统一①。

尽管如此，对于流域水资源公共治理的地方政府科层型协同机制的效用过分夸张亦属不妥。中央政府主导的科层型协同机制同样会遭受失败的危险。埃莉诺就提醒：这一机制特别需要建立于中央政府充分掌握信息、监督能力强、制裁可靠有效以及行政费用为零这些假定的基础上。而这些前提假定实际上很难一一具备，尤其是中央政府一般只可能拥有不完全的信息，因而中央机构会犯各种各样的错误，其中包括主观确定资源负载能力、罚金太高或太低、制裁了合作者而放过了背叛者等②，英国学者戴维·毕瑟姆也深有同感，其同样强调了处于科层制高层的中央政府在信息获得和处理方面遭遇的结构性障碍：科层制层级结构“要求组织具备自下而上传递信息的有效通道”，然而“它以金字塔的形式建构起来，越是到高层越是狭窄，并且，尽管这对于分解任务和处理自上而下的指令来说也许是一种有效率的结构，但在处理自下而上的信息时，却有可能造成大量的超载或阻塞问题……层级制既承受信息短缺之苦，也遭受信息泛滥之害。更确切地说，就是信息不到位”③。正由于此，就丝毫不奇怪中央政府主导的科层型协同机制常常出现失灵的情形。

不仅信息难题以及执行和监督成本的高昂足以让科层型协同机制陷入失效的境地，由于这一机制片面强调和依赖自上而下的控制，还会造成两

---

① 杨桂山等：《流域综合管理导论》，科学出版社 2004 年版，第 163—164 页。

② ［美］埃莉诺·奥斯特罗姆：《公共事物的治理之道》，陈旭东等译，上海三联书店 2000 年版，第 24 页。

③ ［英］戴维·毕瑟姆：《官僚制》，韩志明等译，吉林人民出版社 2005 年版，第 10 页。

方面的消极后果：第一，被动地或主要地接受中央政府的指令、规章或教谕，这使得流域各地方政府自身的独立性和自主权受到挤压和贬抑，久而久之，就很少能产生自觉性和信心去主动促进彼此横向协商与合作，相互间围绕流域水分配与污染治理的矛盾、隔阂也将越来越深，除了循环使用加强中央政府控制的老办法以外，很难以信任、互惠的方式来获得更好的解决。第二，在我国，习惯采取科层型协同机制也即加强中央集权的办法来求解流域水分配与治理的跨界矛盾，并将其推演至极，就有可能葬送前期分权改革业已取得的成果，乃至撤回计划经济时期中央高度集权体制的老路，并重蹈“一收就死，一死就放，一放就乱，一乱又收”的覆辙。

由于上述原因，流域水资源公共治理的科层型协同机制的局限性也同样明显。实践中仍需引入府际治理型协同机制、公共参与型协同机制、市场型协同机制等，使其与科层型协同机制形成相互配合、相互弥补之势，对于促进流域水分配与污染治理的跨界协同形成制度组合效应。

第五章

流域水资源公共治理的地方政府市场型协同机制

跨界治理致力于协同解决相邻政区间影响彼此的跨界问题，诸如本书所研究的流域水分配与治理的跨界矛盾、跨界人口流动和社保衔接、城市规划与基础设施建设协同、传染病联防联治等。对于跨界治理模式的分析，现有研究较集中于“行政一体化”取向的科层机制和“区域一体化”取向的治理机制，两者之外的市场机制则易于被忽视。本章以下援引河北燕郊以及上海洋山港两则案例，总结出归属于市场机制、可以对应理解为“资源一体化”的“权力分置”型跨界治理模式，探讨其增进跨界治理的方式、效应以及制约条件，更主要的是，期待这一模式及其所展现的市场机制可以进一步运用于流域水资源公共治理的地方政府协同机制的建构与运行。鉴于此，本章进一步以义乌—东阳我国首宗地方政府间水权交易为例，分析“权力分置”型跨界治理模式所体现的市场机制在这一案例中的展现和运用，并提出对策思考。

第一节　文献回顾与分析

当代跨界问题丛生，推动跨界治理研究蓬勃兴起。跨界治理模式分析最为国内研究者所重视。有文献详解为“单打独斗”、“貌合神离”、“柔性协调”、“上下协力”等模式，借以形容跨界治理的不同发展阶段①，但

---

① 许焰妮、唐娜：《基于府际关系视角的区域一体化模式分析》，《北京行政学院学报》2013年第4期。

"模式"一词通常意指相对稳定、成熟的制度运作形式，如此，这些显现阶段性特征的所谓"模式"或许难称其为模式；又有文献总结为"区域网络治理"下的欧盟政府间合作模式、"大湄公河"次区域政府合作模式、莱茵河流域治理中的政府合作模式、丹麦与瑞典"两国一制"的"奥瑞桑德"区域合作模式、"一国两制"下的"泛珠三角"区域政府合作模式、市长联席会议的政府合作模式等①，实则是列举了国内外跨界治理几个典型实践，然而几种模式间根本差异究竟是什么，文献中不甚明了。

更显意义的是，另有文献以制度主义为指向，或将跨界合作治理模式归结为科层制、契约制、网络制三种模式②；或为科层制、市场机制、社群治理以及网络治理机制四种模式③；又或为三个界面：存在于不同行政区划之间的、必须由上级政府纵向权力控制的、以新组建的机构为主导的宏观跨界治理模式；存在于不同行政区划之间的、不需要上级政府纵向权力控制的、以新组建的机构为主导的中观跨界治理模式；存在于不同行政区划之间的，不需要上级政府纵向权力控制，也不以行政机构、部门协调为主导的，包括政府部门在内参与但主要是凭借社会力量参与的微观跨界治理模式④。本质上，此三个界面的跨界治理模式仍可以分别概括为科层机制、网络治理机制以及社群治理机制。

制度经济学者将制度主要区分为基于交易费用存在替代性的科层制与市场机制两种形式⑤，制度分析学者后来又揭示了公共池塘资源消费中的自主治理机制⑥。是故，可以将制度经济学者对于制度基本类型的认识归总为科层制、市场机制、治理机制三种。循此，反观以上学者对于跨界治理模式的认识，相同之处远大于不同，例如契约制即为市场机制，网络治

---

① 杨爱平：《论区域一体化下的区域间政府合作——动因、模式及展望》，《政治学研究》2007 年第 3 期。

② 范永茂、殷玉敏：《跨界环境问题的合作治理模式选择——理论讨论和三个案例》，《公共管理学报》2016 年第 2 期。

③ 汪伟全：《区域合作中地方利益冲突的治理模式比较与启示》，《政治学研究》2012 年第 2 期。

④ 胡宁生：《区域发展中地方政府间关系的类型与重构模式》，《江苏行政学院学报》2013 年第 5 期。

⑤ 盛洪：《分工与交易——一个一般理论及其对中国非专业化问题的应用分析》，上海译文出版社 1992 年版，第 10—11 页。

⑥ 参见［美］埃莉诺·奥斯特罗姆《公共事物的治理之道：集体行动制度的演进》，陈旭东等译，上海译文出版社 2012 年版。

理机制与社群治理机制难分彼此，可以概指为治理机制，就此而言，这些学者对于跨界治理模式的看法，基本遵循了制度经济学对制度类型的判断。

基于历史记忆与路径依赖，实践中我国跨界治理较习惯采用科层机制模式，通过自上而下的行政命令求解跨界问题，尤其是以“巨人政府”方式，亦即通过合并、重组行政区划来增进跨界治理，在此意义上，科层模式即为“行政一体化”，旨在形成“一个单一权力中心，它在社会治理方面有终极的权威（说了算数）”①，这“要比数目众多的地方政府好得多”②，易于推动跨界协调与治理。特别是有鉴于行政区行政对政区间经济联系与横向协作造成刚性约束，构成异常突出的“行政区经济”③ 问题，通过“行政一体化”，以“巨人政府”的一揽子办法取得突围，无论官方还是民间均表现出强烈认同。从民间来说，例如针对淮海经济区跨省协作，网民时有设立“淮海省”的呼声；长三角一体化进程中，亦有不少人呼吁将昆山等周边地区并入上海。从官方来说，比如为解决跨界治理中的“诸侯割据”问题，2003 年 1 月 8 日，佛山市所辖南海、顺德、三水、高明四市同时摘去自己的“市门牌”，换上佛山市的门牌；为求解“断头路”、“断头河”等跨界问题，实现协同发展，2009 年 5 月 6 日，上海市宣布撤销南汇区，并入浦东新区；为理顺巢湖管理体制以及做大合肥，安徽省于 2011 年 8 月 22 日上午宣布撤销地级巢湖市，其所辖庐江县和居巢区并入合肥。诸如此类举措，在基层治理中亦十分常见，比如各地力推的“撤乡并镇”、“撤村并组”等做法。

“行政一体化”将跨界治理的市场交易费用转化为一体化的科层交易费用，后者若限制在一定范围内，这一做法值得倡导。但实践并非必然如此，“行政一体化”是刚性和正式的行政行为，注重通过有计划的指令实现一步到位的快速整合；而社会行为则是弹性的非正式过程，原有经济社会关系的变化需要调整与进化的空间。刚性放大而弹性缺失，导致在引发

---

① ［美］文森特·奥斯特罗姆：《美国公共行政的思想危机》，毛寿龙译，上海三联书店 1999 年版，第 161 页。

② David Rusk, *Cites Without Suburbs*, Washington, D. C.: Woodrow Center Press, 1993, p. 88.

③ 刘君德：《中国转型期“行政区经济”现象透视》，《经济地理》2006 年第 6 期。

原有利益格局失衡的同时没有建立起新的有效社会秩序[1]，由此会引发社会情绪和行为的剧烈反弹，行政区划调整后的机构与管理磨合也很难在一朝一夕之间完成，因而“行政一体化”后续将可能面临高昂的协调性交易费用，“很可能是一项比需要解决的问题本身还要困难和复杂的工程，搞得不好恐怕治丝益棼，引发出难以预料的后果”[2]。非但如此，“行政一体化”致力于打造的“巨人政府”装配线统一作业方式很难对公众多样性需求予以回应，并且面临着规模效益递减的约束。

由于“行政一体化”伴生的这些问题，国际范围内，新区域主义理念转而流行，其主张跨界治理可以藉由与政策相关行动者之间的稳定网络关系来达成。这个稳定网络关系一般是由不同背景和能力的行动者所组成的团体来维持，而这些行动者被定义在团体中是因其为传统地方政府传送公共服务所及的空间所囊括[3]。除此之外，新区域主义不只是把焦点定位于制度结构的改革，也不只是地方自治体的行为，而是透过不同领域和层级之间的公私机构的关系来达到跨界治理目的。[4] 依此，不同于“行政一体化”追求纵向整合，新区域主义意在推动横向联合，打造“区域一体化”。“行政一体化”体现科层机制，鼓励走向“巨人政府”，“区域一体化”展露治理机制，期许走向“政府间联盟”。所谓“政府间联盟”，通常指这样一种事物：府际签订协议、成立联合会、召开联席会议等形式形成的一种联合体，该联合体是“一种受竞争和协商的动力支配的对等权力的分割体系”[5]。当前，在我国长三角、珠三角、京津冀、粤港澳大湾区等跨界合作治理实践中，新区域主义做法正逐步引入，以城市间市长联席会议、经济协调会、府际公共服务协议、地方领导互访等形式呈现的“区域一体化”多维举措，倾力打造“政府间联盟”，对推动跨界治理产生了长足影响。

---

① 余猛：《正式与非正式：城乡规划与政府行为——区划调整背景下的重庆市綦江区城乡总体规划》，《现代城市研究》2014 年第 7 期。

② 陈剩勇、马斌：《区域间政府合作：区域经济一体化的路径选择》，《政治学研究》2004 年第 1 期。

③ 简博秀：《没有治理的政府：新区域主义与长江三角洲城市区域的治理模式》，《公共行政学报》2008 年第 27 期。

④ Hubert Heinelt and Daniel Kübler, “Metropolitan Governance: Democracy and the Dynamics of Place”, in Hubert Heinelt and Daniel Kübler (ed.), “*Metropolitan Governance: Capacity, Democracy and the Dynamics of Place*”, London: Routledge, 2005, p. 10.

⑤ ［美］理查德·D. 宾厄姆：《美国地方政府的管理：实践中的公共行政》，九洲译，北京大学出版社 1997 年版，第 156 页。

不过，由于新中国成立后一度形成高度集权体制，地方完全从属于中央，这在很大程度上阻碍了地方政府间横向关系的发展①，致使我国地方政府横向合作素养不足；改革以来，在“维护市场的经济联邦制”② 与“官员晋升锦标赛制”③ 双重作用下，亦导致地方政府自我理性考量与利益竞取意识凸显，受制于这些因素，“区域一体化”制度效应的大幅释放尚需时日。尤其是“区域一体化”致力于建构的治理机制倚重信任基础上的协商手段解决跨界问题，若缺乏外力强制性干预，“协商、对话过程的中断或崩溃是完全可能的”④；除此之外，治理与善治的“基础与其说是在政府或国家，还不如说是在公民或民间社会”⑤，缘此，新区域主义力主多元利益相关者之间互动与协作，共同参与“区域一体化”进程⑥，恰在这一点上，新区域主义及其“区域一体化”主张同样面临实践中的困境：区域公民社会成长与多元主体参与仍处于不平衡、不充分的阶段。以身处内地的长株潭城市群一体化为例，有文献就指出，社会参与缺乏有效的制度保障以及足够的资金支持，在长株潭一体化中发挥的力量还极其有限⑦。

总而言之，“行政一体化”的科层机制与“区域一体化”的治理机制均可能失灵或者困难重重，两者之外，引入市场机制可以起到一定的弥补作用。本章以下将要引入的两则案例即体现出市场机制的取向，共同呈现的做法是，一方将辖区各种公共资源乃至辖区公共行政管理权力资源等使用权（以下简称使用权），实际由另一方政府或其居民（参与或全部）行使，自身保留对于辖区的隶属权（所有权），从而获得使用权让渡的各种

---

① 陈瑞莲、张紧跟：《试论区域经济发展中政府间关系的协调》，《中国行政管理》2002 年第 12 期。

② Qian Yingyi and B. R. Weingast, “China’s Transition to Market: Market – Preserving Federalism, Chinese Style”, *Journal of Economic Policy Reform*, Vol. 1, No. 2, 1996.

③ 周黎安：《转型中的地方政府：官员激励与治理》，格致出版社 · 上海人民出版社 2008 年版，第 18 页。

④ 王勇：《政府间横向协调机制研究——跨省流域治理的公共管理视界》，中国社会科学出版社 2010 年版，第 176 页。

⑤ 俞可平：《治理和善治引论》，《马克思主义与现实》1999 年第 5 期。

⑥ 杨道田：《新区域主义视野下的中国区域治理：问题与反思》，《当代财经》2010 年第 3 期。

⑦ 高梦梦、汤放华：《长株潭城市群构建中的新区域主义特征与机制》，《城市学刊》2017 年第 4 期。

收益尤其是经济收益。进而以互利的市场交易[1]途径实现了共赢目标，本书将此种跨界治理概括为“权力分置”型模式，由于其可以淡化相邻政区间行政区隔，盘活“你有我无”的公共资源，实现相互间越界使用，与“行政一体化”和“区域一体化”相对应，在某种意义上，“权力分置”型跨界治理模式也可以理解为“资源一体化”。

第二节　“权力分置”型跨界治理模式：两则案例

一　燕郊：工作在北京，居住在河北

燕郊，隶属河北省三河市，唐宋以来，借助潮白河码头和京榆古道，商贾云集，街市繁华，文化兴盛，成为本地区政治、经济、文化中心，清朝康熙年间在燕郊建造行宫，获“天子脚下，御驾行宫”之美称。燕郊自建开发区位于首都东大门，环渤海经济圈中心位置，与北京通州区一河之隔。西距天安门30千米，距北京东六环6千米，东距唐山市区125千米，西北距首都国际机场25千米，南距天津市区120千米，是京津唐“金三角”经济腹地。在市场力量冲击下，燕郊发挥这一独特区位优势，主动寻求与北京“无缝隙、无差别、无障碍对接”，融入北京半小时经济圈，承接北京人口和产业外迁。

首先，主动对接北京各项基础设施。在交通上，将北京公交引入境内，开通北京直达燕郊的城市公交；启动北京轻轨引入燕郊、京哈高速出口互通立交的前期准备等工作。在供电上，引进北京的局域网，形成北京、河北两套供电系统。在供水上，引入北京高碑店污水处理厂的中水供电厂使用；在供热上，由北京热力公司投资4亿多元，利用电厂热源供热燕郊。

其次，打造特色品牌园区，主动承接北京产业转移。以三河国家农业科技园为核心，打造以现代都市农业为特色的科技成果推广和休闲旅游观光农业基地。建设科技成果孵化园区，完善科技成果孵化功能，从中关村引进81个高科技项目孵化，其中24个已经毕业。据统计，近年来燕郊高

[1] 这里所谓“市场交易”，并不限于日常意义上“一手交钱、一手交货”的市场交易，更广泛意义上指双方通过某种价值品（如本书论及的辖区各种公共资源的使用权）让渡，进而实现互有所得。

新区累计引进各类项目（不含房地产项目）700余项，总投资超过500亿元，其中北京项目投资约占35%；2010年，燕郊高新区拥有高新技术企业的数量还停留在个位，截至目前已有91家，引进京津等域外已认定的高新技术企业23家。

最后，提升公共服务制度保障与供给能力，应对北京人口移居燕郊。一是实行“居住证”制度，将流动人口纳入实有人口属地管理，为其提供与本地居民机会同等的公共服务和社会保障。二是突出强化义务教育供给能力，对于北京迁居燕郊人口子女敞开校门，燕郊学生总数遂由2006年的7500人增长到目前的11.4万人，有效缓解了北京教育资源压力，尤其是解除了“北漂族”后顾之忧，加之北京房价高昂，燕郊镇房价尽管跟着走高，却仍显比较优势，由此，北京人口愈多迁居燕郊，以致“工作在北京，居住在河北”，燕郊成为名副其实的“睡城”。21世纪初，燕郊人口仅为10万；2013年，燕郊常住人口突破50万，其中有15万在北京上班。2015年燕郊常住人口已达75万。显然，户籍外人口多为直接或间接承接的北京人口①。

二 洋山港：隶属浙江，上海管理

上海要建成国际航运中心，必须发展条件更优良的深水港。因此，在上海人眼中，洋山深水港是个宝贝。洋山深水港位于上海市原南汇区芦潮港东南的浙江省嵊泗县的崎岖列岛，由大洋山、小洋山等数十个岛屿组成，是距上海市最近的深水良港，最西北的小乌龟岛距上海芦潮港仅27.5千米。科学勘测显示洋山海域自然水深达15米以上，具备建设大型深水港的自然水深条件，而且，洋山海域掩护条件良好，港区平均作业天数将超过315天。洋山港区远期规划码头岸线18千米，可建成50多个超巴拿马型集装箱泊位，集装箱通过能力可达2000多万标准箱。

但上海建设洋山港面临的难题不小，尤其是洋山港行政隶属浙江省，周边海域由浙江分管。并且在船舶进入洋山港海域时需要领航，会收取一定的费用，今后是由上海港务局还是由浙江港务部门领航？由谁来收费？显然，从对管理顺利考虑，洋山港应该隶属上海港，不能同时隶属于浙沪

① 潘家华等：《突破利益藩篱实现京津冀协同均衡发展——以河北省三河县燕郊镇为例》，《环境保护》2014年第17期。

两个地区的行政部门。

而在浙江人眼中，洋山港是渔村，浙江拥有比它条件更优越的深水港，如果浙江自己投资的话，绝不会投资洋山港的；而现在洋山港却要被上海人用来大展宏图，而且在将来可能形成竞争态势，这样一来，洋山港真成了一块鸡肋，“食之无味，弃之可惜”。但对于建立上海国际航运中心，浙江方面原则上赞同并希望借此东风一起发展。

最终，经国务院出面协调，洋山港使用权归上海，行政隶属关系不变。浙江省表现出大局观念，上海市也展现姿态，所有领航费收入归浙江省，原岛上的居民搬迁由居民自由选择。愿意迁往上海落户的由上海市负责安置。2005 年洋山港顺利建成，如今洋山港已经成为世界上最大的集装箱码头。

随着洋山港经济收益愈发显著，浙沪间争夺也随之升级。但两地也逐步意识到，合作比竞争更重要。2017 年 7 月 12 日，浙江省党政代表团到访上海，双方新一轮高层对话举行。浙江省委书记车俊表示，浙江要更加主动地接轨上海、拥抱上海；时任上海市委书记韩正回应，上海将全面积极响应浙江方面提出的深入推进小洋山区域合作开发、共同谋划推进环杭州湾大湾区建设等建议。浙沪双方随后签署了《关于深化推进小洋山合作开发的备忘录》《关于小洋山港区综合开发合作协议》，核心内容是：1. 关于洋山保税港区扩区。浙江将一如既往地全力支持配合洋山保税港区扩区，具体由上海市发展改革委与浙江省发展改革委对接，力争于 2017 年 7 月底前完成联合上报。2. 关于小洋山股权合作。秉持浙沪之前已达成的“以资本为纽带，以企业为主体，通过股权合作方式，稳步推进小洋山区域合作开发，实现互利共赢”的合作宗旨，沪方指定上海港务集团，浙方指定浙江省海港集团，以股权合作的方式对小洋山进行开发经营。小洋山北侧由浙江省海港集团与上港集团共同组建开发公司，实现两个企业集团的战略合作，全面加快小洋山北侧开发建设①。

---

① 张国宝：《世界上最大的集装箱码头建成 10 周年　我所经历的洋山港建设的论证和决策》，《中国经济周刊》2015 年第 48 期；刘俊：《浙沪两地签署合作备忘录　小洋山开发插上腾飞的翅膀》，《中国水运报》2017 年 7 月 24 日第 1 版。

第三节 “权力分置”型跨界治理模式的市场机制逻辑

政区隶属权与使用权是否可以分置？从国际层面来说，香港问题的解决曾对此有所触碰：英方曾提出，将香港治权与主权相区分，治权归英国，主权归中国，这一主张理所当然地遭到中国领导人的严词拒绝：主权问题不容讨论。但在一国之内，地方政府间是否可以实现这一安排？有文献总结企业所有权与经营权分离的现代企业制度经验，并剖析了马克思主义经典教义对于领导权与治理权的态度，提出政府权力由领导权和治理权两部分构成，将治理权赋予更适合的办事主体，比起政府集两种权力于一身，更有助于政府要完成的使命[①]。质言之，地方政区隶属权与使用权分离理论上应可以成立。也可以如此理解：政区隶属权代表的是“名”，而使用权代表的是“实”，名实分离在地方层面本不足为怪，“名实分离现象长期且普遍存在于地方政府权力运行过程，这一现象是地方政府在法律软约束与经济硬约束不平衡情境下的一种行为策略”[②]。

政区隶属权与使用权尽管可分，然而是否类似于企业法人，对其产权可以自由处置，从而也才可以将产权分解为所有权与经营权，进而作出分置与交换？概言之，地方政府是否在辖区内拥有排他、自主性的权力产权？如果基于我国单一制体制条件，单纯将地方政府理解为中央政府“间造物”，或许会给予否定回答。然而，一方面，我国地方组织法明文规定了各级地方政府权力，为保障其行使，宪法第三条也申明“中央和地方的国家机构职权的划分，遵循在中央的统一领导下，充分发挥地方的主动性、积极性的原则”。另一方面，从政府过程来看，地方政府实际权力甚至远大于宪法法律所授予的名义权力，正如有文献将改革前的中国理解为

---

① 竺乾威：《政社分开的基础：领导权与治理权分开》，《中共福建省委党校学报》2017年第6期。

② 陈国权、陈洁琼：《名实分离：双重约束下的地方政府行为策略》，《政治学研究》2017年第4期。

“蜂窝状”社会结构[①]，改革开放以来则是一种“事实上的行为联邦制”[②]，这两种认识都倾向于说明，地方政府无论计划经济时期，还是市场经济时期，在辖区内均实际享有相当大的自主权（市场化改革以来尤甚），国外学者将此种央地关系形容为“碎片化的威权主义”，其醒目特征是地方对于中央和上级的讨价还价与序贯博弈行为司空见惯[③]。再者，中央政府无力支付监督地方官员的巨额成本，并且要激励地方官员，由此，历史中国的“行政发包制”在当代中国得以延续和保留。在中央和地方的行政权分配中，中央保留决策权、否决权和干预权，但事权下放，下级政府拥有充分的自由裁量权[④]。就此而言，也同样可以得出，地方政府自主的权力产权是成立的，并且，由于地方政府各有其辖区，存在着由于辖区间竞争而带来的管理权利益冲突，界定权力产权与界定财产权利一样对当事者有激励和约束的功能[⑤]。也正缘于此，地方政府实践中较普遍采取“行政区利益法制化”行为，以期将其“独立的利益偏好”投射到地方法规的制定当中，自我界定权力产权，固化辖区利益[⑥]。

概言之，地方政府确有其自主性、排他性的权力产权。作为组权，其所包括的政区隶属权与使用权，如上所析亦可分离，亦即相邻政区间，一方给另一方（政府或其人口）让渡使用权，自身保留对于辖区的隶属权，据此获得收益或者行使分红权，建基于此，二者间体现市场机制逻辑和追求平等互利的“权力分置”型跨界治理模式就可能形成。结合以上燕郊与洋山港两则案例来具体说明。

---

① Vivienne Shue，*The Rearch of the State*：*Sketches of the Chinese Body Politic*，Stanford：Stanford University Press，1988.

② 郑永年：《中国的“行为联邦制”：中央—地方关系的变革与动力》，东方出版社 2013 年版，第 42 页。

③ 周雪光、练宏：《政府内部上下级部门间谈判的一个分析模型——以环境政策实施为例》，《中国社会科学》2011 年第 5 期。

④ 参见周黎安《行政发包制》，《社会》2014 年第 6 期。有趣的是，在地方政府自主权力产权基础上实现政区隶属权与使用权分离，也同样是一种行政发包制安排，与央地间行政发包制的根由也几乎相同：一方为获得发包红利，另一方则可以取得承包利润。

⑤ 王秀辉、曲福田：《流域管理：权力产权的外部性问题》，《资源开发与市场》2004 年第 1 期。

⑥ 黄兰松、汪全胜：《立法中的地方利益本位问题及应对之策》，《北方法学》2017 年第 6 期。

一　跨界双方使用权交易自主

如果交易缺乏自主性，市场机制向度的“权力分置”型跨界治理模式就无以发生，所谓权力分置与使用权交易，就会变成一方对另一方的强取豪夺，导致跨界治理陷于崩溃。恰由于地方政府自主性权力产权的存在，使得这一情况较少会出现，相邻政区间围绕使用权“通功易事”，可以也必须做到交易自主。例如，燕郊案例中，燕郊与北京虽然行政层级悬殊，但燕郊隶属于河北，北京无权对燕郊直接作出强制命令：无条件接收北京外迁产业，无条件接收北京分流人口，并为其提供各种公共服务；在洋山港案例中，浙江与上海之间围绕洋山港使用权的转让，初始是由国务院作出协调，对于浙江而言，或许是一项并非十分情愿的选择，但随后国务院自上而下的科层协调强度调低，浙沪横向协商与互动得以加强，双方不断凝聚共识，开发共赢方案，从而走向交易自主。

二　开展使用权交易与转让

使用权转让呈现为一个连续谱系（见图 5－1），居于左端的是一方辖区公共资源向相邻政区居民开放提供，例如在燕郊案例中，燕郊向来自北京的产业提供发展园地和产业平台，向来自北京的人口提供教育、医疗、交通等公共服务；居中的是一方开始将政区规划权等公共行政管理权力资源向另一方部分转让，共享行使；例如 2017 年 3 月，河北省政府办公厅即曾发文，要求加强京冀交界地区（包括燕郊在内）的规划与北京城市副中心、北京新机场临空经济区规划相衔接①，北京市发展改革委此前也有表态：“探索统一编制本市与燕郊等区域的总体规划及土地、城乡等专项规划，完善本市与毗邻的外埠县市区空间规划的对接机制”②，一旦实施，就意味着燕郊向北京的使用权转让将要步入一个新的阶段；居于右端的是辖区所有公共资源直至公共行政管理权力资源整体性打包转让给相邻政区，例如洋山港各种公共资源包括土地、港口领航权等全部交由上海行使，就连对于辖区隶属权极具象征意义的区号也变为了上海区号，也正是在此意义上，洋山港的权力分置与燕郊目前的权力分置构成重要差异，浙江对洋

---

① 潘文静：《严控开发强度，保护生态环境》，《河北日报》2017 年 3 月 25 日第 2 版。

② 《北京燕郊将统一规划编制》，《北京晨报》2016 年 7 月 22 日。

山港尽失使用权后的隶属权，更多是名义上的，而在燕郊，地方政府辖区隶属权仍实实在在、相对完整地掌握于自己手中。

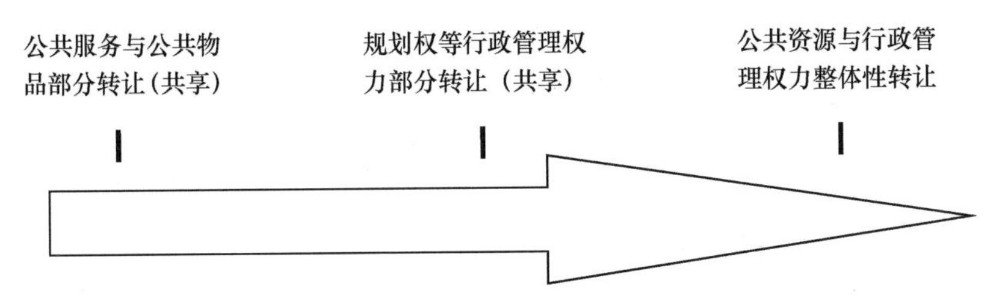

图5-1　“权力分置”型跨界治理模式使用权转让谱系

三　存在一定的市场竞争，双方使用权交易存在潜在的竞争项（对手）

比如在洋山港案例中，上海起初对于建设深水港除洋山港方案外，还有选项，例如把长江对岸的南通港利用起来；或者接受交通部建议，打通长江口拦门沙，在外高桥五号沟建设深水码头等①。当然，这些方案整体上都不如洋山港方案优越，但若浙江一味提高洋山港使用权转让成本，或以与宁波港有可能构成竞争为由，说服国务院不支持上海的洋山港方案，那么上海就可能趋向这些方案，如此，围绕洋山港的权力分置与使用权交易就可能泡汤。再如在燕郊案例中，如果燕郊没法在事实上达成与北京的使用权转让、交易行为，特别是如果对于北京迁入产业与流入人口提高准入门槛，加以各种地方保护措施，那么北京外迁产业与人口也有可能在周边另择他处，使得燕郊—北京权力分置与使用权交易同样难以发生。

四　使用权交易取得互利结果

在燕郊案例中，燕郊地方政府之所以“开门迎客”，积极筹建、升级其开发区，“打好北京牌、唱好产业戏、搭好园区台”，并且给予北京流入人口各种公共服务便利，严格执行流动人口子女“就近入学”政策，以某实验学校为例，学校5400余名学生，本地户籍的学生只占5%，80%以上学生的父母在北京上班②，作出如此选择，恰是因为燕郊对其使用权作出

① 张国宝：《世界上最大的集装箱码头建成10周年　我所经历的洋山港建设的论证和决策》，《中国经济周刊》2015年第48期。

② 杨皓等：《小镇燕郊的“大城市病”困局——环首都卫星城“样本”燕郊调查》，《经济参考报》2016年3月24日第5版。

一定程度的让渡，归根结底，对于自身是理性选择，可以从中取得显著收益。事实上，正由于燕郊出台了各项主动对接北京产业与人口迁移的得力举措，北京企业与科技资源愈多流入，使得燕郊比起河北其他地区更早迈向产业升级，高新技术产业快速兴起。2010 年，燕郊高新区即已升级为国家级高新区，全区目前形成以电子信息、新能源、新材料、装备制造、生物医药、绿色食品等为主的高新技术产业，2017 年 1—4 月，燕郊高新区工业总产值位列河北全省高新区第一①，2019 年被河北省开发区改革发展领导小组办公室授予“高新技术企业发展先进开发区”称号②。北京人口不断外溢燕郊，也带动了当地生活服务业等相关配套的发展，大量企业的入驻、商业的兴起，提供了丰富的创业机会。反过来，对于北京，燕郊的使用权让渡同样让其受益良多，燕郊对其部分产业和人口的分流，舒缓了其城市压力。浙沪洋山港使用权交易案例中，浙江方面开头获利并不显著，仅止于领航费方面，反而担心洋山港崛起会导致自己的宁波港利益受损，在国务院协调下，才使得浙沪间洋山港权力分置和使用权转让顺利进行。但随着两地间互动交流的加深，股权合作方式的创新和引入，尤其近期杭州湾区一体化的提出及其前景被极大看好，互利的成果与理念越来越得到加强，使用权交易与“权力分置”型跨界治理模式愈发稳固。

基于以上四点情况，可将燕郊案例以及洋山港案例总结为“权力分置”型跨界治理模式，表现为相邻政区间在互不改变辖区隶属权的前提下，以辖区各类公共资源使用权为交易物，自主开展交易，共享交易红利，同时也存在着市场竞争压力，激励彼此合作意愿与努力，从而创设了跨界治理的市场机制，其制度效应也由此体现：如果说“行政一体化”的科层机制旨在实现跨界治理中一方对另一方的永久性占有（通常如此），“权力分置”型跨界治理模式创造的市场机制追求的是一方对另一方“不求所有，但求所用”；如果说“区域一体化”的治理机制追求的是跨界治理中相邻政区双方利益的自我克制与主动让步，“权力分置”型跨界治理模式体现的市场机制致力实现的是双方利益通过使用权交易相互满足，最终迈向的是彼此通达、共治共享的“资源一体化”。具体来理解“权力分置”型跨界治理模式所构造的市场机制与科层机制、治理机制相互区别，

---

① 《燕郊高新区主要指标全省领先》，《廊坊日报》2017 年 6 月 30 日。

② 宋美倩、王春良：《燕郊高新区构建一体化创新生态》，《经济日报》2019 年 3 月 26 日第 14 版。

如表5－1所示。

表5－1　**跨界治理的科层机制、治理机制、市场机制相互区别**

机制区别	途径	动力	特性	价值	利益	结果
科层机制	巨人政府：行政区划重组、合并	自上而下的行政干预	硬性	一方永久占有另一方	一方利益被克制	行政一体化
治理机制	政府间联盟：府际协议、会议、互访、联动机制	平等协商与信任	软性	互不占有，亦互不所用	双方利益自我克制	区域一体化
市场机制	权力分置：使用权转让与交易	平等交换与互利	韧性	一方对另一方“不求所有，但求所用”	双方利益互相满足	资源一体化

第四节　“权力分置”型跨界治理模式运行条件

正如制度经济学者恩拉恩·埃格特森所指，复杂的现实世界中的制度失败、意外事件的冲击和其他暂时性的因素都会产生一些出乎意料的结果，制度投入和运行实际上是需要不断观察和摸索的，也因此不可能有永远完美的制度存在①，科层机制、治理机制均有可能失灵，在一些情况下力有不逮，或者会引发诸多负面效应，以市场机制为旨趣的“权力分置”型跨界治理模式，其运行同样面临诸多限制条件与制约因素。

首先，紧接着上文分析可以推论，相邻政区须能从使用权交易中有所得，受制于任期因素，地方主政者尤其会考量所辖政区是否有显见收益尤其是直接收益。这是归为市场机制的“权力分置”型跨界治理模式得以奏效并存续长远的根本制约因素，特别是对使用权转让方而言。以使用权转让方为分析对象，以转让行为是否能为其带来直接收益，以及隶属权是否实在为纵横指标，可将目前国内跨界治理区分为四种类型，分别对应四个典型案例（见表5－2）。燕郊案例与洋山港案例一致体现市场机制特征的

① ［冰岛］恩拉恩·埃格特森：《并非完美的制度：改革的可能性与局限性》，陈宇峰译，中国人民大学出版社2017年版，第43页。

“权力分置”型跨界治理模式，分属于“获得直接收益/隶属权实在”、“获得直接收益/隶属权虚置”两种情况；金华金磐开发区案例[①]与珠海横琴岛澳门大学新校区案例[②]则分属于“不获得直接收益/隶属权实在”、“不获得直接收益/隶属权虚置”两种情形，在此两种情形下，使用权转让方基本不获得直接收益，“权力分置”型跨界治理模式遂难形成，市场机制无法运转，分别要仰赖治理机制与科层机制来推动和落实跨界治理。

表5－2　**国内跨界治理典型案例及其主导机制**

（转让方）使用权是否获得直接收益 （转让方）隶属权是否实在	实在	虚置
获得	河北燕郊案例	上海洋山港案例
	跨界治理主导机制：市场机制（“权力分置”型模式）	
不获得	金华金磐开发区案例 （跨界治理主导机制：治理机制）	珠海横琴岛澳门大学新校区案例 （跨界治理主导机制：科层机制）

其次，相邻政区间存在一定的经济能量位差，呈现“非对称府际关系”。例如北京之于燕郊，上海之于浙江，均存在明晰可辨的经济能量位差。假若无此位差，或为相邻双方经济能量均显弱小，则彼此基本不产生使用权交易需求；或为双方经济能量均显强大，则彼此均缺乏闲散公共资源，使用权交易同样难以发生。仅有“非对称府际关系”下，使用权交易才更可能出现，一方面，高经济能量政区受经济与人口扩张驱动，对于购买、共享低经济能量政区使用权有显见需求，并且也有足够的经济实力作出购买或予以经济回报；另一方面，由于高经济能量政区具有强大的经济集聚与辐射效应，易于带动周边地区共同发展，从而对于低经济能量地区

① 浙江省磐安县作为浙江四大水系发源地和最重要的水源保护区之一，影响着下游400多万人口的用水安全，为保一江清水，贯彻生态补偿原则，经过协商、协调，处于下游的金华市区异地设立金磐开发区，开发区所获各项税收财政收入均为磐安县所有；开发区综合治理、社区管理和创建工作等纳入金华市属地管理，融入金华市城市建设行列（参见苗昆、姜妮《金磐开发区：异地开发生态补偿的尝试》，《环境经济》2008年第8期）。

② 2009年6月27日，全国人大常委会接纳澳门大学在横琴岛建设新校园的建议，并授权澳门特别行政区实施管辖；澳门大学新校区落户横琴，并得以在这1.09平方千米的土地上实施澳门特区法律。

转让使用权构成极大的诱惑与动力。当然，由于明显的经济能量位差的存在，有可能形成使用权转让中强势一方对于弱势一方的“垄断低价”现象，损害处于弱势的转让方交易利益；也可能导致政治层面的附带效应，相应形成相邻政区间政治能量位差，从而同样会影响到使用权转让的公平性，例如上海最初获得洋山港使用权，与其自身的强大政治能量以及易于获得国家自上而下的干预和支持是分不开的。只是后来随着博弈与互动程度的加深，浙沪双方洋山港使用权交易的公平性才逐渐增强，或者前景越发清晰。由此也说明，国家干预在使用权交易初始阶段，可以发挥一定的推动作用，但需要适时收缩，基于公正立场“有为有不为”，否则反而会成为阻碍、扭曲交易的消极因素。

再次，根本的运行制约还在于，作为使用权交易前提的权力产权能否持续存在？一方面，宪法所主张的发挥央地“两个积极性”的原则性规定过于模糊、抽象，宪法和地方组织法文本中亦存在各级政府“职责同构”的问题，由此，既有利于地方政府辖区内无底线地行使自主权和实现近乎完整的权力产权，但也为中央各部门插手地方事务，将一些权力随时上收提供了可能，因为法理层面，央地间职权配置并不存在性质上的差异，若从行政发包制角度来理解此种现象即是，中央政府作为发包人占有绝对的权威和剩余控制权（即相机干预权和否决权）与承包人（地方政府）拥有充分的执行权和自由裁量权共存，此即“集权—分权悖论”。这极有可能助长央地双向的机会主义行为，地方政府时常寻求突破，扩大权力范围，中央政府则可以随时武断地收回权力，以至于“严格和繁复的官僚规则与大量的变通、串谋和违规行为并立”[1]。概而言之，市场化改革以来，地方权力产权确乎存在，但并不牢靠，至少界限不够清晰，20 世纪 90 年代中期分税制改革以及垂直管理趋势逐步加强以来，这一情况越发严峻。由此导致在“权力分置”型跨界治理模式中，使用权交易存在着纵向体制束缚。不但如此，由于并不存在稳固的“法定分权”，并且地方与中央讨价还价能力并不完全相同，因而导致中央政府可能实质上给予不同的地区差异化的权力[2]，即便行政级别一致也会出现这一情况，如果相邻政区间恰恰存在这一情况，势必也会影响跨界治理中使用权的交易公平。

---

① 周黎安：《行政发包制》，《社会》2014 年第 6 期。

② 田志磊、杨龙见、袁连生：《职责同构、公共教育属性与政府支出偏向——再议中国式分权和地方教育支出》，《北京大学教育评论》2015 年第 4 期。

最后，使用权转让虽然并不涉及隶属权的调整，但有可能威胁到隶属权的存续，导致交易撤销，或者造成使用权转让方（或其上级行政单位）的巨大损失。随着使用权转让范围与力度的不断加大，以至于从燕郊案例情形趋近洋山港案例情形，使用权转移从公共资源对于相邻政区产业与人口共享，发展到使用权整体转移给对方，在此过程中，使用权的具体享受者——居民与企业等亦会对增强使用权转让力度产生倒逼作用，长此以往，有可能造成交易发生地居民与企业离心倾向的加强，尤其是在交易买家拥有强大的、不对称的经济与政治能量的情况之下。燕郊案例即已显示这一情况，"'什么时候燕郊划到北京去啊？'这个话题在燕郊两大社区：燕郊在线、燕郊网城的 BBS 上是永远沉不下去的热帖"①。居民离心倾向的持续加大，将可能引发使用权转让方或者其上级政府的不安，从而延缓甚至叫停使用权转让，整体回撤；但也可能无力回天，在一种既成事实或者更高层面的科层力量介入之下，使用权转让最终有可能过渡到隶属权转让，媒体即曾大方分析燕郊下一步去向："随着目前的局势演变，未来的通州很有可能是个四五百万人口规模的城市'副中心'。以通州现有的面积肯定不够，很有可能把周边河北的'北三县'（燕郊属于其中之一的三河县，另两个为大厂县、香河县——笔者注）并入北京的行政版图。"② 一旦如此，燕郊—北京的"权力分置"型跨界治理模式就将终止，转而走向"行政一体化"，蜕变为跨界治理的科层机制。

第五节　三种跨界治理机制方案适用情形与相得益彰

跨界问题乃至冲突不断增多，要求相邻政区间加强彼此协调，推动跨界治理。在传统政治文化浸透下，"巨人政府"的科层机制解决方案不仅有着强烈的历史惯性，而且也为很多制度设计者所天然嗜好。确实，正如米勒肯定，"科层是一种增进效率的制序形式，它可以帮助解决由团队生

---

① 魏凯：《燕郊：等待招安》，《中国房地产业》2014 年第 3 期。

② 《北京东西城或将合并　廊坊北三县并入通州》（http://dfcn.mzyfz.com/detail.asp?dfid=24&cid=98&id=297244）。

产的外部性所导致的市场失灵问题。它通过为下属与上级创造激励来重新协调好个人对自我利益的追求与群体效率之间的关系”①。科层制的这一优势放置于体现利益自主性的地方政府之间演展为“行政一体化”亦然。尽管如此，“巨人政府”难以对公众差别化、个性化需求予以精准回应，并会引发地域文化的反感，还会导致运作过程中令人无法忍受的昂贵官僚成本；除此之外，公共选择理论大量实证研究表明，“‘巨人政府’的‘科层制’治理导致供给过剩和不必要的生产”②。以“政府联盟”为载体的“区域一体化”则免去了“巨人政府”如是不足，但也面临着跨界治理协调软弱无力、成员意志易凌驾于共同体意志之上的困境。经由对燕郊、洋山港案例的分析，二者共同彰显政区管辖权与使用权或轻或重分离，进而使用权在相邻政区间作出转让与交易的“权力分置”型跨界治理模式，应予以更多关注。由于政区使用权转让在一种自主交换、互有所图、存在竞争激励的状态下进行，可将其归为跨界治理的市场机制。与“行政一体化”和“区域一体化”相区别，“权力分置”型跨界治理模式导向“资源一体化”，其突出的制度效应在于，相邻政区间彼此利益尤其是直接利益无须刻意掩饰或抑制，而是可以共同增进，实现“皆大欢喜”。据此，相比“行政一体化”与“区域一体化”两种安排，可以为跨界治理提供更为务实的基础，寻得更为深刻、长久的动力。当然，如前所述，“权力分置”型跨界治理模式同样会遭遇各种制约条件，一旦这些条件不够充分，失灵在所难免。

综合比较，“巨人政府”为典范的“行政一体化”方案、“政府联盟”为依托的“区域一体化”跨界治理方案，“权力分置”型跨界治理模式及其“资源一体化”方案，三者均非“放之四海而皆准”的“灵丹妙药”，各有其适用情形（见表5－3）。

表5－3　**跨界治理机制方案适用情形**

跨界治理机制方案	可能的适用情形
科层机制/“巨人政府”为典范的“行政一体化”方案	1. 相邻政区间历史上就有深刻联系，交往自然、融洽，民风民情相似；政区之一在经济或政治上明显优于另一政区； 2. 跨界问题异常尖锐，引发的相邻政区间矛盾极其深刻，几乎没有可能通过自主对话予以解决

① ［美］盖瑞·J. 米勒：《管理困境——科层的政治经济学》，王勇等译，格致出版社·上海三联书店·上海人民出版社2014年版，第36页。

② 袁政：《新区域主义及其对我国的启示》，《政治学研究》2011年第2期。

续表

跨界治理机制方案	可能的适用情形
治理机制/“政府联盟”为依托的“区域一体化”跨界治理方案	相邻政区间经济条件总体均属优越，双方自治传统深厚、自主性强烈，民间社会发达，并踊跃参与和推动跨界治理进程
市场机制/“权力分置”型跨界治理模式及其“资源一体化”方案	相邻政区间存在“非对称府际关系”，自我利益立场均十分鲜明，在联结彼此的市场与社会力量驱动下，通过使用权交易给双方均可能带来显见收益尤其直接收益

当然，上表中所列也仅属于理论层面的分析，具体情形下要作具体分析，尤须注意到“简单的制度安排是不够的”[①]，应实现“行政一体化”、“区域一体化”与“资源一体化”各自因素或优势在不同层面的配合，从而在其中一者居主之下三者间可以相得益彰，形成组合效应。

本书探讨的属于市场机制的“权力分置”型跨界治理模式，其实际运行即体现出这一道理。仍以燕郊案例来说，燕郊使用权部分转让于北京，与北京迁入产业和居民共享消费，尽管收获了诸多现实利益，但燕郊毕竟公共资源供给能力与范围有限，在燕郊—北京非对称经济与政治能量条件下，如果单纯走“权力分置”型跨界治理模式的市场机制途径，双方使用权交易有可能过分拘泥于各自的直接利益考量与博弈而难以深入开展，处于“非对称府际关系”交易条件下，更可能使得燕郊方利益遭受一定的损害或者面临巨大的公共管理压力，比如综合媒体报道情况，大量北京人口、产业与单位迁入，使得燕郊目前常住人口极度饱和，燕郊尽管做出了巨大努力，中小学校仍呈现人满为患，严重影响到教育质量，在此情形下，亦有可能采取对于迁入居民某种程度的非均等待遇，例如迁入学生必须缴纳不菲的借读费等，也属不得已而为之。与此同时，房价跟着流入人口的迅速增多而飞涨，导致燕郊自有居民同样苦不堪言；而与北京的交通连接状况也受制于跨界因素以及燕郊自身财力，一时难有明显改善；北京迁入居民在燕郊属于跨省看病，报销难的问题十分突出；人口激增导致治安状况变差与燕郊配置警力严重不足之间构成深刻矛盾，凡此种种，无疑会影响到燕郊地方政府的公共评价，造成其对于自有居民、迁入居民均难

① ［美］迈克尔·麦金尼斯：《多中心治道与发展》，毛寿龙等译，上海三联书店2000年版，第228页。

作交代，最终会影响到燕郊—北京使用权交易质量与稳定性。

所有这些情况，均说明在市场机制向度的“权力分置”型跨界治理模式之外，必须在一定范围内跟进燕郊—北京两地间的治理机制，乃至国家自上而下的科层机制，介入发挥保障或补充作用，促进燕郊（及其上级政府）与北京更为积极的、全方位的交流、合作，双方袒露诚意，形成有约束力的协定，尤其北京作为使用权交易的强势方能够给予燕郊更多补偿与协助，从而推动两地间跨界治理步入新的层次与境界。实际上，正如案例中有介绍，北京对于燕郊供热供电已经给予重要支持，交通等方面的深度合作也有了重要进展，例如两地间动车开通，轨道交通也在规划之中，这些方面甚至已体现出北京公共资源使用权对于燕郊的反向转让，根本而言，这一情况的出现以及其他各项合作成果的取得，在很大程度上也正是由顶层的科层力量与双方治理机制逐步发挥助力所致，体现出这两种机制对于市场机制属性的燕郊—北京“权力分置”型跨界治理模式的恰当配合，而在洋山港案例中，类似情况同样有所呈现，开首促成浙沪使用权转让与交易的关键力量即是来自纵向科层机制的协调，而近期浙沪洋山港使用权交易开始进入互信、稳定的新阶段，也正是双方治理机制开始形成，从而加强了彼此走动与协商的结果。

第六节　义乌—东阳水权交易：流域水资源公共治理的地方政府市场型协同机制实践

事实上，当前在我国流域水资源公共治理的地方政府协同进程中，已有一些与燕郊案例、洋山港案例本质上一致的“权力分置”型跨界治理的应用，即为相邻地方政府就辖区水资源使用权等展开交易，从而满足了各自所需，调和了跨界水资源消费供求矛盾，亦由此显示出地方政府的创新、勇气与智慧。迄今最引人注目的案例莫过于浙江省东阳市和与其接壤的义乌市订立协议，开展我国首宗府际水权交易[①]。

由于一些自然因素，例如降水量时空分布不均，地形与水文条件殊异

---

① 此处将府际水权交易行为归结为流域水分配与治理的地方政府间市场型协同机制，似乎与前文将可交易水权制度归属于流域水分配与治理的地方政府间科层型协同机制产生矛盾。实质不然，交易行为本身体现市场机制，针对交易行为的公权力管理与规范则应归为科层机制。

从而导致一些地方水资源富余，另一些地区水资源则极度匮乏。在可能的情况下，经由市场机制，相邻区域互相调剂余缺，可以实现各地间水资源的优化配置。然而一直以来，中央政府垄断了水资源的所有权及配置权，水被视为公共产品，而非商品，地方层面不具有自主处置水资源的法定权利和激励，由此导致水资源的跨界市场配置行为无从发生，进而导致一些地方水资源的低效率使用。浙江省义乌市和其“邻居”东阳市很长时间内就存在这一情况。

义乌市和东阳市两个县级市同处金华江流域。义乌市经济发达，但是水资源总量仅为7.19亿立方米。按2004年义乌本地人口68万计算，人均水资源只有1057立方米，仅仅相当于全国、全省人均水资源的一半。据义乌市水务局一负责人透露，特别是在2003年和2004年夏天，整个义乌城就好像是一座“上甘岭”，由于供水时间有限，市民不得不掐指算计着洗澡和洗衣的次序和时间，许多人家烧饭用上了矿泉水，一些市民甚至集体住进了宾馆客房。“再不想办法从外地引水，2005年义乌供水形势将更为严峻。”

而与义乌相毗邻的东阳市水资源却相对丰富，人均水资源比义乌多88%，境内拥有两座大型水库，其中仅横锦水库就有1.4亿立方米的总库容。几经酝酿，2000年底，义乌和东阳两地政府签订了有偿转让用水权的协议：义乌市政府斥资2亿元向东阳市购买横锦水库5000万立方米优质水资源的永久使用权。义乌除了2亿元的买水钱外，还需2.79亿元的横锦水库引水工程概算投资，建成后每年还要付给东阳500万元的综合管理费。此举被誉为国内首例跨城市水权交易。工程通水后，每年将有5000万立方米的横锦水流入义乌，可以基本满足义乌今后10年左右的用水需求。

水有了，市民最关心的就是水价了。义乌市水资源开发有限公司有关负责人介绍说，在引水工程完工后，政府将渐渐淡出这项水权交易的操作，而把它交给市场和企业，该公司就是这样性质的一个企业。据了解，义乌除花了2亿元向东阳购买水权外，其余的管道建设等都将依据市场原则，由义乌水资源股份有限公司投资具体运作。因此，政府将在考虑各方利益的基础上制定水价，水资源股份有限公司的投资将视情况在未来逐步收回并取得回报[①]。

---

① 《全国首例异地水权交易：义乌人花2亿喝上东阳水》（http：//news.sohu.com/20050107/n223821308.shtml）。

以上案例，被媒体称为中国首例水权交易项目，在官方和学界均引起巨大轰动。基于本章以上研究发现，完全可以视其为“权力分置”型跨界治理模式的一次成功实践，体现出将市场机制引入流域水资源公共治理的地方政府协同行为。东阳市通过市场途径转出的归义乌市支配的公共水资源权利，并非所有权（隶属权），而是使用权①，两权分置处理和实现水资源使用权交易，东阳市将部分几乎不产生经济效益的闲置水和农业灌溉节水变为看得见的经济收入，获得一次性2亿元资金和约500万元/年的供水收入，而节余5000万立方米水需对相关水利设施的改造投资成本则为3880万元。而对义乌市来说，假如新建一个水库（按照浙江省新建水库一般每立方米水单位造价5元计算）5000万立方米取水投资需2.5亿元，同时新建水库水价也远不止0.1元/立方米。而且新建水库难以在2003年前达到义乌市经济发展需5000万立方米/年的供水规模②。基于新制度经济学视角来分析即是，义乌市若选择另建水库，实现水资源的科层制供给，所产生的内部管理交易成本将高于向东阳市购买横锦水库水资源使用权所发生的市场交易成本，因而与东阳开展市场机制方式的水权交易，对其极为有利。总之，此次水权交易的结果可谓两全其美，符合本章以上对于“权力分置”型跨界治理模式显现的市场机制特征的描述：交易自主、存在交易物（横锦水库水资源使用权）、有一定的市场竞争亦即替代选择（如义乌市也可以选择自建水库供水）、达到互利的结果。同时，此次水权交易所实现的结果，也符合上文对于“权力分置”型跨界治理模式所蕴含的市场机制效应的评价：不求所有，但求所用；双方利益无须忍让，而是互相得以增进。

当然，此次水权交易仍留有瑕疵，有论者就认为，“东阳—义乌之间的水权转让是没有法律依据的，与我国的水资源国家所有制相悖，其转让前提不具备”③。诚然如此，这实际上正好与本章以上对于市场机制一个运行条件的认识不谋而合，亦即跨界交易双方均应具备自主的权力产权，从而才有可能发生归属于市场机制的“权力分置”型跨界治理模式。正如王

① 傅晨：《水权交易的产权经济学分析——基于浙江省东阳和义乌有偿转让用水权的案例分析》，《中国农村经济》2002年第10期。

② 司红华：《水市场的培育和规范问题——从义乌向东阳买水事件谈起》，《商业经济与管理》2002年第8期。

③ 王亚华：《水权解释》，人民出版社2005年版，第222页。

亚华、胡鞍钢指出："既然产权没有界定清楚，如何进行交易？这其实是暴露了'水权模糊'的问题。类似的'水权模糊'在大部分地区导致的却是水事纠纷，市场合作根本无从谈起。"① 针对这一问题，科层机制就应该适时跟进，对于体现市场机制的"权力分置"型跨界治理模式起到外部保障作用，而其发挥作用的主要方式不是给予行政性保障，而是法理性保障，亦即必须进一步修改《水法》，为地方政府明晰水权产权。回应地方政府水权交易实践日益凸显的这一需求，2013 年以来，中央水利部门已正式启动全国河流水量分配方案编制工作，这将可以为界定地方政府水权产权进而相互开展跨界水权配置与交易提供必不可少的前提条件。

除此之外，东阳横锦水库的水资源牵涉上游和下游，从而也引发矛盾。比如邻近东阳市的嵊州市就认为东阳市横锦水库出卖给义乌会导致其境内长乐江的来水量减少，对嵊州自身供水、南山水库灌区用水等造成影响；东阳上游的磐安亦认为自己对于横锦水库的建设和生态维护作出了贡献，然而却无法平等地从义乌—东阳水权交易中获得收益②。实际上，这一情况正可以理解为权力分置型跨界治理模式必然存在的一类市场失灵情形：市场交易对于第三方的负外部性。为求解这一问题，意味着地方政府府际治理型协同机制以及科层型协同机制也必须跟进实施，发挥补充作用。具体来说，在引入府际治理型机制方面，一是应建立上下游之间的交易信息沟通与协商机制，保障上游地区对于水权交易的知情权，以及增进上下游彼此移情思考的能力；二是可以借助第三方对于水权交易潜在生态影响和利益损害作出评估，例如美国加利福尼亚水资源局就曾组织由律师、工程师、水利专家、土地使用和水使用分析师等多学科出身的专家委员会对每一笔水权交易进行分析，以确保交易至少不会伤及相关各方利益③；三是鼓励下游对于上游通过资金、人才、购买生态服务产品等手段作出生态补偿。而在引入科层型机制方面，应建立对于府际水权交易有可能损害上游或其他主体合法权益行为的法律追责机制，支持遭受交易行为负外部性影响的地区或主体通过法律诉讼来维护自身利益；中央政府也应

---

① 王亚华、胡鞍钢：《水权制度的重大创新——利用制度变迁理论对东阳—义乌水权交易的考察》，《水利发展研究》2001 年第 1 期。

② 张忠：《东阳义乌水权交易的第三方效应及对策研究》，《湖北农业科学》2017 年第16 期。

③ 黄涛珍、张忠：《水权交易的第三方效应及对策研究——以东阳义乌水权交易为例》，《中国农村水利水电》2017 年第 4 期。

重视行使自身对于水权的终极所有权，及时关注、规范甚或叫停水权交易的开展。

结语

不仅义乌—东阳案例，随着各地用水紧张、水资源分布不均形势的加重，同一时期，漳河流域河北—河南、宁夏—内蒙古等跨省（区）产权交易案例也纷纷出现，推动水权交易机制不断创新和取得突破。基于此，2014 年 7 月开始，水利部在宁夏、江西、湖北、内蒙古、河南、甘肃、广东 7 个省区启动水权试点。此外，河北、新疆、山东、山西、陕西、浙江等省区也开展了省级水权改革探索。通过实践，形成了可复制、可推广的经验。在全国水权交易平台建设方面，中国水权交易所于 2016 年正式挂牌成立，截至 2017 年底，已促成水量交易 8.76 亿立方米。各试点地区采取用水户直接交易、政府回购再次投放市场等方式，积极探索开展了跨区域、跨流域、跨行业的水权交易，更好地发挥了市场在优化配置水资源中的作用，促进了水资源从低效益领域向高效益领域的流转。当前，水权改革的关键点，一是怎么确权，二是如何交易，三是制度建设[①]。确权最为重要，这与上文针对义乌—东阳水权交易行为的分析结论一致。经由水权交易的市场途径，引入“权力分置”跨界治理模式，进而推动流域水资源公共治理的地方政府市场型协同机制的形成和健康运行，毫无疑问，需要科层力量在地方分权以及水权法治尤其水权确认和保护方面迈出一大步。十九届四中全会决议中明确提出：“赋予地方更多自主权，支持地方创造性开展工作……形成稳定的各级政府事权、支出责任和财力相适应的制度。构建从中央到地方权责清晰、运行顺畅、充满活力的工作体系。”以及“推进自然资源统一确权登记法治化、规范化、标准化、信息化，健全自然资源产权制度，落实资源有偿使用制度，实行资源总量管理和全面节约制度”[②]。可以预期，在这一精神指引下，水权法治将取得重要进展。

---

① 案例内容参见乔金亮《多模式水权交易格局初步形成》，《经济日报》2017 年 12 月 9 日第 3 版。

② 《中共中央关于坚持和完善中国特色社会主义制度　推进国家治理体系和治理能力现代化若干重大问题的决定》，《人民日报》2019 年 11 月 6 日第 1 版。

第六章

流域水资源公共治理的地方政府府际治理型协同机制

在新制度经济学看来，科层型机制会产生内部官僚成本，市场协调机制则会产生外部交易成本。当这两种交易成本均十分可观，甚至无穷大时，就会发生科层协调机制与市场协调机制双双失灵的情形。由此，针对流域水资源公共治理而言，还须在地方政府间引入一种替代性机制——府际治理型机制。所谓府际治理，有学者理解为一种政府间、公私部门与公民共同构建的政策网络，强调通过多元行为主体间的互动与合作来实现和增进公共利益，其关键元素包括政府间协作、跨部门伙伴关系以及公民参与[①]；府际治理型机制即为符合府际治理这些关键元素和取向的各种策略工具的运用及组合，其特征可以概括为这几点："第一，网络社会的信息传播为良性府际关系构建提供技术支持；第二，基于信任的政府合作关系成为府际关系的主导；第三，政府间关系突破区域范围而扩展到全国范围；第四，以提供公共服务为政府间合作的目标指向；第五，上下级政府以平等的身份参与到公共服务的过程中，政府以平等的地位与公民、企业及第三部门合作。"[②] 彰显这些特征的流域水资源公共治理的府际治理型机制具体策略形式，结合实际则可以详解为建构流域公共协商机制、打造流域水资源公共治理的政府间协作联盟两方面。其中，流域公共协商机制构成基础性策略手段，由其进一步推演为流域水资源公共治理的政府间协作联盟。

---

① 李长宴：《迈向府际合作治理：理论与实践》，元照出版公司2009年版，第74页；转引自张紧跟《论府际治理视野下的地方服务型政府建设》，《天津行政学院学报》2014年第3期。

② 陈文理、喻凯、何玮：《府际治理构建粤港澳大湾区网络型府际关系研究》，《岭南学刊》2018年第6期。

第一节　流域公共协商机制

十九届四中全会提出："构建程序合理、环节完整的协商民主体系，完善协商于决策之前和决策实施之中的落实机制，丰富有事好商量、众人的事情由众人商量的制度化实践。"[①] 解构现代官僚制行政进而形成的后现代公共行政话语理论实则与此不谋而合，其倡导建构一种"公共能量场"(Public energy field)，以便为"一些人"提供真诚、合乎情境且具有实质性贡献的话语谈判和协商场所，从而利于消解传统官僚制"沟通失灵"痼疾，见之于流域水资源治理进程，形成流域公共协商机制，可以增进流域内地方政府间以及政府与社会公众之间的信任，进而有益于凝聚治水共识，推动流域水资源公共治理的地方政府协同行为。

一　官僚制"沟通失灵"与集体行动非理性

"没有沟通显然就没有组织，因为没有沟通，群体不可能影响个人的行为。因此，沟通对组织来说是绝对必要的。"[②] 尤其官僚制组织是"多层级、多部门构成的复杂组织，组织任务的执行借助信息系统将上级的决策、任务下达到下属部门，各层级、各部门的活动必须具有协调性、一致性，因此，组织任务的执行、组织决策的制定必须有良好的沟通，信息的交流必须顺畅"[③]。然而，传统官僚制行政习惯于以各种非人格化规章求得效率。在此情形下，"行政"的含义主要体现为实施"控制"[④]。控制其实也是一种行政沟通方式，借此进行信息的上传下达。但控制却是一种不对称的沟通类型（也就是沟通的某一方其权势大于另一方），其必定会在社会生活（正如个人内心世界一样）中造成扭曲的沟通[⑤]。政治学家奥康纳

---

① 《中共中央关于坚持和完善中国特色社会主义制度　推进国家治理体系和治理能力现代化若干重大问题的决定》，《人民日报》2019 年 11 月 6 日第 1 版。

② ［美］赫伯特·西蒙：《管理行为》，詹正茂译，机械工业出版社 2013 年版，第 199 页。

③ 苗俊玲：《论信息技术对官僚制组织沟通的维护》，《行政论坛》2013 年第 6 期。

④ ［澳］欧文·E. 休斯：《公共管理导论》，彭和平等译，中国人民大学出版社 2001 年版，第 6 页。

⑤ ［美］罗伯特·B. 登哈特：《公共组织理论》，扶松茂、丁力译，中国人民大学出版社 2003 年版，第 189 页。

和斯佩斯就警告，传统官僚制组织所采取的等级制的层级沟通不符合信息成功交换的基本规则。只有面对面的交流，才可以捕捉到通过声音、声调、姿势、词汇和形式所表达的隐含信息。典型官僚制度下的沟通严重缺乏这样的交流，因此很难了解信息发布者的真实意图。忽视隐含信息使官僚组织变得笨拙、效率低下，并且不能从其错误中吸取教训①。

现实也印证了这些看法。例如不对等的命令式沟通之下，为迎合上级，下级甚至有可能“欺上瞒下”、“报喜不报忧”，此种情况绝不少见，而且随着中央政府对于这类现象打击力度的加大，地方官员出自“避责”的行为逻辑，反而有可能进一步“加码”，愈多采取此类行为。由此就造成中央与地方之间较难确立有效沟通，从而彼此信任感也难以形成。中央环保督察披露的一些案例就显示出这一情况。地方政府利用相比中央对于本辖区范围内环境污染与治理信息占有更多的优势，敷衍塞责，欺骗上级，愚弄公众。例如，中央环保督察第二批“回头看”结束后曝光吉林省某市，虽然中央严厉提出整改要求，地方政府却“瞒天过海”，其城市污水处理厂长期超负荷运行，市区每天已有近 2 万吨污水无法处理直排东辽河，当地政府通过建坝拦截收集仙人河黑臭污水进入市政管网后，最终却仍然直排东辽河，只是“污染搬家”，没有起到治污效果②。

官僚制行政横向沟通亦非常糟糕。地方政府间或政府职能部门间基于僵化的地区或专业分工甚或部门利益的考虑（因掌握信息往往就意味着掌握或可以分享决策权力!）形成坚不可摧的“柏林墙”。这些“墙壁”对内部信息实行封锁，对外部信息则实行绞杀③。由此，地方政府间以及政府职能部门间的平行沟通成为十分罕见的现象。政府主导的跨界流域水资源冲突治理很长时间内就存在这一问题，“冲突双方的共同知识来自于区域地方政府的垂直传递，缺乏横向传递，于是信息的垂直单向性造成了严重的知识分布不均”④。当前在浙江等地力推的“最多跑一次”改革也同样

---

① ［美］多丽斯·A. 格拉伯：《沟通的力量——公共组织信息管理》，张熹珂译，复旦大学出版社 2007 年版，第 93 页。

② 《中央环保督察结束第二批“回头看”，25 起典型案例被曝光》（http：//www. sohu. com/a/280274713_ 313745）。

③ ［美］拉塞尔·M. 林登：《无缝隙政府》，汪大海译，中国人民大学出版社 2002 年版，第 5 页。

④ 马捷、锁利铭：《水资源多维属性与我国跨界水资源冲突的网络治理模式》，《中国行政管理》2010 年第 4 期。

遭遇信息横向交流的难题，该项改革高度依赖部门后台信息和数据共享，然而“最多跑一次”改革的实施难点却多半在于此，机构间权力事项库格式不够统一，功能不够完善，省直信息系统繁多、相互联结度不高以及重复采集数据，这些现象各地、各部门普遍存在，反映出权力运行的基础事项、数据开放与协同共享程度难以协调的问题，结果导致数据整合和实际利用的能力难以提升，制约了“最多跑一次”改革的深入开展①。常态管理下，政府（部门）间横向沟通不畅，引发的社会后果毕竟有限，然而，当公共危机事件突发时，有些地方政府或部门公共危机信息资源库内容缺乏，影响信息共享与整合，并且一些政府部门出自卸责考虑有意识地封锁危机信息，由此，比如在一些重大公共疫情发生时，公共部门信息无法共享对疫情防控带来很大的困难②，就会酿成更为严重的社会和经济后果。大量研究表明，信息的及时性、真实性、完整性和针对性是有效进行危机沟通、作为危机决策的必备条件，然而这些沟通要件在实践中时常缺失，危机沟通存在信息公布不及时、披露不完整等情况，引发次生舆情危机，加剧危机处理的复杂性③。

除此之外，官僚制极力张扬工具理性而贬抑价值理性，认为“价值合理性总是非理性的……因为对它来说，越是无条件地仅仅考虑行为的固有价值（纯粹的思想意识、美、绝对的善、绝对的义务），它就越不顾行为的后果”④。是故，官僚制排斥参与价值，街层官僚⑤以及公众被阻隔于公共政策制定过程之外，前者被要求充当公共政策执行机器，从而造成对于所执行的政策并不能发自内心地产生认同，消极应付、装模作样往往成为其履职的常规姿态；后者则只能作为“当事人”，被动地接受官僚制机构公共政策后果。“当事人被认为迫切需要帮助并且政府中的那些人通过公共项目的实施来努力提供他们所需要的帮助。这些机构中的人们最终就不

① 翁列恩：《深化“最多跑一次”改革　构建整体性政府服务模式》，《中国行政管理》2019 年第 6 期。

② 李爱军：《公共危机管理中的沟通机制研究》，《财经问题研究》2016 年第 12 期。

③ 刘冰、王淼：《信息差距与危机沟通的优先次序——以山东非法疫苗事件为例》，《北京行政学院学报》2017 年第 6 期。

④ ［德］马克斯·韦伯：《经济与社会（上卷）》，林荣远译，商务印书馆 1997 年版，第 57 页。

⑤ 按照李普斯基《走向街头官僚理论》一文的解释，街层官僚是指处于低层次行政执行单位同时也是最前线的政府工作人员，包括警察、公立学校的教师、社会工作者、公共福利机构的工作人员、收税员，等等。

可避免地被视为在‘控制着’依赖这些机构的人们。对于许多当事人来说，这些机构的观点看起来似乎很傲慢甚至很草率。”① 作为“报复”，自媒体时代，“当事人”——网民反向干扰官民沟通的情况也较为严重，凭借网民身份的隐匿性、自媒体发声的便捷性，经由网络法制的真空地带，发出各种似是而非、难辨真伪的“网络民意”，一些“大V”、网络公关部门也活跃其中，力求左右舆情，乃至混淆是非，绑架政策过程，由此造成有些地方或部门官民信任关系进一步撕裂。

质言之，传统官僚制行政沟通体现出三个特征：注重正式沟通，忽略非正式沟通；注重内部沟通，忽略外部沟通；注重纵向沟通，忽略横向沟通②。缘此，各层级间、横向间、部门间、上下级官僚间以及政府与公众之间普遍存在着“沟通失灵”的情形，并演展为彼此不信任、不合作的局面。这恰如罗伯特·帕特南所言，官僚制的等级化垂直网络“无论多么密集，无论其对参与者多么重要都无法维系社会信任和合作”③。基于这一情况，理性的集体行动既难以在政府体系内部达成，也很少能获得公众的支持和加入，从而集体行动非理性几乎成为官僚制行政的痼疾，例如流域等公共池塘资源消费中存在的“公地悲剧”抑或“囚徒困境”问题不仅不可避免，也难获解决。

二 公共行政实现有效沟通的努力

真正理性的行动只有通过去除沟通中的各种约束才能产生④。为此，求解官僚制机构非理性集体行动常态化现象，就须铲除导致官僚制“沟通失灵”顽疾的各种束缚：严格规章导致的“控制”式非均衡沟通；死板的地区或专业分工；对参与价值的漠视。为此应分别采取三项措施来化解，一是祛除沟通过程的主客体之分，从而避免单向度独白式的沟通行为；二是打破地区间或部门间阻隔，彼此敞开心扉，建立横向联系与交流；三是扩大决策过程的参与行为，从而推动高层与基层官僚间以及官僚与公众

---

① ［美］珍妮特·V. 登哈特、罗伯特·B. 登哈特：《新公共服务——服务，而不是掌舵》，丁煌译，中国人民大学出版社 2010 年版，第 41 页。

② 苗俊玲：《论信息技术对官僚制组织沟通的维护》，《行政论坛》2013 年第 6 期。

③ ［美］罗伯特·帕特南：《使民主运转起来》，王列、赖海榕译，江西人民出版社 2001 年版，第 207—208 页。

④ ［美］罗伯特·B. 登哈特：《公共组织理论》，扶松茂、丁力译，中国人民大学出版社 2003 年版，第 189 页。

之间的“亲密接触”，展开互动和协商。

在公共行政演进历程中，新公共行政较早地注意和强调了扩大决策参与以促进上下级官僚间以及政府与公众间有效沟通的问题，“主张实现公平价值，与效率观点不同的是，公平特别重视回应和参与。这里说的参与，既包括当事人在机关事务运作上的参与，也包括了在组织决策过程中下级组织成员的参与”①。新公共行政代表人物弗雷德里克森援引正统理论批评传统官僚制组织效率被强调得忽视了员工个人的价值和尊严：“对结构和行政的专注对个人具有一种抑制效应，它使个人感到卑微，感到自己是一个‘职员’，而不是一个‘人’，感觉普遍受到位居可恶的正式等级制上冷酷行政官员的压迫。”② 有鉴于此，应肯定和支持官僚制机构内部员工参与决策，可以满足员工心理的需求，并提升组织内部和谐；有助于将庞大冷漠的官僚组织民主化，并结合个人目标及组织目标；适应环境变迁的需要③。弗雷德里克森亦期许当事人亦即公民对于公共行政的参与，其指出：“公共行政除了强调‘公共性’之外，更要强调‘公民’在公共行政活动中的角色与重要性。惟有公共行政纳入了公民的角色，成为合格的伙伴之后，才能共同完成公共事务的管理活动。”④ 弗雷德里克森进一步还以职业主义和公民参与各自高低水平建构二维四限，区分了四种行政管理模式，并极为推崇高行政管理与高公民参与兼具的古罗马行政模式，寄希望于美国行政管理植入罗马传统⑤。

新公共管理尽管过于看重效率价值而不妨谓之“新泰勒主义”，但其似乎并未忽视参与价值，重塑政府十大原则其中之一即为“分权的政府：从等级制到参与和协作”。新公共管理“参与模式”不仅允许“员工对有关其工作、生活以及某些层级节制方面的组织决策的介入”，亦“关心公

---

① ［美］罗伯特·B. 登哈特：《公共组织理论》，扶松茂、丁力译，中国人民大学出版社2003年版，第123页。

② ［美］乔治·弗雷德里克森：《新公共行政》，丁煌、方兴译，中国人民大学出版社2011年版，第47页。

③ 宋敏：《公共行政的价值反思与重构——西方新公共行政学理论述评》，《中南大学学报》2011年第6期。

④ H. George Frederickson, The Recovery of Civism in Public Administration, *Public Administration Review*, 1982.

⑤ ［美］乔治·弗雷德里克森：《公共行政的精神》，张成福等译，中国人民大学出版社2003年版，第192—193页。

民的参与和国家与社会间的关系”①。由此，新公共管理肯定三种再造者控制权转移的先后相继的途径：第一步是统治系统和行政系统之间的组织授权；第二步是雇员授权，就是通过减少或废除组织内部的层级管理控制，并将权力往下推行至一线雇员；第三步则更为激进，再造者通过使用社区授权，将控制权交给邻居、公共住房承租者、学龄儿童的家长及其他社区等②。也正基于这些主张，新公共管理对于抵制官僚制“沟通失灵”病症同样有所贡献。当然，由于其滥用经济学理论，将各种政府上下或内外的沟通、合作更多视为策略性的交易行为，对于将参与价值真正嵌入官僚制机构其实并无太大建树，而这也正是1997年以来新公共管理步向后新公共管理的原因之一。后新公共管理的核心主张是建构整体性政府——作为一个伞概念，既包括决策的整体政府与执行的整体政府，也包括横向合作或纵向合作的整体政府。其涉及范围可以是任何一个政府机构或所有层级的政府，也可以是政府以外的组织；它是在高层的协同，也是旨在加强地方整合的基层的协同，同时也包括公私之间的伙伴关系③。由此，后新公共管理将参与价值放在重要位置，参与既包括公民的参与，要求“从把公民当作消费者到把公民当作合作生产者、合作创新者和共同创造者”，也鼓励基层官员的参与，呼吁“政府和公共管理者从中立的角色到规范的行动者、协作过程的促进者”④。

通过反思传统公共行政和新公共管理、由登哈特夫妇创立的新公共服务理论，吸纳“民主公民资格理论”、“社区和市民社会模型”、“组织人本主义与对话理论”等，本质上即是“一场基于公共利益、民主治理过程的理想和重新恢复的公民参与的运动”⑤，更显对参与价值的偏爱，对化解官僚制“沟通失灵”做出了努力。针对员工参与，其强调“如果公务员得不到尊重端庄的对待，那么我们就不可能指望他们会尊重端庄地对待他们

---

① ［美］B. 盖伊·彼得斯：《政府未来的治理模式》，吴爱民等译，中国人民大学出版社2001年版，第62—67页。

② ［美］戴维·奥斯本、彼得·普拉斯特里克：《再造政府》，谭功荣、刘霞译，中国人民大学出版社2010年版，第152页。

③ ［挪］Tom Christensen、Per Laegreid：《后新公共管理改革——作为一种新趋势的整体政府》，张丽娜等译，《中国行政管理》2006年第9期。

④ 孙珠峰、胡伟：《后新公共管理主要特征研究》，《理论月刊》2015年第6期。

⑤ ［美］珍妮特·V. 登哈特、罗伯特·B. 登哈特：《新公共服务——服务，而不是掌舵》，丁煌译，中国人民大学出版社2004年版，第3页。

的公民同伴。如果我们不愿意信任他们并给他们授权，如果我们不愿意倾听他们的想法并且与他们合作，那么我们就不可能指望他们会同样地对待别人"①。为了"恢复公民参与"，新公共服务鼓励公民自治，强调"在公共组织中，我们需要以一种符合民主理想、信任和尊重的方式相互对待以及对待公民。我们之所以要这样做，其原因在于我们相信人们会关注这样的价值观并且会为这样的价值观所促动，并且还因为我们相信公共服务对于促进和鼓励人性的那些方面具有一定的作用"②。基于对参与价值的鼓吹，新公共服务倡导政府应采取"共同领导"的方式。其主要特点是极力推动"不同风格、议程和关注点的许多不同组织的网络参与"，从而"包含了把问题提交给大众以及政策议事日程，使多种意见不同的人参与到问题中来，鼓励多种不同的行动策略和选择，以及维持行动并保持行动的势头"③。新公共服务坚信，"共同领导需要时间，因为参与的人和团体会更多，但令人啼笑皆非的是，也正是因为这同样的理由——因为参与的人和团体更多——所以它常常更加成功"④。为将理论设想转化为现实，登哈特夫妇近年来提出，通过实施更高程度的市民参与，帮助民众发展互动关系，让不同社会群体广泛地参与到解决问题的行列中，新公共服务理论原则就可以转为具体的"应用科学"，可资采用的政策工具包括：市民调查、焦点团体、社交媒体、协商对话、市民驱动的绩效评估、参与式治理、服务合产、网络合作、邻里组织等⑤。

三　建构流域公共协商机制指向的"公共能量场"：后现代话语理论的启示

出于对传统官僚制的解构和批评，并且建基于以上理论主张——再造公共行政官民沟通、凸显参与价值的各种努力，福克斯和米勒在《后现代

① ［美］珍妮特·V. 登哈特、罗伯特·B. 登哈特：《新公共服务——服务，而不是掌舵》，丁煌译，中国人民大学出版社2004年版，第119页。

② 同上书，第120页。

③ ［美］罗伯特·B. 登哈特：《公共组织理论》，扶松茂、丁力译，中国人民大学出版社2003年版，第205页。

④ ［美］珍妮特·V. 登哈特、罗伯特·B. 登哈特：《新公共服务——服务，而不是掌舵》，丁煌译，中国人民大学出版社2004年版，第144页。

⑤ 李德国：《走向实践的新公共服务：行动指南与前沿探索》，《国家行政学院学报》2013年第3期。

公共行政——话语指向》一书中建构的话语理论，对于克服官僚制“沟通失灵”，或许更具启发性。在该书中两位作者首先指出，作为一种可以接受的治理模式，传统的价值中立为取向的官僚制组织治理已经死亡，由于缺乏主权合法性，自上而下的官僚制不过是一种专制。更糟的是，后现代状况削弱了文化在共享现实中的任何强有力的基础，而人民的主权必须在此基础上重新论定。逐渐地，我们拥塞在无经验指涉的符号中。由此，所有想巩固政府治理机器的建议都是无效的[①]。

福克斯和米勒于是设计了一个规范的过程理论。其认为，我们必须放弃等级官僚制，而走向一种话语，一种内在的民主的意愿形成结构。福克斯和米勒进而设想了作为话语理论中心概念的“公共能量场”。作为制定公共政策而进行话语谈判的场所，“公共能量场”系由各种灵活的、民主的、话语性的社会形态所构成。其鲜明特征是对无政府主义和独白性的官僚制模式的抵制。为了抵制无政府主义，“公共能量场”对话语做了限定：交谈者的真诚、表达的清晰、表达内容的准确以及言论与讨论语境的相关性；为了避免独白性的官僚制模式，“公共能量场”期望话语中的意义之战，例如存在平等的对抗和辩驳，而非和谐的异口同声[②]。“公共能量场”另外还构造了四个话语原则以期真正推动公共政策问题的解决：1. 真诚——“需要参与者彼此信任，不真诚的诉求以及它们的彼此迁就会毒害话语的流通渠道”；2. 切合情境的意向性——“当问题的具体性增强时，陷入后现代的超现实的危险性就会减少。通过把他们的诉求和一种情境联系起来，讨论者能更好地把每个人的注意力集中在公共政策问题上，其中最重要的就是，下一步我们应该做什么?”；3. 自主参与——“我们希望通过自主参与来表达一种积极主动、甚至热情参与的精神状态。它使人们自愿去从事争论、去冒险、甚至去犯错误……自主参与的尺度体现在两个关键的方面。第一，缺少参与精神的参与者由于无法把握讨论的进程，因而无法真正参与其中……第二，话语参与者肯定会怀疑一个没有自主精神的同事能否忠于事实。由于外在的压力而被迫参与其中的人进入话语阶段也是枉然”；4. 具有实质意义的贡献——“某些人并不具备我们所说的能进行有效讨论的必要条件，但他们也要参与，他们不是不真诚、傲慢、追名

---

① ［美］查尔斯 · J. 福克斯、休 · T. 米勒：《后现代公共行政——话语指向》，楚艳红等译，中国人民大学出版社 2002 年版，第 1—68 页。

② 同上书，第 127—143 页。

逐利，就是只喜欢自我吹嘘……不真诚的言语是没有用的，参与者被迫做出的诉求不能当真，仅为扩大个人私利而作出的诉求也无需理睬"[①]。也正是从这四个原则出发，公共能量场宁愿话语谈判的参加者是"一些人"而非"多数人"或"少数人"。"一些人的对话优于少数人的对话和多数人的对话，它的针对特定语境的话语和不愿遭受愚弄与任随差遣在某种程度上限制了参与。但是，切合情境的意向性和真诚性的提高大大地超过了它的缺点。"[②]

概括而言，对"公共能量场"总体可作三方面意涵的理解：一是反对操纵话语的单向度独白，强调参与者哪怕是中央与地方之间的平等沟通；二是打破例如地方政府间或部门间的隔阂和成见，进行容许争辩但却真诚和具有合作精神的谈判；三是尊重自主性和人性价值，重视一线的街层官僚以及公民中的利益相关者的参与、协商，因这正可以收获切合情境的实质性贡献。不难发现，"公共能量场"这三方面意涵与前文指出的化解官僚制"沟通失灵"病症的三点措施惊人地重合。也就是说，以往新公共行政、新公共管理以及新公共服务一般只针对造成官僚制"沟通失灵"的某一两方面症结提出自己的措施（主要是对参与价值的强调），然而后现代公共行政"公共能量场"的设计却可以击中造成官僚制"沟通失灵"的所有症结。也因此可以相信，"公共能量场"几乎为疗治官僚制"沟通失灵"所量身定做，这极可能会取得最佳的效果。有分析提出，行政组织沟通失灵通常有两方面的基本原因：一是信息无法完整准确地送达接受者；二是接受者并未正确理解发送者传递过来的信息。为此，适当减少组织层级、建立多种信息渠道、建立新型的会议制度和建立共同愿景有助于重构行政沟通，提升其效率[③]。显然，果真如"公共能量场"设计，此种设计亦能体现于公共部门内部上下左右之间，乃至政府与公民之间，形成"一些人"实质性参与和平等沟通、交流的协商平台，信息与信息理解差距易于被消解，有效沟通就可以形成。

正如诺曼·斯科菲尔德指出，"合作的根本性理论问题是：个人通过何种方式来获知他人的偏好和可能的行动。更进一步说，这是一个共同知

---

① ［美］查尔斯·J. 福克斯、休·T. 米勒：《后现代公共行政——话语指向》，楚艳红等译，中国人民大学出版社 2002 年版，第 118—123 页。

② 同上书，第 127—143 页。

③ 贺芒、段魔：《论行政组织沟通的有效性》，《行政论坛》2004 年第 5 期。

识（Commom knowledge）问题，因为个人不仅需要知道其他人的偏好，还必须意识到他人也知道自身的偏好和策略”[①]。“公共能量场”正由于旨在搭建行为主体间协商交流平台，从而为促进相互坦诚交流与洞悉彼此意图提供了途径和可能，可以令人乐观地看到实现公共事务理性集体行动的美好愿景。例如，实现本书论及的对流域水资源的集体理性消费。事实上，也正可以设计一种以流域水资源跨界合作治理为中心议题的流域公共协商机制，形成“公共能量场”，具体载体则可以是举办定期、开放式的流域水资源公共论坛（会议），每期政策议程的建构可以由流域焦点事件触发，也可以由论坛组织机构结合科学分析提出，着眼于流域水资源保护与协调跨界争端的重大议题，参与者包括了各种可能带来实质性贡献的利益相关者，例如，中央政府、流域内各地方政府、对于流域水资源体现切身利害关系并能贡献水资源管理“地方性知识”的社会公众、专业环保团体等。这些参与者之间的话语谈判应如后现代话语理论所期许，可以用一系列积极的词汇来形容：相互平等、态度真诚、合作意向强烈、争辩热烈、利益表达充分、具有充分的自主交谈意愿和能力、言辞恳切。正由于具备这些特征，中央政府将可以真实地了解并尊重流域内地方政府的自主利益要求，其对流域实施的综合管理也更能获得后者的支持；流域各地方政府横向间亦能彼此了解对方的真实信息和意愿，或者通过争辩及时发现和修正自己的错误观点，如此就可能达成相互间合作与妥协；公众以及环保团体等社会力量的加入，将可以对流域内地方政府水资源环境治理不力的情形作出批驳，反过来，来自政府的代表亦可以“借机发声”，引导舆论，教育公众，促其养成良好的水资源消费习惯。总之，所有这些方面均有助于克服传统官僚制造成的上下级间、横向间以及政府与社会之间“沟通失灵”的情形，转而实现一种有效沟通。在此基础上，就可能达成各种参与主体特别是流域各地方政府横向间比较稳定的信任、合作关系。随之，也就更易于减少流域地方政府放纵水污染抑或无序开发利用水资源的地方保护行为，增进流域水资源公共治理的跨界协同。

四　流域公共协商机制：外域经验与本土生长

发达国家流域水资源公共治理经验丰富，成就斐然，而其重要经验之

---

① 转引自［美］道格拉斯·C. 诺思《制度、制度变迁与经济绩效》，杭行译，格致出版社·上海三联书店·上海人民出版社 2008 年版，第 19 页。

一，正是在于构造并不断完善府际流域公共协商机制，打造流域水资源跨界协同治理的“公共能量场”，吸纳流域各成员政府代表、中央（联邦，乃至跨国机构），以及来自流域水资源利益相关各方的参与，在相互恳谈中碰撞意见，寻求彼此利益的“最大公约数”，司法部门亦从外围发挥司法监督和救济作用，从而流域跨界水资源争端尽管时常演现，却总能找到建设性的解决办法。

比如科罗拉多河流域，其位于美国西南部和墨西哥西北部，全长1450英里，面积近647000平方千米，覆盖科罗拉多、怀俄明、犹他、亚利桑那、内华达、加利福尼亚及新墨西哥7个州和34个印第安保留区，是3000万美国居民和墨西哥居民的重要水源。流域分为上科罗拉多河流域和下科罗拉多河流域两部分，以立佛里水文站为分界线。上区包括亚利桑那、犹他、新墨西哥、科罗拉多、怀俄明5个州的各一部分，面积284259平方千米；下区包括亚利桑那、犹他、新墨西哥、内华达、加利福尼亚5个州的各一部分，面积约362443平方千米。单从年径流量来看，科罗拉多河在美国的排位并不靠前，年径流量仅为1400万立方米/秒左右，约为哥伦比亚河及密西西比河的6.2%和2.3%[①]。

在科罗拉多流域，流域公共协商机制得以形成并持续完善，很大程度上缘于科罗拉多河水资源在空间上极不均衡的分布特征。事实上，该河流86%集中在只占全流域面积15%的科罗拉多高原山区，下游用水往往难以获得保证，加之下游属于干旱、半干旱的气候，年均降水量较少，且挥发、消耗快。随着下游城市化进程与人口规模的迅速扩张，水资源消耗急剧增加，上下游之间围绕水资源提取引发的纠纷逐渐增多，并使得科罗拉多河成为美国水权纠纷最多，并且争议持续不断的河流。为此，在联邦政府主持下，七个分属上游和下游的州之间启动协商机制，并经过了长时间的协商，于1922年最早达成了第一份科罗拉多河协议。当时科罗拉多河年径流量约为1800万立方米/秒，其中除200万立方米/秒预留给墨西哥外，该协议明确了上下游之间余下的水量分割方案：上游4州（怀俄明州、犹他州、科罗拉多州以及新墨西哥州）和下游3个州（亚利桑那州、内华达州以及加利福尼亚州）各分得92155亿立方米的水权，即上游各州必须保

① 罗志高等：《国外流域管理典型案例研究》，西南财经大学出版社2015年版，第12—13页。

证科罗拉多河在进入下游地区时每年提供的水量不少于92155亿立方米，同时加州将年用水量控制在460万立方米/秒，但对各州的用水量没有明确规定。此后，在下游诸州间围绕州际水权分配问题再次发起了长时间的协商，最终于1928年达成的博尔德峡谷工程行动，通过建设胡佛大坝在下游的亚利桑那、加利福尼亚和内华达三州之间分配水量。1935年成立的科罗拉多河委员会进一步加强了各州在水权分配方面的合作，其职能范围通过签署新的协定而不断扩大。1948年、1966年，上、下科罗多拉河区又分别签订了各自的分水协议，对各区内的定额水量及可能的超额水量进行了进一步分配。此后，还通过协商逐步签订了其他一些州际水资源分配协议，例如1970年科罗拉多河水库联合运行协议、1973年242号法案、1974年盐碱控制行动、1991年加州"水银行"[①] 等。这些协议与法案，使得科罗拉多河流域水资源公共治理不断突破所面临的各种州际合作难题，该流域治理成为典范。

再如墨累—达令流域，其位于澳大利亚的东南部，是澳大利亚最大的流域。由墨累—达令河及其支流组成，流域总面积超过100万平方千米，约占澳大利亚国土总面积的1/7，南北长1365千米，东西宽1250千米，河流总长3750千米。流域内，新南威尔士州面积最大，为599873平方千米，占流域面积的56.45%；维多利亚州为130474平方千米，占12.32%；昆士兰州为260011平方千米，占24.55%；南澳大利亚州为68744平方千米，占6.49%；首都直辖区面积最小，为2367平方千米，占0.22%。

墨累—达令流域虽然面积居世界第21位、长度居世界第15位，但水量非常小，其全年径流总量还不足亚马逊河1天的径流量。该流域内有20条以上的河流和地下水系。其中，墨累河是澳大利亚最大的河流，其长度达2500千米，达令河是墨累河最大的一级支流，其流量占墨累河总流量的20%左右。

依照澳大利亚联邦宪法，以上各州、直辖区均对辖区内流域的土地、水资源享有自治权。这样一来，如果视联邦政府为一个独立利益方，流域内就一共有六个政府享有不同程度、不同范围的管理权。昆士兰州处于上游，经济开发活动将会影响下游水资源供给，然其认为下游不应阻止其追赶下游各州；南澳大利亚州处于下游，深受水资源供给不足以及因上游农

① 周婷、郑航：《科罗拉多河水权分配历程及其启示》，《水科学进展》2015年第6期。

业开发所致水中盐碱、营养物加剧降低水质之苦；流域所经各州均出台了自己的灌溉开发规划以发展牧场和浇灌耕地，相互之间陷入水资源博弈困境。除了各州政府争水以外，其他利益相关方也参与其中，所从事的各种经济活动均存在着明显的用水冲突①。

联邦分权体制以及如此复杂利益冲突情境下，墨累—达令流域跨州水分配和治理开发所呈现的各种矛盾，显然需要联邦政府及各州乃至利益相关各方经由开放、平等和坦诚的流域协商机制来加以解决。这一机制最早启动于19世纪末。当时流域人口主要聚居区连续7年发生大旱，从而导致州际严重的用水冲突，相互围绕水资源消费而引发跨界纠纷十分尖锐。这迫使几个流域州只能坐下来一起共商对策。1914年，经过长达15年的谈判，新南威尔士州政府、维多利亚州政府以及南澳大利亚州政府共同签署了墨累河水协议，为墨累—达令流域乃至澳大利亚历史上第一个分水协议，协议改变了墨累河完全由南澳大利亚州管理的局面，但充分保护南澳大利亚州的利益是协议的主要内容。

1901年澳大利亚联邦政府成立，在其协调下，1915年，新南威尔士州、维多利亚州、南澳大利亚州再次经由建设性的协商行为达成新的《墨累河河水管理协议》，河水连同取水的权利从州到城镇、灌区、农户，被层层分配，该协议进一步将南澳大利亚州利用墨累河的权利降至最低。1917年，依据该协议成立了墨累河委员会，由其承担流域水资源分配和调控的职能。

到了20世纪60年代，水质恶化和土壤的盐碱化，迫切需要扩大委员会职权，促进州政府间加大对流域水资源消费和治理的协调力度以及共同寻求新的对策。1985年原缔约四方政府的高级官员们举行会议，又经过两年的协商，最终于1987年10月缔结了“墨累—达令流域分水协议”。联邦政府提出水改革计划保护地下水，并敦促各州进行改革；各州把地权从土地中剥离出来，明确水权，开放水市场，允许水权交易；改革各州供水业管理体制，组建政府控股的供水公司，赋予企业和经营者更大的自主权；建立完善的水价体系，将污水处理、水资源许可等费用计入水价，推行两部制水价，对用水量超过基本定额的用水户进行处罚，并且建立各种

① 杨桂山等：《流域综合管理导论》，科学出版社2004年版，第169—170页。

用水户协会，鼓励社会公众参与流域水资源管理①。

当时，墨累—达令流域分水协议曾被认为是流域最终的一份协议。不过5年后，一份新的墨累—达令流域协议再次诞生并取代前者。新协议于1993年被缔约各方通过并成为各州法案，昆士兰州也于1996年正式成为签约方。1998年，首都直辖区通过签订备忘录的形式加入了该协议。新协议的宗旨是"促进和协调行之有效的计划和管理活动，以实现对墨累—达令流域的水、土地以及环境资源的公平、富有效率并且可持续发展的利用"。除了创设和完善流域协商管理的组织框架之外，新协议特别引人注目地提出了"墨累—达令流域行动"这一概念，概念包含着迫切希望流域政府间加强协商、合作进而真正实现流域统一管理的两大主题：其一，依据协议，统筹缔约各州之间水资源的共享与分配；其二，制定方案与政策，推进流域水资源管理一体化进程②。

墨累—达令流域持续通过协商，不断达成合作协议，这里特别要说到该流域公共协商机制的两大机构载体与推动力量：第一，墨累—达令流域部长理事会。作为州际高级决策论坛，其负载了墨累—达令流域话语协商机制，建构流域"公共能量场"。部长理事会至少每年召开一次会议，成员由四个州政府中负责水、土地以及环境资源的部长组成。首都直辖区的官员以观察员的身份列席会议，同时社区咨询委员会的主席可以参加部长理事会召开的全部会议。部长理事会确认墨累—达令流域为一个整体，其从总体上负责并且制定关涉流域共同利益的重大决策，决策的指导原则是：必须寻求流域尺度的解决办法，不能只重视表面现象，而必须解决内在的根本性问题；采取综合的方式；通过社区行动实现区域内和亚区尺度的管理；向社区关爱小组提供明确的指导和支持；协调使用政府和社区的人力资源③。第二，以自治组织身份作为墨累—达令流域部长理事会执行机构的墨累—达令流域委员会，职责包括：分配流域水资源；向部长理事会就流域自然资源管理提供咨询意见；实施资源管理策略，包括提供资金

① 黄德春：《长三角跨界水污染治理机制研究》，南京大学出版社2010年版，第97—98页。

② Scanlon John and Megan Dyson, Trading in Water Entitlements in the Murray - Daring Basin in Australia - realizing the Potential for Environmental Benefits?, *IUCN ELP News Letter*, January 2002.

③ 姬鹏程、孙长学：《流域水污染防治体制机制研究》，知识产权出版社2009年版，第51页。

和框架性文件[1]。流域委员会每年至少召开四次会议展开特定议题协商。委员由流域4个州政府中负责土地、水利及环境保护的司局长或高级官员担任，每州有2名；主席由部长理事会指派，通常由中立的大学教授担任；社区咨询委员会的主席可以参加流域委员会召开的全部会议；委员会下设一个由40多人组成的办公室负责日常事务，该办公室招聘来自于大学、私营企业及社区组织的有关自然资源管理的专家进行研究，以提供先进的技术支持。

流经欧洲九国的西欧第一大河莱茵河，其跨界污染治理更显公共协商机制的可贵。该河流发源于瑞士境内的阿尔卑斯山北麓，西北流经列支敦士登、奥地利、法国、德国和荷兰，最后在鹿特丹附近注入北海。全长1232千米；1815年维也纳会议以来成为国际航运水道，通航长约869千米，流经德国的部分长度为865千米，流域面积（包括三角洲）超过220000平方千米，流经德国的部分占德国总面积的40%，是德国的摇篮。20世纪上半叶，这一德国摇篮随着工业化和城市化的拓展，却遭遇了史无前例的污染危机。莱茵河周边兴建起密集的工业区，尤以化工和冶金企业为主，河上航运也迅速增加。1900—1977年间，莱茵河里铬、铜、镍、锌等金属严重聚集，河水已经达到了有毒的程度。自20世纪50年代起，鱼类几乎在莱茵河上游和中游绝迹。这条德国父亲河甚至一度得名“欧洲下水道”、“欧洲公共厕所”，甚至在生物学意义上“已经死亡”。

1950年，法国、德国、卢森堡、荷兰和瑞士在瑞士巴塞尔建立了保护莱茵河国际委员会（ICPR），该委员会下设若干工作组，分别负责水质监测、恢复莱茵河流域生态系统、监控污染源等工作。但彼时合作并不令人满意，收效甚微。1986年11月，巴塞尔附近一家化工厂仓库着火，消防措施使约30吨化学原料注入了莱茵河，引发了一场让许多人至今记忆犹新的环境灾难，造成大量鱼类和有机生物死亡。这起事故震惊公众，人们走上街头抗议，但也因此成为一个有利的历史契机，促成了1987年5月《莱茵河行动纲领》出台，各方开始以前所未有的力度治理污染。1993年和1995年，莱茵河发生洪灾，ICPR又将防治洪水纳入其行动议程。2001年，《莱茵河可持续发展2020规划》获得通过。现在，ICPR是一个非常有效

① 胡静：《流域跨界污染纠纷调处机制研究》，中国法制出版社2017年版，第93页。

的协调莱茵河的治理和保护的政府间机构①，以其为主体形成莱茵河跨国治理协调机制，发挥了两方面突出作用：一是推动流经各国达成共识，普遍认为整个流域是一个生态整体，区域内所有个体休戚与共；二是保证管理效率。ICPR 磋商防污重大问题的部长级会议每年都开，而讨论具体治理措施的各个执行部门的会议每周必须开一次，工作效率非常高②。

ICPR 主导建构了莱茵河公共协商机制，提供了“公共能量场”，然而为推动协商进程，以及多视角保护利益相关者，该机构协商主体并不仅仅限于各国公权力机构，还极为鼓励和支持公众参与。为此，ICPR 开展了各种环境宣传活动，如摄影比赛、绘画展览、角色扮演游戏；建立了一个基于网络的综合信息发布系统，不仅提供各时期各河段的河水水质数据，还拥有莱茵河流域内各水体及对应的流域关系网络、鱼类洄游的障碍、之前有鲑鱼生活的水域、野生动物通道的信息、保护区以及监测点等方面的信息；确立了环境协商听证制度，《莱茵河 2020 年》中提出将使用自愿协议、召开听证会、邀请利益相关者参与计划制订、组织感兴趣的个人与团体进行讨论等公众参与手段作为实现目标的重要方法和途径。实践中也确乎如此，与莱茵河治理相关的公众听证会信息可以从 ICPR 网站上得到，公众可以选择参与感兴趣的项目。莱茵河治理公共协商机制，还引入更高层次公众参与：积极参与。公众不仅仅是意见提出者，而是通过两种途径成为决策者的一部分，一是合作——公众、利益相关者和政府通过成立联合管理委员会共同决策和作出管理；二是授权——政府将部分环境管理权下放给公众或利益相关者，由其自治并独自承担决策责任，政府仅起监督引导作用③。

莱茵河流域公共协商机制并非仅仅经由正式会议的途径，这一途径在流域跨国协调刚开始的阶段较多采用，随着时间推移，政府间合作已经越来越顺畅，很多具体问题通过非正式的接触作出协商，比如“喝咖啡的时间”就可以解决了④。经过各种正式与非正式的流域公共协商机制发挥合

---

① 吴陈、唐志强、郭洋：《莱茵河治理经验：严格执行环保要求 沟通要顺畅》（http://www.eedu.org.cn/water/ShowArticle.asp?ArticleID=84015&Page=2）。

② 高峰：《莱茵河的治污经验》，《环境保护与循环经济》2012 年第 4 期。

③ 刘秋山、赵云芬：《莱茵河治理中的公共参与及启示》，《中国环境科学学会学术年会论文集》（第一卷），2014 年。

④ 吴陈、唐志强、郭洋：《莱茵河治理经验：严格执行环保要求 沟通要顺畅》（http://www.eedu.org.cn/water/ShowArticle.asp?ArticleID=84015&Page=2）。

力，莱茵河如今已“死而复生”。莱茵河流域的污水排放量显著减少，水中氧气含量逐渐增加，无机污染物也有所减少，重金属污染的净化取得重大成功，砷、镉、汞的含量减少了90%以上，总磷也逐渐下降，削减率达到78.8%；动植物显著恢复，很多对环境敏感的已经消失或者显著减少的物种开始回归，鱼类、无脊椎动物、水生植物、硅藻以及浮游动物等生物种类数逐渐增加[①]。

协商民主是中华民族历史悠久的治理智慧，源于天下为公、求同存异的政治文化，并且根植于革命、建设和改革的长期实践。2014年10月27日，中央全面深化改革领导小组第六次会议审议了《关于加强社会主义协商民主建设的意见》，明确提出，社会主义协商民主是中国社会主义民主政治的特有形式和独特优势，是党的群众路线在政治领域的重要体现，是深化政治体制改革的重要内容。实践证明，社会主义协商民主行之有效，具有巨大优越性，在整合社会关系、促进民主监督、提升决策效率等方面展现出独特优势，有力促进了我国经济健康发展、社会和谐稳定和人民生活改善[②]。鉴于此，我国流域跨界公共治理建构公共协商机制有着强大的政策路线支持和丰富的实践经验基础。实际上，如前交代，我国历史上就有协商分水和调处水事纠纷的传统和丰富经验。“明清时期，一些发达灌区通过灌区选举的形式协商治理水资源。一些用水户自筹资金兴建水利设施，经过推举，轮流担任水利设施的管理者，自主管理水利设施。这种自筹资金、自己建设、自己管理就是典型的协商管理。”[③] 当代随着流域跨界水资源争端愈加尖锐，一些流域内地方政府间已经推动和逐步完善公共协商机制，取得重要合作成果。例如，基于长江经济带经济协同发展与污染协同治理的需要，在中央政府支持下，湖北、江西、湖南三省有关负责同志2016年12月在京签署《关于建立长江中游地区省际协商合作机制的协议》，标志着长江中游地区省际协商合作机制正式建立，该协商机制成为三省政府以及利益相关者围绕长江保护与开发事务的“公共能量场”，以

---

① 王思凯、张婷婷、高宇、赵峰、庄平：《莱茵河流域综合管理和生态修复模式及其启示》，《长江流域资源与环境》2018年第1期。

② 房宁：《我国社会主义民主政治的特有形式和独特优势》，《人民日报》2018年11月25日第5版。

③ 陈坤：《从直接管制到民主协商——长江流域水污染防治立法协调与法制建设环境研究》，复旦大学出版社2011年版，第45页。

其为基础，三省将坚持协同推动、协同发展、协同创新，实行会商决策、协调推动、执行落实三级运作，加强对话交流、凝聚发展共识、协商重大事项，重点在优化区域经济社会发展格局、加强基础设施互联互通、深化市场一体化体系建设、推动产业和科技创新协同发展、推进生态环境联防联控、强化公共服务共建共享六个方面深入开展区域合作，合力打造中国经济“第四极”。三省另外签署了《长江中游湖泊湿地保护与生态修复联合宣言》，该宣言提出要凝聚保护与修复长江中游湖泊生态的共识，制定总体规划、建立制度体系、推动工程实施，率先、务实、持久地实施湖泊保护与生态修复，呵护湖泊湿地之绿，留住长江生态之美，为生态长江建设贡献“中游样本”，将长江中游建成长江经济带生态文明先行区①。

五　使流域府际公共协商机制运转起来

后现代话语理论归属于林林总总试图解构现代性的批判理论中的一种。与其他批判理论一样，共同缺陷在于，存在精英主义的、冷漠的和过度智识化的趋势。正如一些学者指出，批判理论往往过于强调其理论成分，而付出了牺牲实践的代价②。登哈特等将批判理论引入公共行政研究之中，雄辩地阐发了许多关于公共行政批判性实践的洞见，但公共行政的批判理论几十年来却一直处于“边缘化”地位，无法取得重要进展，很大程度上即是由于批判劲头十足，指导实践的能力却微乎其微③。

不过，这样的评价意见或许过于狭窄。正如古德塞尔在为福克斯和米勒《后现代公共行政——话语指向》一书所著序言中评价：“他们有助产士的灵感而不是葬礼的司仪。”④ 全钟燮看法一致：解构不是后现代话语理论的目的，解构意在支持实现基本制度变革的努力⑤。法默尔的观点更为直接：后现代理论解构传统官僚制行政就是要确立一种反行政精神，也即

① 《湖北、江西、湖南三省建立长江中游地区省际协商合作机制》（http://www.hubei.gov.cn/zwgk/hbyw/hbywqb/201612/t20161203_924340.shtml）。

② Zanetti, L. A., “Advancing Praxis: Connecting Critical Theory with Practice in Public Administration”, *American Review of Public Administration*, 1997, pp. 145–167.

③ 叶战备：《转型期我国公共行政语言解构和再造：基于批判理论立场》，《上海行政学院学报》2014年第4期。

④ ［美］查尔斯·T. 古德赛尔：《序言》，第8页，引自［美］查尔斯·J. 福克斯、休·T. 米勒《后现代公共行政——话语指向》，楚艳红等译，中国人民大学出版社2002年版。

⑤ ［美］全钟燮：《公共行政的社会建构：解释与批判》，孙柏瑛等译，北京大学出版社2008年版，第41—43页。

"一种旨在否定行政官僚权力并且否定韦伯式理性—等级观点的管理方法，它表明的是一种赞成论战性、多元文化论和多样性的观点"[①]；"后现代性意味着公共行政的所有谋划都应改变。这些改变是源自这样一个事实，即所有后现代行政都应把目标瞄准其职能的实施，且是以我们称作反行政的方式"[②]。

另一方面，仅就后现代话语理论而言，两位创立者福克斯和米勒其实也十分注重其主张运用于实践的操作性问题。其认为，"我们自始至终的各种讨论都与公共行政和公共政策有关……公共政策并不仅指那些立法机关制定出来的东西。公共政策也有如何在下层决策参与者面对面的交锋过程中实现沟通的问题，这种沟通实际上要通过立法行为和财政拨款而获得力量。这种面对面的交锋，作为以被建构的现实为基础的重复性实践的融合，实际上是话语性的……话语越好，政策就越好。真诚、切合情境、自主参与和实质性参与比说谎、自高自大、不赞同却又默认和妨碍议程要好得多"[③]。在"公共能量场"面对面的交锋中，"发表意见需要勇气。但是，正是因为能够说话，使我们成为真正的人，这正是在工作中不能舍弃的婴儿。当然，当小道理遭遇政治权力的时候，考验就来了。但即便是权力，对于后现代主义来说也是一把双刃剑：权力取决于反抗的情况……当争执的一方必须用另一方的方式来讲话的时候，他的需要不仅得不到满足，而且还会成为受害者而不是合作伙伴"[④]。

质言之，后现代话语理论绝非故弄玄虚，虽然并不能够为中国的行政体制改革提供可操作性的行动方案，但是，它对现代公共行政的批判却可以使我们避免某些陷阱[⑤]。比如我国各流域公共协商机制在现有基础上，可以根据"公共能量场"四个话语原则精神予以改进与提升，其一，应避免协商进程中的官僚独白，将具有话语能力、体现利益关切的专家、公

---

① ［美］法默尔：《公共行政的语言——官僚制、现代性和后现代性》，吴琼译，中国人民大学出版社 2005 年版，第 3 页。

② 同上书，第 372 页。

③ ［美］查尔斯·J. 福克斯、休·T. 米勒：《后现代公共行政——话语指向》，楚艳红等译，中国人民大学出版社 2002 年版，第 124 页。

④ ［美］拉尔夫·P. 赫梅尔：《官僚经验：后现代主义的挑战》，韩红译，中国人民大学出版社 2013 年版，第 11 页。

⑤ 张康之、张乾友：《"后现代主义"语境中的公共行政概念》，《北京行政学院学报》2013 年第 1 期。

众、媒体及社会团体代表纳入协商进程，形成参与式、开放式、精练式（体现于议题聚焦、人员规模适度）协商；其二，应抵制无政府主义，召开会议是协商的主要渠道和形式，可以开展会前培训，引导与会人员掌握罗伯特规则，提高协商效率；其三，协商会议全程媒体直播，向社会公开，以此对与会人员构成压力，促其必须为会议作出建设性的努力，不仅如此，还可以通过即时通信手段，将公众的关切与评价意见及时传递给会议人员，丰富其信息，施加其外部监督；其四，加强协商成果的执行环节。通过授权特定流域管理机构执行协商成果，严肃执行纪律和后果，从而避免协商会议沦为“清谈馆”，协商成果沦为“流水账”。

第二节　流域水资源公共治理政府间协作联盟

一　概念与理论脉络

（一）流域水资源公共治理政府间协作联盟：理论缘起

全球化时代，区域治理范式愈多应用于国内区域公共政策领域，在一些存在经济互动频密的治理网络、共同语言或者文化及规范以及面临跨界治理难题的区域范围内，区域治理勃兴。所谓区域治理，按索德伯姆给出的定义，是指人类活动在区域“权威空间”内形成的正式或非正式、公共或私人的规则体系；加里·戈茨和凯斯·鲍尔斯（Gary Goertz & Kathy Powers）则基于制度视界，将区域治理界定为由具有法律约束力的文件维系，并具有特定管理机构、决策机构和争端解决机制的区域协作方式[①]。国内学者陈瑞莲、杨爱平最早将区域治理概念引入区域公共管理研究中，将其定义为政府及多元利益相关者为实现区域公共利益最大化，通过谈判、协商、伙伴关系等方式调处区域公共事务的作业模式。区域治理的要件有三：一是多元主体参与，凸显网络化治理；二是以发达的民间社会作为运行基础；三是采取弹性方式协调政府间关系，形成弹性化治理[②]。

根据以上学者的认识，可以总结区域治理几个关键特征：区域层面存

---

①　转引自张云《国际关系中的区域治理：理论建构与比较分析》，《中国社会科学》2019年第7期。

②　陈瑞莲、杨爱平：《从区域公共管理到区域治理研究：历史的转型》，《南开学报》2012年第2期。

在协调性的非政府协作机构以及府际共同认可的行为规范；区域内各地方政府不改变自身法定权力主体地位，但改变彼此权力运行方式，此即愿意共同接受区域协作机构的协调与监督，并愿意接纳多元利益相关者参与议事和行动，以此推动府际“抱团取暖”，形成区域竞争优势，抑或联合应对区域公共问题①。在此意义上，区域治理与国际关系或经济地理学者所主张的“新区域主义”思考维度实质并无二致。新区域主义乃相较于旧区域主义而言，后者体现为20世纪“一战”与“二战”期间少数资本主义国家企图转嫁危机、扩张领土或势力范围的“帝国式区域主义”以及60—70年代以经济一体化为考量并以欧盟设立为主要成果的“经济区域主义”，旧区域主义尤其指涉经济区域主义。而新区域主义则是指当代主权国家为了应对全球化挑战而主动采取的一种“内生性区域主义”②。经济地理学者进一步泛化理解新区域主义，将一国内部存在地缘关系的邻近地区之间的集群发展也视为新区域主义，在此意义上，新区域主义可以概括为物质层面集权化控制与功能层面分权化协调相结合的跨界治理思潮，主张都市区、湾区、流域区及其冲积三角洲等团块区域内多个地方政府横向间，围绕特定跨界事务自主开展横向协商和合作，并且鼓励政府与非政府组织等社会力量的互动合作③。

不同学科有不同的概念与范式，尽管相互间概念、范式的迁移、嫁接现象也时常发生，而这对于打通不同学科、促进知识共享与启迪思维也确有必要，但是概念不能完全脱离并且终归要服务于特定的话语体系和学科场景。本书基于公共行政学立场，毋宁使用“政府间协作联盟”的概念，概括某一特定地理空间内成员政府间经由协商或契约方式加强彼此联动与协调跨界问题的解决，却并不突破既定行政区划的做法。当然，作为借鉴自新区域主义乃至区域治理理念的地方行政关系自我调整的产物，政府间协作联盟与新区域主义绝不可以切割理解。一方面，新区域主义为政府间协作联盟提供了价值指引；另一方面，围绕特定议题形成政府间协作联盟，新区域主义也才具有得以实践的组织基础。进入21世纪以来，中国区

---

① 所谓区域公共问题，借指区域内政府间共同面对的具有高度渗透性和不可分割性的公共问题。参见陈瑞莲《论区域公共管理研究的缘起与发展》，《政治学研究》2003年第4期。

② 张振江：《区域主义的新旧辨析》，《暨南学报》2009年第3期。

③ 陶希东：《欧美大都市区治理：从传统区域主义走向新区域主义》，《创新》2019年第1期。

域事务经由组织化发展结成政府间协作联盟的趋势十分明显。据不完全统计，目前国内已形成300多个不同层次的地方政府合作组织和数量可观的民间区域合作组织，在一定程度上克制了各区域内地方政府间保护主义或"搭便车"行为，有助于求解"行政区经济"现象[①]，促进区域公共问题的协调解决与区域性公共物品的协力供给[②]。求解当前流域跨界水资源治理难题，也完全可以而且理应植入类似思路，形成流域水资源公共治理的政府间协作联盟，与新区域主义的主张一致，作为一种组织安排，其可以表现为议题协商联盟、府际行政契约与政策网络等类似组织形式；作为一种治理策略，该联盟力求推动政府（部门）之间通过互利合作进而获得一种跨界协作与发展优势。其所具备的特征相应来讲，一是为推动水资源公共治理整体性战略的订立与实施，流域水资源公共治理的政府间协调性机构得以确立，并能获得各成员政府的充分授权，实现有效运转；二是流域水资源多元利益相关者有通畅的参与渠道与相关信息支持；三是主要依靠协商达成府际以及多元主体间水资源公共治理跨界集体行动。

（二）流域水资源公共治理政府间协作联盟：公共行政史的理解

流域水资源公共治理的政府间协作联盟，与旨在化解各类区域合作难题的政府间协作联盟安排思路一致，均体现为对传统官僚制行政难以克制的地方政府间行政碎片化、市场碎片化、区域公共服务碎片化等问题的反对和救济。然而，最初对于这些问题的解决思路并非如此，而是乐见其成甚或助推官僚制行政走向一种"巨人政府"。

诞生于20世纪初的传统官僚制行政，与彼时工业化、法治化和民主化的时代趋势一致，其鲜明特点是建基于法理权威，展开各种理性设计。"理性能合理化、理性能现代化、理性创造现代世界。理性取代了传统：家庭的感情和敏感，氏族和部落，信仰或恐惧的王国……在欧洲，人们期待着官僚机构把理性之光带入人的事务。"[③] 诚然，官僚制凭借其理性设计

---

① 所谓"行政区经济"，是指由于行政区划对区域经济的刚性约束而产生的一种特殊区域经济现象。行政区划界线如同一堵"看不见的墙"对区域经济横向联系产生刚性约束，跨区域流动严重受阻，一体化难以实现。参见刘君德《中国转型期"行政区经济"现象透视——兼论中国特色人文—经济地理学的发展》，《经济地理》2006年第6期。

② 柳建文：《区域组织间关系与区域间协同治理：我国区域协调发展的新路径》，《政治学研究》2017年第6期。

③ ［美］拉尔夫·P. 赫梅尔：《官僚经验：后现代主义的挑战》，韩红译，中国人民大学出版社2013年版，第5页。

确有助于增进彼时大工业社会繁重的社会生产与人际关系管理极为珍视的行政效率，官僚制鼻祖韦伯就曾评价："从纯技术的观点来看，经验无一例外地倾向于显示，纯粹的官僚行政模型能够实现最高的效率，因而也是形式上已知的对人进行控制的最理想的方式。"[①] 也正由于此，后来的实践果真说明，官僚制行政对于推动大工业时代许多宏伟图景的实现起到了重要作用，以至完全可以认为"现代文明的进步和官僚制的完善，是携手并进的"[②]。

然而，自发的官僚制必将造成规模庞大的巨人政府。这是因为，首先，官僚制组织必定是大型组织，正如唐斯界定，"如果一个组织的最高领导层不能认识1/2以上的员工，那么可以说该组织是个大型组织"[③]。小型组织无须经由复杂的分工以及规章来管理，因而无以嵌入官僚制，大型组织则由于管理者面对的人、财、物、技术、资本等各类管理对象众多、庞杂，因而对于构造官僚制理性秩序有着内生的迫切需要；反过来讲，帕金森定律刻画了官僚制组织又必定会持续创造机会实现自我机构膨胀，直至成为大型组织；其次，官僚制强调命令和指挥统一，因而等级界限明确，在等级链条里，每个官员都清楚自己所处的位置和对于上级直至最高权力层的服从关系。综合这两方面原因，官僚制泛滥发展的结果必然是构造一种金字塔型、集权导向、体量宏大的巨人政府。早期欧美城市化进程即显现如此，巨人政府不仅属于必然，而且被一些不断崛起的大城市，作为调和经济增长和空间局限的张力，以及处理府际跨界矛盾的"灵丹妙药"，于是，中心化、等级化、命令化的巨人政府治理模式纷纷在都市区形成。此时先后通过合并、重组等区划调整手段形成的像芝加哥、纽约这些"美国最大的城市坚持认为，城市化的区域（例如他们自己）应由涵盖所有郊区人口的政府来治理（特别是他们的政府）"[④]。这一主张暗含的逻辑是，巨人政府式的单一官僚体制"有一个单一权力中心，它在社会治理

---

① ［德］马克斯·韦伯：《经济与社会》，林荣远译，商务印书馆1998年版，第333—337页。

② ［美］文森特·奥斯特罗姆：《美国公共行政的思想危机》，毛寿龙译，上海三联书店1999年版，第38页。

③ ［美］杰伊·M. 沙夫里茨、E. W. 拉塞尔、克里斯托弗·P. 伯里克：《公共行政导论》，刘俊生等译，中国人民大学出版社2011年版，第194页。

④ ［美］尼古拉斯·亨利：《公共行政与公共事务》，张昕译，中国人民大学出版社2002年版，第655页。

方面有终极的权威（说了算数），它会使社会生活的所有方面都置于该权威的管辖之下”[1]，这样的安排正可以保证政府管理包括跨界问题的治理取得高效率，巨人政府从而“要比数目众多的地方政府好得多”[2]。直至20世纪70年代以后，很多人对于这一点依旧笃信不疑。不仅如此，今天的巨人政府因其良好的整合功能有助于消除严重的种族和经济隔离，这一点更让其博得了好名声[3]。

然而20世纪60年代以来，超级地方主义者引人注目地对巨人政府最先给予了淋漓尽致的批判。其对后者的效率和回应性表示了极大怀疑：首先，由于管辖大都市地区的官僚制机器难有理想绩效，而且无法克服管理幅度的制约，因此巨人政府希望通过规模产生效益的假设并不可靠；其次，地方政府管辖规模并非越大越好，而是存在一个最优规模，后者随着所提供的不同公益物品和服务内含的不同效应范围的边界条件相应有所变化[4]；再次，巨人政府所采取的装配线统一作业方式实际上很难对公众多样性需求作出回应。与巨人政府针锋相对，超级地方主义者“重新”发现了历史悠久的多中心体制的卓越价值：政府数目众多，管辖权常常重叠，这将最充分、最有效和最负责地满足公民的要求。原因主要在于多中心体制构造了一个地方政府间的自由竞争市场[5]，公众由此“能够在公益物品和服务若干垄断者之间进行选择”[6]，进而形成“以足投票”的退出机制，这正可以有效激发地方官员的责任心。另外，多中心体制的突出好处还表现在多重交叠的小规模地方政府通过相互合作，可以取长补短，进而最大化地提高公共产品和公共服务的供给效率[7]。不过，巨人政府拥护者对于

---

① ［美］文森特·奥斯特罗姆：《美国公共行政的思想危机》，毛寿龙译，上海三联书店1999年版，第161页。

② David Rusk, “*Cities without Suburbs*”. Washington D. C.: Woodrow Wilson Center Press, 1995, p. 88.

③ ［美］尼古拉斯·亨利：《公共行政学》，项龙译，华夏出版社2002年版，第374—376页。

④ ［美］文森特·奥斯特罗姆：《美国公共行政的思想危机》，毛寿龙译，上海三联书店1999年版，第122页。

⑤ ［美］尼古拉斯·亨利：《公共行政学》，项龙译，华夏出版社2002年版，第371—372页。

⑥ ［美］文森特·奥斯特罗姆：《复合共和制的政治理论》，毛寿龙译，上海三联书店1999年版，第131页。

⑦ ［美］迈克尔·麦金尼斯：《多中心体制与地方公共经济》，毛寿龙译，上海三联书店2000年版，第433—457页。

来自超级地方主义的批评并不服气，反而直戳后者的痛处：在超级地方主义体制中，当责任分散且模糊不清时，推诿就更加容易，甚至会得到鼓励。不仅如此，超级地方主义在对于种族和阶层公平问题往往一筹莫展，需要交由弹性较强的巨人政府来收拾危局①。

总之，巨人政府与超级地方主义各显所长，又互揭所短。然而这两种理论（甚至是意识形态）并非不可调和，它们的拥护者可以彼此交谈②。例如，巨人政府长于以集中管理的方式促进公平（这正是超级地方主义的弱项）；超级地方主义依靠政府间竞争的途径则可以获得效率（这也正是巨人政府的弱项），是否可以有某种新的安排将巨人政府与超级地方主义两者巧妙结合，进而使得公平与效率两种价值神奇般地一同彰显于都市区域？

这一新的安排正是当代勃兴、前文已析的新区域主义。如前交代，新区域主义是包括经济、政治、社会和文化等各方面区域整合的多元化过程，整合的方式主要不是依赖自上而下的行政权力，而是在不变更现行基本制度状况条件下，经由多种新的联合形式，如协定、会议等弹性形式作出整合，引导地方当局以及利益相关者在区域内流动并自愿开展合作③。由这一内涵出发，新区域主义主要依托于政府间协作联盟的有力支持，“协作联盟是新区域主义战略产生影响并取得进展的政治前提”④，是“一种受竞争和协商的动力支配的对等权力的分割体系”⑤，一方面，政府间协作联盟承认超级地方主义政府间竞争的主张对于提高公共服务效率而言必不可少；另一方面，政府间协作联盟强调地方政府间除竞争关系外还应有类似巨人政府具有的某种程度的合作与统一管理。这样，政府间协作联盟就以松紧适度的形式折中或平衡了巨人政府与超级地方主义两股各有欠缺的管理主张。

---

① ［美］尼古拉斯·亨利：《公共行政学》，项龙译，华夏出版社 2002 年版，第 373—376 页。

② ［美］尼古拉斯·亨利：《公共行政与公共事务》，张昕译，中国人民大学出版社 2002 年版，第 675 页。

③ 许源源、孙毓蔓：《国外新区域主义理论的三重理解》，《北京行政学院学报》2015 年第 3 期。

④ 参见罗思东《美国大都市地区的政府与治理——地方政府间关系与区域治理》，博士学位论文，厦门大学，2005 年。

⑤ ［美］理查德·D. 宾厄姆：《美国地方政府的管理：实践中的公共行政》，北京大学出版社 1997 年版，第 156 页。

二 流域水资源公共治理的政府间协作联盟：两种政策工具

斯科特与戴维斯（W. Richard Scott & Gerald F. Davis）就指出，任何组织包括公共组织，其面临的是一个两难选择：一方面，为了适应未来，需要变革的能力和主动调整行动的勇气；另一方面，为了保持确定性和稳定性，却需要建立协调跨组织行为的结构——组织间的组织①，流域内各地方政府间围绕流域水资源公共治理，走向政府间协作联盟，即是为了平衡流域水资源公共治理稳定与变革关系的需要，理论上可以在流域各地方政府行政区划及权力产权不变的情形下发挥独特的协调功能，既尊重流域内地方政府对于流域水资源的自主利益要求，亦通过积极磋商，彼此取得谅解和妥协，共同着眼于全流域长远利益，进而实现流域水生态的联合保护与水资源的可持续开发。

按照 OECD 相关做法，政府间协作联盟的政策工具包括两大类：结构性机制和程序性机制。前者侧重联盟的组织载体和结构性安排，如工作协调委员会、部门联席会议、专项工作小组；后者则与实现共同目标的程序和控制工具有关，如共同目标的确定、议程设定与共同决策程序、决议执行方式、政治对话途径、利益分配方式、问题磋商机制等②。将这两类政策工具施及于流域水资源公共治理的政府间协作联盟，并结合已有实践，可以对应总结为以下两种主要的政策工具。

（一）议事协调机构

中国政府体系中的议事协调机构是指政府部门间为完成某种特殊性、临时性任务而设立的跨部门、跨层级或跨政区的协调机构，包括各类领导小组、联席会议、工作小组、委员会等。而其得以产生、发展的逻辑在于，公共行政愈多面临具有非经常性、突发性和跨部门性、任务重大性等特点的治理主题，议事协调机构的设立被认为是避免现有官僚制机构对于这些治理主题应急、处置不力的一剂良方③。

---

① ［美］W. 理查德·斯科特、杰拉尔德·F. 戴维斯：《组织理论：理性、自然与开放系统的视角》，高俊山译，中国人民大学出版社 2011 年版，第 274 页。

② 蒋辉：《政府间松散型横向一体化战略联盟：跨域治理的新模式》，《中南大学学报》2012 年第 1 期。

③ 谢延会、陈瑞莲：《中国地方政府议事协调机构设立和运作逻辑研究》，《学术研究》2014 年第 10 期。

议事协调机构较常见体现为两个层面的机构形式，其一是领导小组，其二是联席会议。其中，领导小组包括三个板块：一是领导成员，负责决策、统筹、协调；二是组成部门，最多可达十几个乃至数十个常设职能部门，负责执行、落实、配合；三是办事机构，负责承担领导小组的日常工作事务。三个板块被要求各司其责，亦彼此配合①。府际联席会议则包括成员政府（部门）首脑全体参与、多边与双边三种举办类型。“全体参与”往往由上级政府从区域（或特定辖区）整体利益角度出发，形成带有组织形式的联席会议机制，它的自愿性最低，协作失败的风险也较高；“多边”和“双边”联席会议则由行动者基于自愿方式，根据自身区域发展要求，自主寻找合作伙伴、确定议题②。无论领导小组，还是府际联席会议，各种议事协调机构的运行大多呈现出借力与自立的双重逻辑——借力权威影响和常设机构，自立引入督促检查机制和考核评比机制，以此推动议事协调工作的进行③。

我国流域水资源公共治理引入政府间议事协调机构，典型地体现于京津冀地区协同发展实践中。为协调京津冀地区城市、产业发展以及环境治理，2014 年 2 月 26 日，习近平在北京主持召开京津冀协同发展工作座谈会，明确强调实现京津冀协同发展，并将之升级为一个重大的国家发展战略。为贯彻这一战略，同年 8 月，国务院成立京津冀协同发展领导小组以及相应办公室。成立五年来，领导小组及其办公室开展了全方位的协调工作。京津冀协同发展规划纲要、北京城市总体规划、河北雄安新区总体规划等重磅文件陆续推出，“轨道上的京津冀”提速发力，“蓝天下的京津冀”携手并肩，“科技创新链条上的京津冀”深入探索，一个产业重构、资源整合、一体相连、大道通衢的京津冀跃然而起。京津冀协同发展战略等国家战略所引领的深层次变革，正深刻改变着国家区域发展版图，为新时代高质量发展提供了强力支撑④。京津冀地区“华北明珠”白洋淀生态

---

① 周望：《超越议事协调：领导小组的运行逻辑及模式分化》，《中国行政管理》2018 年第 3 期。

② 锁利铭、廖臻：《京津冀协同发展中的府际联席会机制研究》，《行政论坛》2019 年第 3 期。

③ 周望：《借力与自立：议事协调机构运行的双重逻辑》，《河南师范大学学报》2017 年第 5 期。

④ 《下更大气力　谋更大进展——写在京津冀协同发展战略实施五周年》（http://www.gov.cn/xinwen/2019-02/26/content_5368464.htm）。

修复是京津冀协同重点之一，白洋淀水域面积相比新中国成立之初缩小了1/3以上，其生态修复离不开整个流域的生态环境改善，这需要重点优化京津冀的水资源管理。为此，京津冀协同发展领导小组组织编制并经中央政治局通过的《京津冀协同发展规划纲要》明确提出，推进永定河等“六河五湖”（永定河、滦河、北运河、大清河、潮白河、南运河和白洋淀、衡水湖、七里海、南大港、北大港）生态治理与修复。雄安新区地处白洋淀腹地，对于流域水环境保护影响甚大，在京津冀协同发展领导小组参与协调下，2018年4月，河北省委、省政府印发《河北雄安新区规划纲要》，并经中共中央、国务院批复同意，该规划提出要实现森林环城、湿地入城、3千米进森林、1千米进林带、300米进公园，街道100%林荫化，绿化覆盖率达到50%，形成林城相融、林水相依的新时代生态文明典范城市；2019年初，经党中央、国务院同意，河北省委、省政府印发《白洋淀生态环境治理和保护规划（2018—2035年）》，为白洋淀生态修复和环境保护进一步提供了科学支撑。据此，雄安新区开展了一系列举措：坚持城水林田淀系统治理，强化对白洋淀湿地、林地及其他生态空间的保护，推进唐河污水库和纳污坑塘治理、淀中村腾退、上游截污、工业固废治理、淀区清渔及燃油机动船改造提升等工作，开展白洋淀综合治理攻坚行动，散乱污企业被取缔关停，暴露垃圾被清理处置。针对白洋淀流域污染防治，区域协同联动机制正在不断强化。近年来，京津冀三地联手，共同排查、处置跨区域、流域的环境污染源，共同打击区域环境违法行为。雄安新区生态建设局C副局长向媒体表示，2018年白洋淀淀区的主要污染物浓度实现“双下降”，白洋淀及周边生态环境得到改善。“更可喜的是，淀区群众生态环保意识不断提升，这将有力带动全民参与白洋淀生态修复工程的共同治理。”①

与京津冀协同发展领导小组相关工作密切配合，京津冀三地各种服务于协同发展与白洋淀等流域水生态保护的联席会议机制也纷纷确立。例如2016年5月，由最高人民法院召集、京津冀三地法院共同参加的京津冀三地法院联席会议机制建立，在第一次会议上，最高人民法院领导号召要自觉把人民法院工作融入到重大国家战略的实施中，建立健全与京津冀协同

---

① 曾宪旭：《绿色雄安的“生态本底”》（http://news.youth.cn/jsxw/201908/t20190804_12030291.htm）。

发展相适应的司法工作机制，充分发挥审判职能作用，努力为京津冀协同发展提供优质高效的司法服务和保障[①]；京津冀协同立法工作联席会议在石家庄召开，对京津冀三地五年来协同立法工作进行总结，就具体立法协同项目进行安排部署。会议强调，三地人大要积极探索务实有效的工作方法，推进京津冀协同立法实现共享共赢[②]；京津冀三地生态环境执法联动联席会议机制形成，并推动了 2018 年 7—8 月大清河、白洋淀流域联合水环境专项执法行动。京冀两地环保部门紧盯重点区域、重点行业企业和重点涉水环境违法问题开展全时执法，与公安、水务等部门开展联合执法。行动中，两地共检查固定污染源 3669 家，查处环境违法行为 364 起，限期整改 173 件，处罚金额 940 余万元，现场实施查封 22 起，移送适用行政拘留案件 5 起，涉嫌污染环境刑事犯罪案件 2 起，关停违法企业 18 家。督促涉水企业提高环保意识和环境管理水平，大力推进大清河、白洋淀流域水环境质量的持续改善。2019 年 7 月至 2020 年 6 月，两地继续加大对白洋淀流域跨省（市）河流联合执法检查力度，重点针对白洋淀流域跨省（市）界河流水污染问题，以跨省（市）断面为界，分段排查，共享数据信息，共享执法成果。

以上案例显示，以领导小组和府际联席会议形式呈现的议事协调机构在促进区域协同发展包括流域水资源跨界公共治理进程中确可以起到重要作用，而且领导小组规格越高，权威基础越牢靠，所起的领导作用也就越强，相应的围绕各个专题合作的府际联席会议机制也将随之完善，发挥有效协调作用。不过，也正由于议事协调机构的非正式性与灵活性特点，在其发展过程中，一直存在“精简—膨胀—再精简—再膨胀”现象。议事协调机构难以避免组织膨胀的窠臼，造成过高的行政成本，已成为其面临的严重挑战之一；不仅如此，多重交叠的议事协调机构有可能交替出现，导致职权交叉、政出多门、合作不利的情况，尤其是协调过程中责任意识的模糊和淡化；议事协调机构可以有效调配权责资源、发挥“集中力量办大事”的优势，但是也存在行动者范围扩大化的问题，导致参与者精力分

---

① 《京津冀法院联席会议第一次会议在北京召开》（http://eszzy.hbfy.gov.cn/DocManage/ViewDoc?docId=569b0678-40bb-4e9f-937b-ec0083fb9d14）。

② 《京津冀协同立法工作联席会议在石召开》（http://baijiahao.baidu.com/s?id=1641328082362907359&wfr=spider&for=pc）。

散、疲于应付。这也是议事协调机构不断废立循环的原因[1]。在此意义上，如何确保议事协调机构在继续施展其灵活、高效等优势的同时，能够更好地契合治理现代化的发展要求，是一项长期且艰巨的任务[2]。对此，综合各种意见：（1）议事协调机构必须纳入法治化管理，应从行政组织法角度对地方议事协调机构设置程序、责任、权限、职能等方面作出明确的法律规制，并从系统内行政协助和地区行政协助角度，规范议事协调机构运作机制[3]。（2）要从公共行政组织内部进行综合性配套改革，破除组织对旧协调机制的路径依赖。首先要通过政府管理创新，在领导小组、联席会议机制之外创造新的程序化协调机制；其次，适时归并，升格原有的议事协调机构，从而有效聚协调能量，或者避免协调能量耗散。（3）受后现代话语理论启发，应控制各类议事协调机构的参加人数，形成机构会议举办、讨论并形成共识的适当人数规模，并且完善会议发言、表决等各项规则，建立会议人员的考核与退出机制，会议过程及决议应尽可能公开，接受外部舆论监督。

（二）府际契约

传统计划经济体制实行"条条"为主的集中统一管理体制，较少考虑地区差别和地方自主权的发挥，从而很大程度上阻碍了地方政府横向关系的发展[4]。改革开放以来，地方分权逐步发展并趋于规范，与此同时，区域经济竞争日益加剧以及区域公共管理问题不断增多，造成府际契约行政开始流行于地方层面。所谓府际契约，是指为适应区域一体化发展的需要，不同政区政府（部门）间为推进区域合作，实现优势互补、合作共赢，从而以契约形式平等自愿达成的各种政府间合作文件，按其所涉合作领域，可以区分为府际边界型契约、府际分配与发展型契约、府际规制型契约、府际再分配契约等几种形式[5]。在府际契约基础上形成的府际契约行政即为政府（部门）间签订"合作宣言"、"合作意见"、"合作备忘

---

① 刘军强、谢延会：《非常规任务、官员注意力与中国地方议事协调小组治理机制——基于A省A市的研究（2002～2012）》，《政治学研究》2015年第4期。

② 周望：《借力与自立：议事协调机构运行的双重逻辑》，《河南师范大学学报》2017年第5期。

③ 陈思明：《地方议事协调机构法治化路径探析》，《郑州大学学报》2015年第4期。

④ 陈瑞莲、张紧跟：《试论区域经济发展中政府间关系的协调》，《中国行政管理》2002年第12期。

⑤ 杨爱平：《区域合作中的府际契约：概念与分类》，《中国行政管理》2011年第6期。

录”、“合作框架协议”、“规划纲要”等形式的政府间契约，进而推动政府（部门）间合作的一种区域行政方式①。而其显著意义是，可以实现在市场化竞争中地方政府间“组团作战”，进而提升区域整体竞争力；或者在跨界难题处理中，实现彼此谅解，增进府际协同应对能力与府际协同行为的稳定性。新公共管理倡导“掌舵”与“划桨”分离，从而鼓励引入合同外包、公私伙伴关系（PPP）等方式“生产”公共服务，但由于私人部门与公共部门利益目标殊异甚至构成尖锐冲突，极可能影响公共服务品质②，在此情形下，府际契约行政被认为是替代政府合同外包的最佳方案。伍德（Wood）就指其是一种更为有效的工具，因为地方政府持有共同价值目标，彼此会产生更多的信任、更少的委托—代理问题以及更低的交易成本③；理论上，要实现比较成熟的区域合作，就应该更多依靠正式的府际契约的低灵活性来降低背叛的可能性，并且发展多边契约建构多边合作机制，以此突破地缘空间与更多非相邻区域合作，确立可靠、稳定的协调机制④。

鉴于这些好处，以府际契约维系的契约行政方式在今天不少国家（尤其有深厚法治传统以及确立某种程度的地方自治权的国家）地方公共服务中广泛采用。例如在美国，地方层面府际契约行政已有很长历史，契约合作内容涉及公共安全、消防、交通、应急管理、卫生福利等公用事业、邻里服务、教育等多个领域。调查显示，1959—1960 年加州就有 163 个城市与其他城市签订公共服务合作协议；1983 年，美国 2069 个市县中有 1084 个市县拥有府际协议。美国府际关系咨询委员会（ACIR）曾于 1967 年发行《地方府际协议与契约手册》，以便为地方政府起草、商定府际契约提供指导。一些研究发现，公共服务的资产专用性、绩效测量难度、财政状况、人口规模、人均收入、地缘结构、政治制度、政治网络等均可能对府

① 杨爱平、黄泰文：《区域府际契约执行中地方政府的决策偏好分析——以珠三角一体化为例》，《天津行政学院学报》2014 年第 4 期。

② 林民望：《国外公共服务府际协作供给研究——基于地方府际协议的视角》，《北京社会科学》2016 年第 7 期。

③ Wood C.，“Scope and Patterns of Metropolitan Governance in Urban America - Probing the Complexities in the Kansas City Region”，*American Review of Public Administration*，Vol. 36，No. 3，September 2006.

④ 锁利铭、朱峰：《科技创新、府际协议与合作区地方政府间合作——基于成都平原经济区的案例研究》，《上海交通大学学报》2016 年第 4 期。

际契约行政的达成和推广产生影响作用[①]。州政府也会主动施加影响力，吸引地方政府参与到府际契约安排中来，例如在土地管理领域就表现得越来越明显。城市的急剧扩张在诸多领域对国家发展构成严峻挑战，于是各州政府开始采取激励机制，引导城市与农村在实现发展的过程中建立和谐的伙伴关系。例如，威斯康辛州政府规定，地方政府只有与其农村邻居合作，参与到府际契约中来，才能获得州政府提供的规划拨款。解决由城市扩张带来的一系列问题的最有效方式，也许是将地方政府合并，但这在政治上是行不通的。所以各州更愿意继续劝说地方政府进行合作，而非生硬地“拉郎配”合并到一起[②]。

有研究发现，高密度的网络互惠关系可以带来信任和社会资本，从而解决集体行动问题，因而高密度网络更容易实现合作，环境保护领域拥有最高的网络密度，所以这一领域的府际契约相比其他领域的府际契约或许更易于达成和生效[③]。缘于此，随着各国跨域公共环境问题尤其流域水环境问题不断加重，有关府际契约（协议或协定）愈多引入，并取得了很好的效果。仍以美国为例，求解流域水资源污染问题就经常寻求通过订立跨界府际契约来解决，其促进了州政府组织间的交流，提高了负责环境控制的专门机构之间的互动[④]。比如俄亥俄河水治理协定就是在八个州之间（它们都受到俄亥俄河流域污染的影响）达成的契约，该协定之下产生的跨州领导机构——政府委员会由27人组成，其预算通过各成员单位议会的拨款获得，另成立了执行局，在实施委员会政策和环境保护规制时很好地充当了协调单位[⑤]。在加拿大，《1990年加拿大水法》规定，“为保护加拿大的水资源，以确保最佳利用这些资源，资源部长、总督同意并会同行政局批准情况下，可以与一个或多个省级政府或地区，建立湖泊或河流流域

① 参见林民望《国外公共服务府际协作供给研究——基于地方府际协议的视角》，《北京社会科学》2016年第7期。

② ［美］杰伊·M. 沙夫里茨、E. M. 拉塞尔、克里斯托弗·P. 伯里克：《公共行政导论》，刘俊生等译，中国人民大学出版社2011年版，第123页。

③ 马捷、锁利铭、陈斌：《从合作区到区域合作网络：结构、路径与演进——来自“9+2”合作区191项府际协议的网络分析》，《中国软科学》2014年第12期。

④ 张紧跟：《当代中国地方政府间横向关系协调研究》，中国社会科学出版社2006年版，第165页。

⑤ Boardman, Robert, *Fragmentation and Integration in State Enviromental Management*, Washington, D. C.: Conservation Foundation, 1986.

的政府间委员会或其他机构”[①]。依此，西部草原三省水董事会同样根据相互间自愿达成的水控制分配协议来保证阿尔伯塔省、萨斯喀彻温省以及曼尼托巴三省公平分享水资源[②]。全加最大的马更些（Mackenzie）河流域各省亦签订了跨界水控制分配协议，该契约确立了采用保护水生态系统、共同合作管理流域水资源的原则。正是以这些跨界协议为基础，加拿大可持续流域水资源管理进展迅速，取得了值得称道的成就[③]。

令人瞩目的是，我国近年来随着跨界流域水资源危机加重，地方层面也纷纷订立了跨界水环境治理府际契约（协议），并同样显示出较好的协调效果。例如跨浙赣两省的卅二都溪，流域全长25.89千米，上游位于江西省上饶市广丰区东阳乡境内，下游则在浙江省江山市凤林镇。前些年由于工业废水、养殖污水污染严重，卅二都溪水质明显下降，是当地“黑臭河”之一。2014年初，凤林镇开展“五水共治”，推进卅二都溪治理。该镇投入大量的人力物力，但由于上游污染严重，水质一直难以改善。为此，凤林镇跨境邀东阳乡共同治水，两地决定结为“友好乡镇”，《建立全面友好合作关系协议书》，第一条即是“生态共管，形成生态环保共护机制”，跨省治水由“下游治，上游看”转变为上下游联动进行。经过两地多次跨省联合执法，卅二都溪水环境终于大为好转，以水环境治理为抓手，两地还进一步商定打造生态休闲农业，共同编制了《卅二都溪流域休闲农业带发展规划》，这一协议成果可以进一步为卅二都溪水环境跨省联合治理取得长效提供保障[④]。再如广东各地为推进东江流域治理不断深化跨界合作，在河源举行的东江流域河长制、湖长制工作第二次联席会议上，韶关市河长办与河源市河长办共同签署华南地区最大水库——新丰江水库跨界河湖合作治理协议，标志着广东跨界河湖合作治理工作实现重大突破。该协议旨在实现韶关新丰县和河源连平县交界河段水面漂浮物合作治理，建立日常保洁机制，确保河道干净整洁。核心措施是，由河源市连平县招标委托第三方实施统一清理和日常保洁工作，由连平县制定交界河

---

① 王莉：《加拿大流域管理法律制度解析》，《郑州大学学报》2014年第6期。

② ［加］D. R. 科卡尔等：《加拿大农业和水资源管理案例研究》，《水利水电快报》2013年第3期。

③ 张伟天：《加拿大流域水资源管理与水权制度》，《中国给水排水》2006年第6期。

④ 《浙赣两地村民联合治水出成效　卅二都溪重现“梦里水乡”》（http://jsnews.zjol.com.cn/jsxww/system/2016/10/18/020814844.shtml）。

段水面漂浮物统一治理工作方案，测算相关费用和双方水域面积占比，并按比例分摊相关费用。此外，两市为保障协议落实，组建合作协调监督组，协调解决在合作治理中遭遇的问题①。

无论类型如何，各种府际契约均为二元或多元关系的体现，是契约各方自愿互惠的行为结果。在平等互惠导向之下，各方就共同问题进行协商讨论，机会主义风险就会降低，有利于形成一系列彼此包容的偏好②。但需要注意的是，由于地方政府行为同样体现自利性，地方官员亦是如此，从而府际契约能否得到参与各方由衷的遵守和执行，实际上并不容易获得肯定的答案，机会主义行为并不易于消除，只能设法降低。例如就文本层面而言，由于人们的有限理性、信息的不完全性及交易事项的不确定性，明晰所有的特殊权力的成本过高，拟定完全契约是不可能的，不完全契约是必然和经常存在的。府际契约同样如此，契约的漏洞是必然存在的，对此，契约主义者的惯性思路是再制订一部契约来填补漏洞，但新契约同样会出现漏洞，于是，再订立更新的契约……如此循环往复，结果必然是契约引起更多的契约，以至于那些密密麻麻的契约，既使执行者无法尽数掌握，契约订立各方也依旧可以从契约中找到漏洞并采取相应的机会主义行为③。不仅如此，府际契约还会受到缔约各方官员任期制的影响。改革开放以来，我国逐步废除了领导职务终身制，但由于一些地方片面强调干部年轻化，官员晋升赛制亦存在不尽合理之处，导致官员"小步快跑"的任期过短、职务更换频繁的现象非常严重，最为典型的是"邯郸现象"，20 世纪 90 年代初以来，20 年内先后有 12 人担任邯郸市市长，平均任期仅为 1.5 年；温州市委书记也在 2010—2018 年 9 年时间内更换了 5 人，平均任期 1.8 年。近年来，中央巡视组曾先后指出辽宁、福建、贵州等 8 省存在地方领导任期制执行不力的突出问题④。由于任期过短，很难避免地方官员在府际契约订立与执行过程中的短期考虑及行为，"新官不理旧账"

---

① 《华南地区最大水库跨界合作治理协议签署》（http://www.sohu.com/a/280695355_123753）。

② 马捷、锁利铭：《城市间环境治理合作：行动、网络及其演变——基于长三角 30 个城市的府际协议数据分析》，《中国行政管理》2019 年第 9 期。

③ 王勇：《治理语义的"食品安全文明"——风险社会的视界》，《武汉理工大学学报》2009 年第 3 期。

④ 曹静晖、刘娟、胡伶俐：《地方官员任期制的执行困境及其治理路径》，《华南理工大学学报》2018 年第 3 期。

的现象易于出现。如何求解府际契约执行中的机会主义与“敲竹杠”问题？根据已有探讨，一是借助外力，尤其是来自上级党委、政府的高位推动与干预，乃至由其掌握“剩余控制权”；二是鼓励达成多边府际契约，以多数缔约方的联合力量特别是经济手段的协同运用对抗、制裁契约背叛一方；三是设立府际契约执行的绩效评估机制和追踪落实机制[①]；四是“长期重复的动态博弈是形成合作信任的重要基础，契约在这里看似有形的制度，却形成了区域合作的一种无声的信仰，使各参与者能够让渡自己的部分权利并互相妥协，产生合意与合作。因此，应通过区域政府间协议的积极实践，使中国区域各主体间经过契约型信任模式的历练，让契约和信任精神真正内化于心”[②]。

结语

现实来看，在流域水资源公共治理进程中，府际治理型协同机制着重采取流域公共协商机制与政府间协作联盟这两种相互联系、互为基础的实现形式，从而有可能发挥独特的效用。

其一，促进府际对话交流，从而化解信息不对称。

信息不对称借指一方当事人持有另一方不知晓或无法验证的信息。流域地方政府间往往相互借助这一便利，对辖区内微观主体流域水资源开发或破坏造成的负外部性采取消极处置的地方保护行为，以此降低辖区经济增长的总成本或提高经济增长的总收益，甚或为特定政治关联企业做“挡箭牌”。并且此种地方保护所可能取得短期收益的诱惑也着实难以抵挡，所以渐渐会在地方政府间相互传染开来。如此，“囚徒困境”就不可避免地出现了。依此而言，建立和拓宽流域各地方政府间正常的信息沟通渠道，促进彼此对话与交流就显得非常重要。流域公共协商机制与流域水资源公共治理政府间协作联盟两类策略工具的运用正为此提供了可能。换言之，它们增进了流域各地方政府间对等的信息交换进而有助于激发流域水资源治理共识与共同行动。

其二，运用府际协商手段，利于确立起信任关系。

---

① 杨爱平、黄泰文：《区域府际契约执行中地方政府的决策偏好分析——以珠三角一体化为例》，《天津行政学院学报》2014年第4期。

② 王友云、赵圣文：《区域合作背景下政府间协议的一个分析框架：集体行动中的博弈》，《北京理工大学学报》2016年第3期。

正如加德纳所言："整体性必须体现多样性。要防止整体性掩盖多样性，就必须有一种多元论的哲学，有一种容许异议的开放氛围并且有一种允许子社区在更大的团体目标背景下保持其地位和份额的机会。要防止多样性破坏整体性，就必须有一些减少两极分化、教育各种团体相互了解、建立联盟、消除争端、协商和调节的制度安排。"① 流域公共协商机制以及流域水资源公共治理的政府间协作联盟恰恰都指向协商手段在流域各地方政府间的应用，从而利于消除流域各地方政府间不确定性充斥造成的"存在性焦虑或忧虑"②，因此可以产生相互间稳定的信任意愿，从而流域各地方政府间就可能乐于采用设立议事协调机构、缔结府际契约等途径达成集体行动。府际协商过程中日益扩大的视野也有助于各方发现共同新利益，或者以和他人更一致的方式优先考虑他们自己的利益③。

其三，重视公众参与，实现流域民主化管理。

"通过对过去二十年的各种国际流域发展活动的回顾，可以确定流域发展应遵循的基本原则包括：流域内自然资源可持续管理原则；优先发展流域社区可持续生计的原则；社区主导流域管理的原则；社区以上各级为社区发展提供支持性服务的原则；通过参与流域管理提高社区和农民的发展管理能力的原则；建设基层机构能力，复制和推广好的流域管理经验的原则。"④ 概括这些原则，最为突出的就是强调利益相关者的参与。府际治理型机制的引入，也正为利益相关各方参与流域水资源公共治理提供了条件和基础。不仅流域公共协商机制允许公众参与并为此提供话语场所，即便流域水资源公共治理的政府间协作联盟也吁求利益相关者、媒体、专家等从外部对于各成员政府行为施以监督。从而"依赖大众途径保证责任"⑤；更主要的是，"参与而且被诉之决策的缘由的话，公众也愿意接受对自己不那么有利的决策"⑥，引入利益相关者参与对于府际契约在社会层

---

① ［美］登哈特夫妇：《新公共服务——服务，而不是掌舵》，丁煌译，中国人民大学出版社 2004 年版，第 31 页。

② ［英］安东尼·吉登斯：《现代性的后果》，田禾译，译林出版社 2000 年版，第 87 页。

③ ［美］马克·E. 沃伦：《民主与信任》，吴辉译，华夏出版社 2004 年版，第 318—319 页。

④ 英国赠款小流域治理管理项目执行办公室：《参与式小流域管理与可持续发展》，中国计划出版社 2008 年版，第 8 页。

⑤ ［美］B. 盖伊·彼德斯：《官僚政治》，聂露等译，中国人民大学出版社 2006 年版，第 378 页。

⑥ 同上书，第 55 页。

面的顺利执行也将益处良多。

但府际治理型协同机制同样存在着固有缺陷。例如，斯托克就认为一旦出现这些情形：协调组织未尽完善、领导者的失误、关键性的伙伴在时间进度和空间范围上的意见不一以及社会冲突的深度等，就将导致治理失灵[①]，这同样适用于府际治理。范德芬一样肯定了府际治理的网络结构会陷于失灵或死亡的境地，成堆的原因在于："组织间关系中不断增加的形式化与控制导致网络参与者之间的冲突和不和谐，面对日益增强的相互依赖而寻求组织的自主性；组织间日益增加的资源交易意味着他们的领域从互补转向趋同，而这会增加敌视性的冲突和竞争。"[②] 此外，外部环境突发变化和不确定性激增也可能成为府际管理的严重威胁。

府际治理型协同机制还受到流域内各地方政府组织性社会资本存量状况的影响。有研究发现，政府部门的组织性社会资本存量与其辖区土地存量、交通状况、基础设施条件有着密切关系[③]，具体到同一流域内，各个地方政府组织性社会资本的分布情形缘此存在很大差别，呈现出从上游到下游、城市到农村、经济发达地区到欠发达地区递减的趋势[④]。由此，流域地方政府间合作意愿也将表现出大小不一甚至上游到下游递减的趋势，这必然也给府际治理型协同机制的建立和运转加大困难。

概言之，府际治理型协同机制治理绩效毕竟有限，最好在实践中与科层型协同机制以及市场型协同机制结合运用，扬长避短，形成整体合力，作用于流域水资源公共治理的跨界协同。

---

① 俞可平：《治理与善治》，社会科学文献出版社 2000 年版，第 95 页。

② 张紧跟：《当代中国地方政府间横向关系协调研究》，中国社会科学出版社 2006 年版，第 132 页。

③ 李玉文：《流域水资源管理中社会资本作用机制的实证分析——黑河流域案例分析》，经济科学出版社 2012 年版，第 183 页。

④ 李玉文、徐中文：《黑河流域社会资本评价》，《生态经济学报》2006 年第 3 期。

第七章

流域水资源公共治理的地方政府公共参与型协同机制

流域水资源公共治理的地方政府协同机制可以归为当代风起云涌的府际管理潮流的一部分内容。而府际管理吸纳了治理理论的精华，后者主张政府组织由金字塔式向扁平式转型，进而淡化政府权威，由政府单边管理走向多边（政府、企业、公民、社会团体等）参与，是故，府际管理除了要求重塑各级政府关系以外，还异常重视公、私部门协作，力求建立一种平等伙伴关系①。在此意义上，流域水分配与治理的地方政府协同机制行为主体绝非仅限于政府部门及其人员，外部企业与社会力量的广泛参与是题目应有之义，是其得以形成的推动力量，也是其运作的重要表现形式。有鉴于此，流域水资源公共治理的地方政府协同机制理应具备一种独特的类型：公共参与型。所谓流域水资源公共治理的地方政府间公共参与型协同机制，即为政府之外的各种利益相关方广泛参与流域水资源公共治理，以其自身力量与影响力直接或间接推动流域水资源公共治理的地方政府协同的各种策略形式的总和，按照前文制度界分，流域水资源公共治理的地方政府公共参与型机制属于府际治理型协同机制范畴，但也有着自身独具的机制属性与意义，有必要单列加以研究。

以当下流域水污染跨界治理来说，流域水资源公共治理的地方政府公共参与型协同机制直接意义上就体现为地方公共参与型环保模式。十八届三中全会首次提出实现国家治理现代化的要求，应对当前复杂、尖锐的水污染问题，尤须贯彻这一要求，推动政府部门与社会力量互动协

① 汪伟全：《论府际管理：兴起及其内容》，《南京社会科学》2005 年第 9 期。

作，走公共参与型环保之路。本书拟以浙江省 W 市近年来“五水共治”[①] 为例，总结其所显现的公共参与型环保生成与演展逻辑，为进一步助推和强化我国流域水资源公共治理的地方政府公共参与型协同机制提供启发。

第一节　概念界定、文献综述与问题提出

本书将公共参与型环保理解为从传统环境管理走向环境治理的中间形态，区别于一些学者提出的“参与型治理”概念。因治理本身即意指公共事务的多中心参与，“参与型治理”这一概念可谓同义反复。本书所指公共参与型环保继承传统环境管理下政府发挥主导作用的规模与动员优势，同时又吸纳社会各界的加入以实现环保合力，将其视作介于传统环境管理与环境治理的中间环节更显合理，而且符合环保管理自然变迁规律。“传统环境管理着重关注具体管理技术、政府规制行为以及产权划分等对环境问题的影响，而参与式管理突出地方知识的重要性和公众参与环保的力量，环境治理则强调通过多元组织参与解决复杂环境问题。”[②]

公共参与型环保旨在引入和激活社会力量，弥补政府环保力量欠缺。但从现有文献来看，法律学者更强调社会力量对政府环境事务的法理权利，研究集中于社会组织发起环境公益诉讼、参与“环评”或环境行政的相关理论探讨与立法建议[③]。社会学者聚焦于环境抗争事件，分析抗争类型与抗争困境、抗争文化及其心理基础、抗争的社会网络与策略，抗争的

---

① 政策文本层面具体指治污水、防洪水、排涝水、保供水、抓节水这五项，以治污水为主。

② 杨立华、张云：《环境管理的范式变迁：管理、参与式管理到治理》，《公共行政评论》2013 年第 6 期。

③ 黄娜、杜家明：《社会组织参与环境公益诉讼的优化路径》，《河北法学》2018 年第 9 期；蔡守秋：《从环境权到国家环境保护义务和环境公益诉讼》，《现代法学》2013 年第 6 期；吕忠梅：《环境公益诉讼辨析》，《法商研究》2008 年第 6 期；王灿发、程多威：《〈新环境保护法〉下环境公益诉讼面临的困境及其破解》，《法律适用》2014 年第 8 期；别涛：《环境公益诉讼立法的新起点——〈民诉法〉修改之评析与〈环保法〉修改之建议》，《法学评论》2013 年第 1 期；汪劲：《新〈环保法〉公众参与规定的理解与适用》，《生态保护》2014 年第 23 期。

治理机制等[①]，实则呼应了法律学者，都十分重视社会对政府监督、制约的一面，虽具研究意义，却可能迷离公共参与型环保更为看重的政府与社会合作的价值指向。经济学者构造了影响广泛、近于常识的官员晋升锦标赛范式，剖析改革以来我国经济发展迅猛、环境问题却持续恶化的体制症结，主张将公众满意度纳入官员考核过程[②]。然而也有分析指出，官员晋升锦标赛范式解释力不足，央—地关系和政—企关系变化更可以解释中国经济增长[③]，官员晋升也还有政治网络、技术背景、年龄性别等方面因素。而从本书来说，则需推敲的是，这一范式隐现的假定是追求 GDP 与生态保护存在悖反关系，这是否一概而论？

政治学者多从治理范式出发，认可公共参与型环保是进一步保护公民环境权以及社会可持续发展的需要[④]，可以推动地方政府环境与发展的综合决策、环境公共品的多中心合作供给，以及环境治理的协商与合作，是破解信息不对称、督促政府上下采取积极环保措施的重要手段[⑤]。然而公共参与型环保在各地推进的现状并不容乐观，一些地方政府对于鼓励社会群体参与环境行动存在着矛盾心态：期望民众环境参与，又担心社会组织不好管理，容易失控酿成社会问题[⑥]。也须检讨社会自身原因，受差序格局影响[⑦]以及出于理性算计，多数公众参与环保意愿并不强烈，“个体公众参与环保行为的表现较差，尤其是公众环保行为的表现更差”[⑧]；不过，近年来确应注意到一些地方公众关注环境问题的热情已不断趋强，但诸多因

---

① 卢春天、齐晓亮：《公众参与视域下的环境群体性事件治理机制研究》，《理论探讨》2017 年第 5 期；景军：《认知与自觉：一个西北乡村的环境抗争》，《中国农业大学学报》2009 年第 4 期；张玉林：《政经一体化开发机制与中国农村的环境冲突》，《探索与争鸣》2006 年第 5 期；朱春奎、沈萍：《行动者、资源与行动策略：怒江水电开发的政策网络分析》，《公共行政评论》2010 年第 4 期；郭巍青、陈晓运：《风险社会的环境异议》，《公共行政评论》2011 年第 1 期。

② 周黎安：《中国地方官员的晋升锦标赛模式研究》，《经济研究》2007 年第 7 期。

③ 陶然等：《经济增长能够带来晋升吗？——对晋升锦标竞赛理论的逻辑挑战与省级实证重估》，《管理世界》2010 年第 12 期。

④ 张慧卿、金丽馥：《苏南参与式环境治理：必要性、经验及启示》，《学海》2014 年第 5 期。

⑤ 柳歆、孟卫东：《公众参与下中央与地方政府环保行为演化博弈研究》，《运筹与管理》2019 年第 8 期；肖建华：《参与式治理视角下地方政府环境管理创新》，《中国行政管理》2012 年第 5 期。

⑥ 林卡、易龙飞：《参与与赋权：环境治理的地方创新》，《探索与争鸣》2014 年第 11 期。

⑦ 冯仕政：《沉默的大多数：差序格局与环境抗争》，《中国人民大学学报》2007 年第 1 期。

⑧ 邝嫦娥等：《长株潭城市群公众参与环保行为的实证研究》，《湖南科技大学学报》2013 年第 2 期。

素又削弱了公众参与环保的自我效能感[①]。而从企业来说，主动承担环境责任往往并不容易，“最普遍的企业行为是，生产者把转嫁为生态损耗的成本外部化作为实现利润最大化的本质手段”[②]；甚或地方政府和企业具有利益一致性，两者常自然地形成合谋关系。无论通过正式制度激励结构还是非法的腐败方式，一些地方政府都倾向于支持甚至帮助企业规避环保法规[③]；并且，当企业政治关联程度较高时，寻租动机也愈强，从而对环保治污产生负向抑制作用[④]。公共参与型环保模式下最可能充当公众利益代表的环保组织，政府和公众对其参与环境治理的信任度仍属不高，且缺乏制度保障，资金和专业能力普遍不足[⑤]，尽管近年来我国政府出台了很多制度安排来调控环保组织所能获取的政治机会与资源，进而规范其参与环境治理的行为，然而一旦发现环保组织正从事一些可能挑战政府权威的活动，政府就会施以机会收缩型制度反向劝阻[⑥]。针对公共参与型环保各方主体不一而足的问题，汇集到一点就是需要地方各级主政官员的积极推动[⑦]，其所领导的地方政府是核心行动者，其意愿与行为将直接影响政府生态治理的政策走向与政策效能[⑧]。西方国家经验亦表明，公众通过多种途径积极参与环境保护与环境决策既是环境运动蓬勃发展的结果，也是政府制度设计的产物[⑨]，例如在新西兰，政府就支持公众参与法律政策的制定，充分保障公众知情权，与公民合作实施环保项目[⑩]。需要肯定的是，在应对周遭发生的环境邻避事件过程中，我国一些地方政府已愈多作出公

---

① 任雪萍、张诗雨：《产业转移中提升公众环保参与的自我效能感研究》，《学术界》2019年第5期。

② 钟茂初、闫文娟：《企业行为因应生态环境责任的研究述评与理论归纳》，《经济体制改革》2011年第3期。

③ 任丙强：《生态文明建设视角下的环境治理：问题、挑战与对策》，《政治学研究》2013年第5期。

④ 蔡宏波、何佳俐：《政治关联与企业环保治污——来自中国私营企业调查的证据》，《北京师范大学学报》2019年第3期。

⑤ 谢菊、刘磊：《环境治理中社会组织参与的现状与对策》，《环境保护》2013年第23期。

⑥ 叶托：《环保社会组织参与环境治理的制度空间与行动策略》，《中国地质大学学报》2018年第6期。

⑦ 朱德米：《公共协商与公民参与——宁波市J区城市管理中协商式公民参与的经验研究》，《政治学研究》2008年第1期。

⑧ 金太军、沈承诚：《政府生态治理、地方政府核心行动者与政治锦标赛》，《南京社会科学》2012年第6期。

⑨ 楼苏萍：《西方国家公众参与环境治理的途径与机制》，《学术论坛》2012年第3期。

⑩ 曹小佳：《新西兰公众环保参与的感悟与启示》，《环境保护》2019年第Z1期。

共参与型环保的主动尝试，以柔性维稳取代了刚性维稳，公开相关信息，提供平台与公众沟通。民众则从纯粹的反对政府政策转向政策倡导，寻求与政府开展理性对话的机会[①]。在一些地区水环境治理中，政府治理技术层面已由公共议题的特殊性质与有效治理的目标取向引致了“运动式治理”向“制度化治理”、“行政管控”向“参与式治理”的转变[②]。

本书将要引入的W市“五水共治”案例，其公共参与型环保特征十分鲜明，亦已取得阶段性效果，地方政府正是在其中发挥了核心行动者作用，政府部门不再懈怠于环保，反而举科层之力推动治水；与此同时，治水相当程度上亦吸引了既往作为“沉默的大多数”的民众乃至企业部门的参与。地方政府何以“华丽转身”高调治水？各种社会力量又何以展现相对积极的姿态投入治水？概言之，政府与社会是如何牵手实现公共参与型环保的？背后的动力与条件何在？W市“五水共治”彰显的公共参与型环保生长逻辑，值得理论层面认真总结，据此，亦可以为各地完善流域水资源公共治理的公共参与型协同机制提供借鉴。

第二节　公共参与型环保地方经验叙事：W市“五水共治”

W市地处浙南沿海，下辖12个县（市、区），境内有大小河流1104条，总长度达5652千米，水域面积达622平方千米。改革开放以来，W市民营企业蓬勃发展，地方政府“无为而治”提供了管理支持，或也缘于此，产业“低小散”现象突出，并造成惊人的水污染。虽经历年治理，在2013年76个市控以上地表水监测断面中，劣V类水断面31个；全市平原河网以劣V类水质为主，部分河段污染严重，已丧失使用功能[③]。2013年10月，W市政府出台《关于建设美丽浙南水乡的实施意见》，启动“五水共治”，截至2019年，W市累计完成治水投资超1300亿元，共消灭黑

---

① 张紧跟：《从抗争性冲突到参与式治理：广州垃圾处理的新趋向》，《中山大学学报》2014年第4期。

② 黄俊尧：《作为政府治理技术的“吸纳型参与”——“五水共治”中的民意表达机制分析》，《甘肃行政学院学报》2015年第5期。

③ 参见《温州环境状况公报（2013年）》。

臭河627千米，剿灭劣Ⅴ类小微水体2947个，2018年全市平原河网氨氮、高锰酸盐和总磷平均浓度较2013年分别下降74.3%、28.9%和60.0%，河道环境有了明显改善。列入国家“水十条”考核的断面达到国考目标要求，省控及以上断面Ⅰ—Ⅲ类水质比例达79.2%，全市县级以上集中式饮用水源地水质达标率稳定在100%，全市总体水环境质量持续向好[①]。W市实施“五水共治”全省最早，历经五任市委书记，不改治水姿态，社会力量则在政府带动下踊跃配合，进而形成公共参与型环保，这是W市“五水共治”最值得关注的经验。

一　政府科层管理：公共参与型环保主导力量

依靠分权改革赋予的自主权能，以及娴熟的政治动员经验，地方政府既可能酿成生态危机，但也具有快速纠偏的能力，仍应视为地方生态治理的主导力量：首先，相比中央政府，地方政府在获取和了解辖区生态治理的需求和效用方面更具优势；其次，环境保护在经济学意义上为消费非排他、非竞争的纯公共物品，地方环保重点由地方政府供给也属必要；再次，地方政府对所拥有的权力手段、规模效应、资源优势等非其他社会主体能比拟，以其科层力量主导地方生态治理是交易费用较低的务实选择。W市政府推进“五水共治”，正充分发挥了科层管理政策供给与组织实施的主导作用。

当然，政府科层管理也因其上下信息传输障碍与监督成本高昂易于失灵，此所谓科层制两难[②]。以环保领域来说，研究发现，下级官员往往利用信息优势与非正规关系网络，与上级伺机展开序贯博弈，从而使得环保指标的执行大打折扣[③]，通行解释是，晋升是官员目标函数的集中体现，现行官员晋升自上而下重点采用了GDP标准，由此就导致官员致力于推动经济增长，以其为进取性职能，指标偏软的环保工作则属于防御性职能，

---

① 傅芳芳：《温州市“五水共治”工作新闻发布会》（http://www.cncn.gov.cn/art/2019/11/21/art_1255629_40400427.html）。

② ［美］盖瑞·J.米勒：《管理困境——科层的政治经济学》，王勇等译，上海人民出版社2002年版，第49页。

③ 周雪光、练宏：《政府内部上下级部门间谈判的一个分析模型——以环境政策实施为例》，《中国社会科学》2011年第5期。

地方政府常以“污染合理”与“不出事”两种逻辑在场[1]，缘此，官员往往将操纵环保统计数据作为完成环保任务的一个捷径，这成为地方环境治理失败的一个根源[2]。

一定时期内，环境保护确可能与经济增长构成矛盾，降低官员环境投资意愿。一项联合研究就曾发现，一个中国地市政府环保投资占当地GDP的比例每升高0.36%，市委书记升迁机会便会下降8.5%[3]。然而，罔顾环境代价的单纯经济增长终究会达至生态阈值，并会引发民众普遍不满，造成官方被动。换个角度思考，环保工作对于地方政府及其主要领导，也具有潜在收益，从而也有可能获其重视与投入：一是财富效应，地方政府致力于改善生态，可以优化投资环境，并且更适合投资于房地产业、服务业；二是改革效应，地方政府进行生态治理无不从产业转型升级下功夫，因此可以促进产业改良和创新，带来新的经济增长机遇；三是文化效应，地方领导推动环境治理，可以实现社会效应（上级和公众的广泛认同）以及通过离任生态审计[4]；四是现阶段，“两山”理论已成为官方自上而下极力倡导且深得人心的主流意识形态，地方领导加大对于环境保护的注意力投入，理论上可以取得潜在的、更高的晋升等方面的体制收益。

再从政府环境科层管理的效应来说，尽管难以摆脱信息传输与监督困境，科层管理的优势亦不容否定。制度经济学认为，“就激励的意义而言，科层制减弱了作为双方均不受对方控制的正常谈判之缩影的侵犯性的态度倾向。科层制最显著的优势也许是，在科层制内部可以用强制实施的控制手段比市场更为灵敏，当出现冲突时拥有一种比较有效的解决冲突的机制”[5]。概括来说，科层制提供了附加的激励和控制技术，从而可用来应付机会主义，有效聚合成员间意志及行动，减少相互间摩擦阻力。一般说来，政府科层体系的缺陷在于：僵——容易脱离群众沦为官僚主义，散——各自为政难以实现力量整合，慢——因循守旧不能适应外部环境挑

---

① 张金俊：《转型期国家与农民关系的一项社会学考察》，《西南民族大学学报》2012年第9期。

② 冉冉：《“压力型体制”下的政治激励与地方环境治理》，《经济社会体制比较》2013年第3期。

③ 同上。

④ 张劲松：《去中心化：政府生态治理能力的现代化》，《甘肃社会科学》2016年第1期。

⑤ ［美］奥利弗·E. 威廉姆森：《反托拉斯经济学》，张群群等译，经济科学出版社1999年版，第29—30页。

战，狭——不善于处理草根细碎事务。而在我国，党政科层制具有整合政党和政府双重优势的特点，以党的组织体系“贤、活、力、全”等优势可以弥补政府体系“僵、散、慢、狭”的不足，进而兼具价值导向和行政效率，协调弹性权变和依法办事[1]。

W 市政府实施“五水共治”，其科层管理主导作用和努力体现于：

（一）加强制度供给，保障治水工作

第一，健全四级河长制。河长制由无锡“蓝藻事件”后大举引入各地治水，在太湖、滇池治理中均显示其有助于明确治河责任和增进治理合力，W 市地方领导积极予以推行，指其为“推进‘五水共治’的龙头和关键”。全市 8700 名党政干部被任命为四级河长，对于各自联系河道整治负领导与协调责任。市委领导多次实地检查、督促和协调亲任河长的 XP 江治水工作；L 区 300 多名河长人手一本《河长工作日记》，驱使河长经常下河；W 市下辖 T 县将河长业绩作为干部考核重要依据。

第二，首创“三长共治”制。全市三级公安机关一把手带头担任河道警长，对接和协助河长进行水环境保护的指导、协调、监督，开展治安巡查，打击破坏水环境的违法犯罪行为，处置涉水纠纷，排查水污染隐患。W 市河道警长制还建立起市、县、乡镇三级联动打击模式，实现多警种、多层级立体打击。对跨地域、网络化、形成产业链的涉水犯罪案件以及属地打击存在较大阻力的案件，河道警长制采用异地用警、异地羁押、挂牌督办方式，攻坚克难。在河道警长制基础上，W 市进一步安排由各级挂钩联系单位负责人担任“督查长”，从而创新形成“河长”+“河道警长”+“督查长”的“三长共治”的责任新体系，加强治水责任落实和衔接，改进河长制运行成效。

第三，强化责任追究制。出台《W 市河道整治工作责任追究暂行办法》，明确各类治水主体责任；每月公布各地治水项目进展排名，对落后单位通报约谈；组建专项督查组，联合市民及媒体明察暗访；加强部门联合执法，出动执法人员 10 多万次[2]，刑拘人数在全国、全省均排前列；建立质量监督制度，把好工程施工、监理、验收等环节，并定期开展工程建设质量“飞检”；发挥媒体监督作用，“电视问政”、“新政聚焦”等时政

---

① 刘炳辉：《党政科层制：当代中国治体的核心结构》，《文化纵横》2019 年第 2 期。

② 此处及下文数据，除特别说明外，均引自《温州日报》相关报道。

电视栏目、《W 日报》、“W 网”等媒体，跟踪报道“五水共治”。

第四，制定水保护法规。市政府通过《W 市城市蓝线管理办法》，为城市水系管理提供重要依据。蓝线范围内禁止从事违反城市蓝线保护和控制要求的建设活动；擅自填埋和占用城市蓝线内水域；影响水系安全的爆破、采石、取土；擅自建设各类排污设施等。市人大利用 W 市首次取得地方立法权的契机，启动《W 市 SX 饮用水水源保护条例》立法草拟工作，该法规通过后将可以为执法部门打击 W 市“大水缸”SX 水库非法捕捞、投饵垂钓、网箱养殖等行为提供法律保障。

（二）系统谋划治水，倒逼产业转型

第一，产业整顿，企业入园，实现水岸同治。2015 年，全市技改投资占工业性投资比重攀升至 75.3% 以上，超额完成国家、省下达的淘汰落后产能任务，建成电镀园区 12 个、制革园区 1 个、印染园区 1 个，逐步实现“集中生产、集中供热、集中治污”；与此同时，按照“拆改结合、能拆则拆、能改则改、退岸纳管、拆违建绿、退围还绿”等多种模式，抓好水乡核心区河道沿线城中村改造，通过这些努力实现“水岸同治”，保障治水和倒逼产业转型。数据显示，W 市近些年拆除、“三改”面积居全省第一；传统产业焕发活力，截至 2015 年 7 月，市重污染行业年生产总值较整治前提高 42.5%。

第二，管网配套，集中整治，坚持城乡联动。2014 年一年即完成 396 千米城镇污水配套管网建设，完成率达 152%；组织“两河”整治会战，省内率先消除垃圾河，整治 471 条共 573 千米黑臭河；2015 年底，建成 24 个镇级污水处理厂、500 个滨水公园、24 条省级示范生态河道，各项数据均居全省第一；2018 年累计铺设城镇截污纳管主干管 22.7 千米、雨污分流改造 26 千米、接户管 28.5 千米；2014 年以来启动农村生活污水治理三年行动计划，完成 1101 个村生活污水处理设施建设，占年度计划的 119%，完成 1756 个规模化畜禽养殖场提升改造，完成率 100%。投资 9.2 亿元完成 40 个“水乡文化提升工程”。城乡深化“河长制”，全力剿灭劣Ⅴ类水体成果；持续实施水质提升工程，全年清淤 27 万方。

（三）信息技术助力，实现智能治水

随着移动互联网技术的迅速发展，各地治水工作中踊跃采用大数据治水、GPS 卫星定点监控、无人机航拍、移动信息系统应用等推动“互联网+治水”，既是对治水管理规范化、高效化、精细化要求的回应，也是解决治水权威缺失、探寻协同治理途径的有益探索[①]。W 市政府较早健全河长制，也同样是引入“互联网 + 治水”的先行者。2017 年，W 市即已研发并投入使用“河长通”APP，每位河长巡河签到、日志，包括发现河道污染问题，都可以直接通过手机拍摄照片并上传到“河长通”APP，上级河长和相关街道部门可以在第一时间看到。2019 年，W 市治水办在市大数据局支持下，开发成功美丽水乡“云管家”智能平台并投入试运行。“云管家”累积了所有水环境监测站点历年来 120 万余水质监测数据。环境工作人员能够通过报表、图表各种形式清晰地了解各站点水质现状、变化及趋势，通过播放时间轴，演绎时间与空间维度相交织下的水质类别变化状况。“云管家”上有重点监管的 3610 家重点污染企业，集成了 8 万余家餐饮企业、7 万余二次污染普查对象、17 万余家涉水六小企业信息。全市 374 个地表水环境监测站、273 家在线监控污染源、5000 余个建设项目、7 万余条移动执法记录、2 万余件行政处罚案件、18 万余涉水信访投诉，尽在平台上掌握并时时更新。执法人员可以在“云管家”上根据地形、水流，对所有污染嫌疑对象挨个检查，包括企业的审批信息、历史执法检查、处罚记录，都能通过手机端毕现，经过排查，可以选择重点嫌疑对象进一步现场细查。“云管家”项目为 W 市生态水环境数字化转型建设提供了有力“样本”，实现了精细化、科学化、综合性、创新型信息化治水管理新模式[②]。

“治河先治岸，治岸先治官”，“环保执法必须长牙齿”，这是各地治水一致的经验教训。W 市政府以上科层举措，正显示出相应努力。缘此，“五水共治”也才可能取得实效。2016 年初，W 市的省“两会”代表、委员提案中已极少涉及河流污染整治，前两年则呼吁较多，从一个侧面反映出 W 市治水成效[③]。2014 年群众对“五水共治”满意率达 80.4%，对“两河整治”满意率达 81%；公众对生态环境满意度较上年度提升 4.61%，提升幅度 8.7%，居全省第一；2015 年 W 市民对一年来水环境治

① 颜海娜：《技术嵌入协同治理的执行边界——以 S 市“互联网 + 治水”为例》，《探索》2019 年第 4 期。

② 杨凡：《温州市美丽水乡有了“云管家”　海量水环境大数据将如何发力?》（http：//www.wzrb.com.cn/mobile/article960443show.html）。

③ 《提交通建设的多了　喊河流治污的少了》，《温州日报》2016 年 1 月 27 日第 1 版。

理成效满意率达88%；对推进“五水共治”决策的支持率达99.1%[①]。公众“点赞”提振了地方政府合法性；W市治水投资已超500亿元，亦为全省第一，有力拉动了地方经济增长以及改善了投资环境，获批全国水生态文明建设试点，W市在外商人纷纷回归置业，生态旅游和农业项目愈多落户，地方经济获得新的发展机遇，这是W市各级官员从治水中另外取得的回报。

二 社会公众参与：公共参与型环保配合力量

环保工作千头万绪，所需资金庞大，地方政府仅凭自身有限管理资源，未免捉襟见肘，疲于应付，社会力量参与可以在人力、财力等不同层面作出弥补。例如，由于生态环境的系统性和流动性，污染行为被发现既存在概率低的可能，又存在一定时差[②]，地方政府对于污染行为可谓防不胜防，分散的社会公众可以充当政府部门监控污染的“第三只眼”；社会公众介入环保，另可以对管理者秉公行事、严明执法予以外部监督和民意支援；可以揭示特定污染的形成机理，利于“对症下药”采取对策；可以对参与者产生教育作用，提高环保意识及能力；可以安抚公众情绪，宣泄环境诉求与不满，维护环境权利，正面促进社会稳定。就宏观层面而言，公民环境参与直接体现一个国家生态文明的发展状况，拓宽公民环境参与渠道、激发公民参与热情是生态文明建设的核心问题之一[③]。正由于这些方面的意义，2014年新修订实施的《环境保护法》首次将“信息公开和公众参与”单列一章加以规定。

据统计，在过去较长一段时间内中国大规模群体性骚乱多与环境维权有关，环境污染导致的伤害与恐惧，成为中国社会动荡的首要因素[④]。究其原因，我国各级政府尚未能将社会方方面面主体都纳入环境治理中来，缺少社会广泛参与及支持的政府决策，就有可能遭受局部利益相关者的挑战[⑤]，引发环境群体事件。事实说明，“从群体抗争到协商对话，实现公民

---

① 根据温州市统计局2014年和2015年“‘五水共治’工作群众满意度调查”结果。

② 金太军、唐玉青：《区域生态府际合作治理困境及其消解》，《南京师大学报》2011年第5期。

③ 秦铁铮：《新型城镇化背景下我国环境公共参与的制度理性选择》，《北京交通大学学报》2014年第4期。

④ 刘鉴强：《环境维权引发中国动荡》(http://www.ftchinese.com/story/001048280)。

⑤ 张劲松：《邻避型环境群体性事件的政府治理》，《理论探讨》2014年第5期。

权利和国家权力的良性互动是未来环境群体性事件破解的重要思路"[①]。由此，地方政府若要避免或成功处理环境群体性事件，需要"从基层开始把公众参与机制转变为政府的责任，需要政府对其治理方针作出调整，包括以更宽容的态度提前发布相关信息，并让公众在计划以及冲突解决的早期阶段进行介入"[②]。概而言之，"要深入推进生态环境治理的民主协商制度，将社会公众参与的各个环节都细化出具体可行的办事流程、运行规则与行为准则"[③]。

从W市来说，鼓励公众参与"五水共治"，形成公共参与型环保，恰恰契合地方政府一贯的追求。鉴于社会自组织力量发达、民营经济和民间智慧活跃的地方性优势，W市政府向来重视与民间互动，近年来基于财力紧张以及民间呼声，更是有意识地将民间力量纳入城市化建设与公共服务，"五水共治"牵涉广、难度大、投资多，同样须如此。决策者为此要求打好民间人士、民企组织、民营资本三张"民"牌，"在强化政府职责的同时，充分发挥W市'民资、民力、民办、民营、民享'的优势，使政府'有形之手'与市场'无形之手'共同发力，形成全民治水的生动局面"[④]。由此造成"五水共治"从议程设置到决策执行，均可见各类社会主体参与其中，不但帮助政府坚定了治水决心，而且起到了多方面的配合、支持作用。

（一）回应网络民意，建构治水政策议程

W市"五水共治"议程设置源于地方主政者的主动作为，亦是对网络民意善意回应的结果。2012年5月，时任市委书记C调研城市污水处理时说："不以部门报上来的数据为准，要以环保局长和公用集团董事长带头下河游泳作为河水治理好的标准。"C书记并且强调在哪条河道游泳，要由大家说了算。此事报道后，网友就忙着给环保局长和公用集团董事长找"游泳胜地"，列出一批重污染河道。这一过程加深了决策者治水决心，C书记不久即表态："WR塘河（注：横贯W市区的水系）现状令人痛心，

---

① 马奔、付晓彤：《协商民主供给侧视角下的环境群体性事件治理》，《华南师范大学学报》2019年第2期。

② ［美］埃里森·莫尔、阿德里亚·沃尔：《中国环保公众参与中的法律倡导》，《国外理论动态》2009年第5期。

③ 秦书生、鞠传国：《环境群体性事件的发生机理、影响机制与防治措施——基于复杂性视角下的分析》，《系统科学学报》2018年第2期。

④ 陈一新：《以治水推动经济转型升级》，《温州日报》2015年11月17日第1版。

塘河成了城市的下水道。塘河的问题，必须在我们这一代人得到治理。”2013 年初，有 W 市在外企业家微博出钱邀请家乡环保局长下河游泳，推动网络治水民意进一步发酵。随后全国“两会”期间浙江省省长李强坦承：“环境治理距离每条河都能下去游泳的要求，还有较大距离。”习近平总书记亦予以关注：“现在网民检验湖泊水质的标准，是市长敢不敢跳下去游泳。”高层与网络民意的充分关注，最终推动了 2013 年底 W 市乃至浙江全省“五水共治”决策的出台。

（二）鼓励企业参与，弥补治水力量不足

W 市“藏富于民”，W 市人秉性中又有着深刻的家乡情结。W 市政府大张旗鼓推进“五水共治”，同时利用各种管道向在外 W 籍企业家宣传鼓动，引发企业家纷纷解囊，截至 2015 年 6 月，以 W 籍商人为主的各类社会捐资已达 6.87 亿元，对于地方政府“治水”资金起到一定的补充作用。一些企业不但出钱而且出力，比如 D 公司自愿拿出 88 万元，承诺包治 1.3 千米的 CJ 河；S 集团向治水基金捐资 1000 万元，同时主动承担 S 集团 XQ 旧工业区、LQ 新工业区以及未来 S 学校周边河流的清淤、驳坎、美化工作。为鼓励民资参与治水，W 市政府发行并成功募集“蓝海股份”；各县市区“治水办”与银行资本互利合作，2015 年上半年，W 全市金融机构共为 98 个“五水共治”项目提供了约 116 亿元资金。借力民资另包括引入北京 B 公司等企业，采用 PPP 模式开展各县（市、区）污水处理、黑臭河治理、污泥资源化等项目的建设与运营。

（三）支持民间组织，推进治水志愿治理

W 市行业协会数目众多，地方政府一直以来通过各种措施扶持其发展，发挥其行业自治以及政府与市场中介的功能。政府与行业协会合作同样可以推进环境自主治理，以更灵活的方式和更低的成本达到治理目标。这在 W 市“五水共治”中有鲜明体现。大量自下而上设立、具有更高自主管理能力的行业协会领导与规约企业，显著提升了环境治理绩效①。近年来，W 市环保组织亦在官方有意识支持下取得快速发展，在“五水共治”中形成更为直接的志愿治理机制。全市另招募民间河长 3850 名，监督解决问题上千个，全市民间河长体系初步建立，为官方河长履职发挥了

① 周莹、江华、张建民：《行业协会实施自愿性环境治理：温州案例研究》，《中国行政管理》2015 年第 3 期。

重要帮手作用。全市组建公益环保组织50多家、治水志愿者队伍800多支，共有3万多名志愿者，仅在2015年上半年民间组织发动志愿者治水就超过26万人次，他们与官方合作，组织巡河，外包河道保洁，举报违法线索，监督工程建设。一些企业主亦自发成立环保协会参与治水。例如，W下辖R市T镇就成立了企业主为骨干的镇环保协会，成员达2万多人，募集资金1500多万，协会开展环保宣传，组织志愿者游塘河，协助H村老人协会清理河道，购置分发2000个环卫垃圾桶，发动X村企业共建污水处理中心。

（四）发动全民治水，广泛吸取民间智慧

除了民间环保组织，驻W高校、村委会、民兵连等传统单位组织与治理组织亦在政府统一部署下发动全民治水。例如，围绕“全面剿灭102个劣五类水质断面”的工作目标，W市吸纳驻W高校青年大学生启动了“河小二”助力剿灭劣V类水行动暨“新青年下乡”治水剿劣行动，实行20位县级“河小二”河长助理和101支“河小二”团队结对，剿劣一线上的青年们，分批跟着河长巡河护水，为剿劣提供决策参考。再如W下辖Y市给每条河流配备一名民兵连河长，负责河道养护；建立民兵巡河日制度，发现问题及时上报；每月召开一次全市专武干部治水会议。如今，Y市十万民兵大治水已初见成效，在暗沟暗河整治攻坚战中出动民兵上万人次。治水需要众人热情，亦需要广聚智慧。为此，W市政府注重相关平台建设。2014年以来先后举办“五水共治”群英会、“五水共治”专家咨询会、“河长论坛”、“江湖大会”、“金点子征集评选”等活动，征询各界治水智见；领导成立市“五水共治”技术服务团，该团汇集相关市直部门、W大学、J公司等机构，提供水污染生物监测技术、黑臭河道微生物治理和修复技术、雨水利用技术、透水性路面技术等实用技术支持；L区“五水共治”两新社会组织公益联盟是该区政府主导设立的民间治水平台，聘请的“技术顾问”通过实地考察，问诊“五水共治”，提交诊断治理参考方案。

第三节　生成逻辑：公共参与型环保何以运转？

求解严峻、深刻的环境问题，传统环境管理常显低效，这几方面根由较多为学者总结：一是发展主义意识形态与“次生焦虑”。改革开放以来，我国政府部门抱持发展主义意识形态，接续近代以来怕落后、求速成的“次生焦虑”心理状态[①]。各级政府纷纷以招商引资为第一要务，并依靠GDP导向的考核体系将各级官员晋升利益锁定于经济发展目标，驱使官员不惜牺牲环境图谋增长。二是环境管理体制不顺。环保部门很长时间内一直隶属于地方政府，在地方发展大局支配下，各种象征性、选择性、替换性和附加性环保“土政策”大行其道[②]，除此之外，环境管理事项又分散于其他部门，呈现“九龙治水”，进一步耗散了环保治理力量。三是寻租与异化行为。基层环保部门处于政府食物链底端，又较不受重视，所能分得的人财物资源严重不足，易于造成环保执法行为的寻租和异化，乃至权钱交易、以罚代管、养鱼执法成为常态，对此，中央政府也会不定期开展专项督查、检查等动员型管理加以矫治，然其要求大密度资源与注意力投入，难以持久，并会削弱常规管理，执行结果容易走偏。四是公众对环保参与不足，尤其使得政府环保工作常常陷入孤立无援状态。一是缘于环境损益具有分散性特点，现实条件下个人利益又大多未经组织，从而使得理性个人在环境事务中往往选择“搭便车”[③]；二是关于公众参与的法律规定模糊。《宪法》《环保法》较长时间内缺失公众参与环境治理的地位、途径、方式及其保障的规定[④]。三是受传统单位动员的便利性和惯性影响，各级政府当下仍倾向于经由单位来推动环保公众参与，但此类行为往往造成浅层次参与的大量反复以及浅层次参与向深层次参与的转化率低下等问题[⑤]。

然而，十八大以来生态文明成为主流政策话语，“经济新常态”又历史性到来，习近平总书记强调“不简单以GDP论英雄”，中组部随后印发《关于改进地方党政领导班子和领导干部政绩考核工作的通知》作出相应

---

① 陈阿江：《太湖流域水污染的社会解读》，中国社会科学出版社2009年版，第10—16页。

② 耿言虎、陈涛：《环保“土政策”：环境法失灵的一个解释》，《河海大学学报》2013年第1期。

③ 吴卫星：《论环境规制中的结构性失衡——对中国环境规制失灵的一种理论解释》，《南京大学学报》2013年第2期。

④ 易波、张莉莉：《论地方环境治理的政府失灵及其矫正：环境公平的视角》，《法学杂志》2011年第9期。

⑤ 肖哲、魏姝：《单位制视角下中国城镇居民的环保公众参与行为差异分析》，《中南大学学报》2019年第5期。

要求，中央政府则基于经济形势判断一再调低 GDP 增长预期，决策层这一新气象明显改善了环保管理宏观生态；2014 年新《环保法》修订通过，被评史上最严环境立法，而且专门对于公众参与作出规定，明确公民的环境知情权、参与权和监督权，环保部《关于推进环境保护公众参与的指导意见》以及作为新环保法实施细则的《环境保护公众参与办法》此后相继配套出台，进一步细化公众参与的内容及要求；十九大以来，环保部门整合分散的生态环境保护职责，形成新的大部门管理体制，2019 年 3 月底，省以下全面施行环保机构监测监察执法垂直管理制度，被认为使得各级环保部门真正解放了手脚，可以免受地方保护之苦。所有这些，使得新时期地方公共参与型环保具有了不同于往常的政策与制度氛围。

而对 W 市来说，水污染不但已突破民众心理底线，激起广泛治理共识，给予政府巨大社会压力；亦折射出当地产业之困，皮革、电镀、金属冶炼等高耗能、高污染的传统产业长期占据主导，转型缓慢，致使 W 市经济年年下滑，直至 2012—2013 年 W 市 GDP 排名全省垫底。这一情况很难说“不利于”但至少“无益于”地方官员政绩与晋升追求，如何既能回应治水的民意压力，又能为经济增长注入新的活力？W 市主政者决计以治水为突破口，推动经济转型升级[①]，为此，要求将“浙南美丽水乡”建设考核结果与领导政绩、部门业绩相挂钩。考绩部门随后明确，“五水共治”占各地总考绩分值的 6%，单项分值最大。如此，治水既呼应了顶层政策转向，又关系到 W 市地方主政者的政绩利益，同时也将各级下属官员晋升利益捆绑在一起。地方政府各级官员重视治水有了不一样的内驱力，在此情形下，与以往动员式环保有所不同，治水长效性更有保障：一是权责得以厘清，在省里统一部署下，W 市将各级“治水办”挂靠水利部门，由其统一调配管理各部门治水；二是制度化建设受到重视，即如前述，地方政府引入河长制和创新河道警察制，加强了责任追究制度和相关地方立法；三是坚持了水岸同治、城乡联动的系统性思路。

再从公众来说，赋予环保更多意义，投身治水也有了更充分的动力和条件。利益相关者分析揭示，公民参与的动力来自于与利益关联的程度、自身的行动能力和占有社会资源的状况[②]；参与行为还受到公众结社状况

---

① 陈一新：《以治水推动经济转型升级》，《温州日报》2015 年 11 月 17 日第 1 版。

② 朱德米：《回顾公民参与研究》，《同济大学学报》2009 年第 6 期。

的影响，民间自治组织的发展有益于培育社会资本，聚合个体利益与行动。所有这些公民参与的有利条件，W 市当前已一一具备。各种环境危害尤其水污染已趋近公众身心极限，成为攸关各阶层切身利益的公共议题，环境治理连年占据市民关注的“十大民生问题”的突出位置（见图 7 - 1）；公众受教育水平大大提高，教育人口占了全省 1/5，居民收入 2015 年超过全国平均水平近四成，这极有助于提升市民环保参与意愿及素质；W 市民间结社与社会资本状况较之其他地区更为优良，各种体制外崛起、获得法律认可的“去单位化”的社会组织迅速发展，形成了领域广泛、门类齐全、大小各异、上下结合的社会组织发展体系。首先是民间商会的发展，W 市政府不断赋权于商会，商会则持续提高自主治理能力，从而形成政府与商会的良性互动[①]，在政府支持下，全国 262 个地级以上城市成立 W 市商会，塑造了 W 市人强大的社会资本，不但成为其闯天下的“本钱”，也对于组织 W 籍商人反哺家乡、支持“五水共治”起到了纽带作用；其次则是近年来各种社会组织包括环保组织的发展，2012 年 10 月，W 市政府出台《关于加快推进 W 市社会组织培育发展的意见》“1 +7” 系列文件，将公益慈善类、社会福利类、社会服务类和基层社区社会组织登记成立资金“门槛”降为零，2014 年初，W 市推出全国社会组织建设创新示范区建设，试行直接登记，使得 W 市社会组织突飞猛进涌现，2015 年下半年全市登记社会组织已达到 7726 家。新增长的社会组织大多是城乡基层类、公益慈善类的社区社会组织，并且多数具备购买政府服务的能力及强烈意愿[②]，从而在“五水共治”中对政府部门起到了重要配合作用，表现出在开展宣传教育、河道保洁、学术支撑、建言献策、募集资金、微治水公益创投、第三方监督和评估等方面相比政府更大的优势[③]。

W 市开放、活跃的舆论环境亦为公众参与环境事务提供了重要便利。《W 市互联网发展报告（2012 年度）》即已显示，W 市上网用户总人数达 594 万，互联网普及率达到 65.13%。2014 年曾名列浙江最受欢迎网站第三名、同时也是省重点新闻网站的“W 网”，以及人称“第二信访局”的

---

① 江华、郁建兴：《民间商会参与地方治理——温州个案研究》，《阴山学刊》2011 年第 3 期。

② 薛无瑕等：《从财政经费视角研究政府购买社会组织服务——基于温州市社会组织参与政府购买服务的能力及意愿的调查》，《经济研究参考》2013 年第 29 期。

③ 蔡建旺：《让公众更好参与“五水共治”》，《浙江日报》2015 年 6 月 26 日第 14 版。

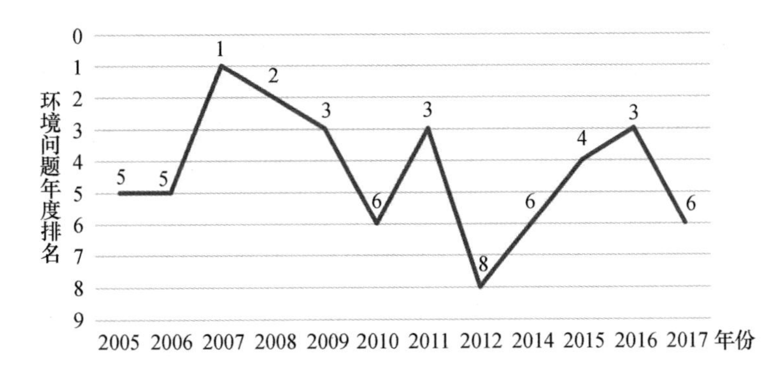

图 7－1 2005—2017 年环境问题列 W 市市民最关注的十大问题排名变动情况

注：根据 W 市统计局数据整理而成（2013 年环境问题未进入市民关注的“十大”问题）。

“703”网站，网民踊跃参与网页上热点问题讨论，浏览海量民生信息，曝光热点事件，中山大学发布的国内第一份中国网民性格研究报告在67 个城市中评价 W 市网民“最公共参与”、“最严肃”（指的是网民对于法治、时政、经济三类“硬新闻”的关注度）①。市级 4 家报纸、4 个电视频道与有关单位合办的专栏、专版亦形式多样，讨论热烈，涵盖市民生活各个方面，涌现“电视问政”、“政情民意中间站”等品牌节目。如此舆论条件下，“五水共治”亦是很长时间内各地方媒体互动板块与栏目绕不开的中心话题之一，公众对于环境事务“说长道短”的“议论政治”不但促成了治水议程设置，而且贡献了诸多民间智见，亦加强了彼此治水认同与行为合力。

公共参与型环保作为一种合作型环境管理，并不意味着将政府和各种社会力量放在一起，环境可持续性就能顺利实现②，还须重视政府部门究竟如何吸纳公众、社会组织乃至企业部门投身环保。实际上，“政府与社会的合作互动往往不会自然而然地发生，决定双方能否合作的因素除了政府与社会的自主性，还在于政府面对社会的策略选择，以及双方在互动中的复杂机制设计”③。吸引公众参与绝非一时兴起，“公共管理者和政策规

---

① 胡超然、王佩诗：《国内首个城市网民性格研究报告发布 W 市网民“最严肃”“最休闲”，你认同吗?》（https：//m. hexun. com/news/2015－07－03/177241505. html）。

② 朱德米：《合作型环境管理的知识图景》，《同济大学学报》2012 年第 4 期。

③ 汪锦军：《合作治理的构建：政府与社会良性互动的生成机制》，《政治学研究》2015 年第 4 期。

划者需要选择在什么时候、在多大频率上、以什么方式，以及在多大程度上接纳公民的参与”[①]，若非如此，参与要么沦为形式，乃至地方领导标榜“开明”的“作秀”行为；要么参与混乱无序，本身即成为问题。

W市政府为吸引社会力量投入“五水共治”，不仅采用了各种展现创新与进取精神的策略安排，甚或体现出“混合性治理”的整体性逻辑。所谓混合性治理，亦即在多元治理主体格局下，各主体在同一个领域通过竞争与合作共同存在，并且这种共同存在能有效提高治理绩效，因此，混合治理认为各种主体在实践中不可能明确划清各自治理领域的界限，在很多时候，各主体在同一个领域、同一个项目上，是共同存在甚至是相互竞争的关系，政府对社会组织的扶持与发展即体现出这一追求[②]，W市政府不仅通过用地、项目、税收、场所等方面优惠措施支持公益性社会组织发展，而且力推“第五张清单”改革，促使政府向社会组织转移职能，在“五水共治”中，政府就做出了向社会购买服务的诸多尝试，例如W市下辖C县“壹加壹”社区服务中心与该县J镇签署协议，接手该镇4个社区范围共长113千米的河道保洁、巡视和清洁教育工作；委托“绿色水网”组织开展“小鱼治水”公益行动，委托绿文化环保组织开展环保宣讲活动等。为利用民间资本治水，通过市场行为与金融机构合作引入金融“活水”，以及灵活选择PPP方式发动企业助力治水，以Y市F镇H溪治水工程为例，该项目采用半公益半市场的治水模式，首先由民间捐资主导治理工程，在公益基础上，允许民间投资部分利用因整治而得以开发的资源进行营利。为汇聚公众治水力量与智慧，政府部门联合社会力量开设“河长论坛”、成立“技术服务团”、组建“治水公益联盟”，联盟成员开展水环境公益诉讼项目，对原先较为薄弱的“法”的力量进行补充；宣传部门发起成立“市民监督团”，数百名网友自愿奔走于“五水共治”一线，监督和体验治河成果。2015年，“市民监督团”案例入围第八届中国政府创新最佳实践项目。为保障公众知情权，加强“两微”环境信息公开工作，增进了公众对于治水工作的认知与监督能力，2014—2017年度，W市获评全国120个重点城市污染监管信息公开指数（PITI）第一名，显示出相比国

① ［美］约翰·克莱顿·托马斯：《公共决策中的公民参与》，孙柏瑛等译，中国人民大学出版社2010年版，第7页。

② 汪锦军、张长东：《混合治理构建中的政策依赖与政策限度——基于温州社会组织发展的政策创新分析》，《浙江学刊》2013年第6期。

内其他地区更高的环保工作透明度。

正如前环保部副部长潘岳早前强调：“中国环保事业的推进需要媒体、NGO 组织、民众、专家等各方力量的加入。”① W 市“五水共治”体现的公共参与型环保，对此给予了生动诠释，其各项举措均有启发意义，如上其生成逻辑则可以总结如图 7－2 所示。当然，W 市作为国内民营经济发祥地，民间经济与组织力量发达，地方政府近年来亦显示出时不我待的创新激情，因而 W 市“五水共治”开创的公共参与型环保经验也必定有着地方性因素，无法简单复制于其他地区。同时，从现实来看，W 市“五水共治”仍不免过分仰赖政府主导作用，政府又主要依靠科层命令与考核机制推动治水，各级官员经过一定时期的密集投入，逐渐显露疲态，“河长制”等制度举措有时难以到位，治水财政资金缺口仍然较大，基层官员治水工作存在不同程度的“虎头蛇尾”现象。林林总总的问题，也正好说明了公共参与型环保的过渡性特征。如何既能发挥政府科层管理之长，又能规避其短，成为公共参与型环保的内在深刻矛盾。继续强化生态文明政策话语以至环境考核指标不断趋硬、经济转型逐渐奏效从而产业持续升级，这些应可以为矛盾解决创造适宜的政治与经济条件；长远则寄希望于公民

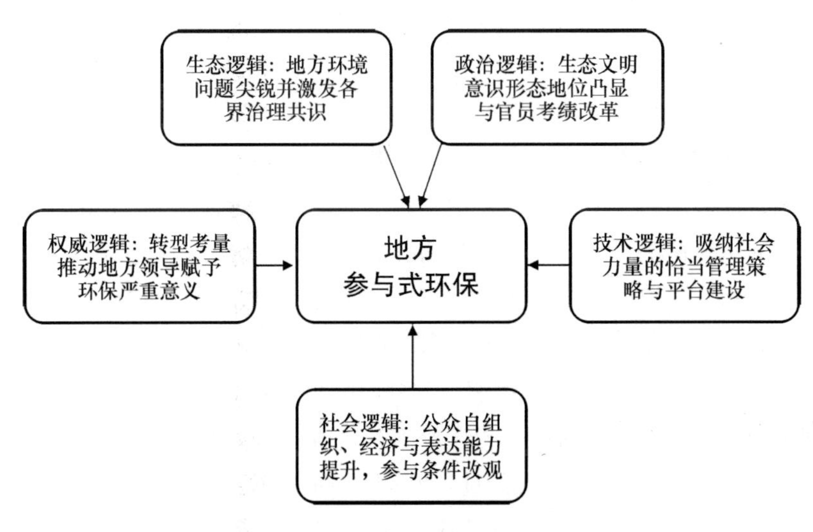

图 7－2　地方参与式环保生成逻辑

① 陈思：《〈循环经济学〉今年可能出台》（http://www.chinacourt.org/article/detail/2005/05/id/163252.shtml）。

社会及其环保志愿作用获得更大的体制信任与政策空间，政府部门积极尝试并善用 PPP 模式，激发民营资本对治水等环保工作愈多介入，通过这些努力，将以往的环保管理对象与旁观者变为和政府互动配合的环保管理者，政府部门不用“事事当头”甚至“单兵突进”，而是重点履行好环保转化型领导角色，建构政府—公众—企业三方对话与协作机制，最终走向“环境治理”。

结语

公共参与型环保强调政府主导作用，亦注重引入与激活社会力量，推动环保“合作生产”，本质上体现为从传统环境管理向环境治理嬗变的中间形态。W 市“五水共治”经验考察可知，其生成与运作源自政治、生态、经济、社会、技术等方面因素的综合支持。近年来生态问题日益尖锐，推动生态文明意识形态地位凸显，为公共参与型环保创造了宏观条件；基于经济转型需要，地方领导愈多赋予环保权威支持，进而地方政府创造性地运用各种技术策略激发社会力量投入环保，为参与式环保提供了管理条件；伴随市场经济与治理变革步伐，以及借助当代网络与传媒便利，社会对公共事务参与意愿及能力显著增强，为参与式环保准备了社会条件。

在这些条件下孕育和成长的公共参与型环保，体现于跨界性质的流域水资源公共治理，即可形成和凸显地方政府公共参与型协同机制。从国际范围来看，公共参与型环保也正是一些国家成功解决流域跨界水分配和治理矛盾的重要秘诀所在。例如在法国，公共参与型环保表现为用水户代表可以参与到流域委员会之中成为其成员，普通民众则可以通过公共咨询途径参与流域水资源管理事务。依照欧洲水框架指令，法国于 2005 年启动信息公开与公众咨询，并于 2008 年、2009 年就流域规划等文件作出了公共咨询。咨询活动由流域委员会和代表国家的流域协调官组织实施，水管局具体负责协调工作。民众通过写信、借助传统媒体、互联网等各种渠道反映意见，流域委员会设有专门部门跟踪了解公众咨询情况①。在澳大利亚，墨累—达令流域管理专门设立了社区咨询委员会，作为流域部长理事会的

① 韩瑞光、马欢、袁媛：《法国的水资源管理体系及其经验借鉴》，《中国水利》2012 年第 11 期。

咨询协调机构，该委员会由出自流域内 4 个州、12 个地方流域机构和 4 个特殊利益群体的共 21 名代表组成。主要职责是向部长理事会和流域委员会就应当关注的自然资源管理问题提供咨询，向委员会反映社区对所关注问题的观点意见。2002—2003 年改革后，委员会进一步强化了这些职责：针对流域水资源管理的重大议题向部长理事会转达各个社区的诉求；向社区宣传部长理事会通过的各项决议，帮助居民加深对于决议内容与目标的理解；参与制订社区承诺计划并向理事会报告计划执行成效；参与流域水资源管理政策全过程。社区咨询委员工作最主要的价值是建立了部长理事会与基层社区居民的联系通道。2001 年，部长理事会社区和咨询委员会共同签署"水资源一体化管理政策声明"，这体现了社区居民对于流域水资源管理的热情，同时，其与部长理事会的联系与共享愿景也得以加强[①]。进一步说，不仅墨累—达令流域水资源管理，澳大利亚政府水权管理各个细节均能考虑到为公众参与提供各种机构平台，例如推出"水的共享计划"、"行动计划"等，以突出公众的主体地位和参与特征[②]。

在英国，过去数十年里，泰晤士河上游环保局运用"以社区支持为基础的环保策略"去监控和恢复泰晤士河子流域的生态环境。通过这一策略活动，上游环保局的工作大多得到当地各种环保组织的支持并由它们去实施。有关人士称，"以社区支持为基础的环保策略"就是把环境科学的专业知识与地方经验性知识以及本地居民的看法有机地结合起来。参与该策略活动的这些活跃于伦敦的环保组织，均由当地关心环保的居民尤其是退休人士组成，他们定期或者不定期地参加泰晤士河上游环保局"社区合作伙伴专家委员会"领导的非正式会议，从而使得会议起着"地方环保咨询委员会"的作用，即为环保发展方向界定目标并实施有关环保活动。吸纳环保组织以实施"以社区支持为基础的环保策略"的好处，正如一位"社区合作伙伴专家委员会"成员坦言：对上游环保局的筹款工作十分有利；而且"某个环保组织被动员起来时，某环保议题将被提到重要位置，这既会吸引更多的人关心并爱护自己的社区环境，也会吸引更多的人关注上游环保局的其他环保项目"。除此之外，上游环保局的许多项目，如植树节

---

① Scanlon John：Applied Integrated Water Resources Management（http：www. iucn. org/themes/law/pdfdocuments/Neuchatel Overview%20MDBC. pdf/2004 -12 -07）.

② 杨永生、许新发、李荣昉：《鄱阳湖流域水量分配与水权制度建设研究》，中国水利水电出版社 2011 年版，第 179 页。

和清洁节等所需的劳动也都是由学校师生、男女童子军等由上游环保局通过“建设生态社区”项目招募来的志愿者承担的①。

即便在流域水资源公共治理的科层型协同机制色彩异常浓厚的美国田纳西河流域管理进程中，允许和鼓励公众参与仍被寄予足够的重视。TVA“高层官员的办公室设在当地而不是远离现场的华盛顿，所以不至于高高在上地发号施令，而是通过民主的方式与当地居民和社区机构共同制定各方面均可接受的项目”②。表现之一即是根据 TVA 法案和联邦咨询委员会法，TVA 设立了“地区资源管理理事会”。该理事会主要职能是对 TVA 的流域自然资源管理乃至州际流域水分配与治理的跨界协同提供咨询性意见。目前，理事会约有 20 名成员，包括流域内七州州长指派代表，TVA 电力系统配电商代表，防洪、航运、游览和环境等受益方代表，地方社区代表，理事会成员的构成体现了较广泛的代表性。“执行委员会”中主管河流系统调度和环境的执行副主席被指定为联邦政府代表参加理事会。理事会每年至少举行两次会议，会议之后多数的意见和少数的意见一齐转达给 TVA。会议议程提前公告，公众可以列席会议。“地区资源管理理事会”虽然是咨询性质的机构，但从其成员构成的权威性和代表性，以及严谨的工作制度来看，它是一个有效和重要的机构，为 TVA 与流域内各州提供了交流协商渠道，并且促进了流域公众积极参与流域管理。

概言之，各国这些朝向公共参与型环保的努力，与 W 市“五水共治”呈现的景象内在一致，其结果都将使得流域治理决策更能兼顾各利益相关方的意见，为增进流域水资源处置的地方政府协同、达成流域水资源跨界治理目标起到极为重要的作用。而就我国而言，2019 年 10 月召开的十九届四中全会明确要求：“实行最严格的生态环境保护制度。坚持人与自然和谐共生，坚守尊重自然、顺应自然、保护自然，健全源头预防、过程控制、损害赔偿、责任追究的生态环境保护体系。”同时，会议亦要求“坚持社会主义协商民主的独特优势，统筹推进政党协商、人大协商、政府协商、政协协商、人民团体协商、基层协商以及社会组织协商，构建程序合

① ［加］安德鲁·桑克顿、陈振明：《地方治理中的公民参与——中国与加拿大比较研究视角》，中国人民大学出版社 2016 年版，第 121—122 页。

② ［美］W. 理查德·斯科特、杰拉尔德·F. 戴维斯：《组织理论：理性、自然与开放系统的视角》，高俊山译，中国人民大学出版社 2011 年版，第 85 页。

理、环节完整的协商民主体系，完善协商于决策之前和决策实施之中的落实机制，丰富有事好商量、众人的事情由众人商量的制度化实践”[①]。可以预期的是，这些会议精神的传达落实，将使我国公共参与型环保获得坚定有力的支持，迎来更为重要的发展时期。

---

① 《中共中央关于坚持和完善中国特色社会主义制度　推进国家治理体系和治理能力现代化若干重大问题的决定》，《人民日报》2019年11月6日第1版。

第八章

我国跨行政区流域污染协同治理现实考察:影响因素及出路

流域是指由分水线所包围的地面集水区，具有原生态的自然流动性和整体性。工业革命的开展增强了人类开发和干预自然的能力，人类通过修筑大坝或水库等工程建设的手段，人为地改变了流域的自然流动性和整体性，这一方面增强了人类对抗干旱与洪涝灾害的能力，提高了流域资源的利用效率；另一方面也改变了流域原有的生态平衡，带来了一些负面的影响。正是由于流域的这种自然流动性、整体性和可人为改变性，人们有可能利用这些性质在一些具有外部性的事务上“搭便车”，比如利用流域的自然流动性和整体性特征，人为地将污染转移到下游或邻近地区，导致流域污染在跨行政区域的层面产生。由于这种跨行政区污染在性质上已经不是纯粹的技术问题，因为其“损人利己”性质而具有了区域伦理的道德性。跨行政区流域污染的这种溢出效应使各行政区无法单独对污染进行有效的治理，它要求实现行政区之间的协同合作。然而，由于利益结构和需求偏好以及环境的不同，人的行为表现出高度的复杂性和不确定性，给人类社会集体行动带来困难。因此，研究跨行政区流域污染协同治理的影响因素，发挥政府、企业与社会的协同效应，实现跨行政区流域污染治理中的集体理性，使流域走上可持续发展之路，不仅是建设资源节约型和环境友好型社会的重要内容，也是建设的生态文明的重要保障。

第一节　跨行政区流域水污染的界定及协同治理的提出

具有流动介质的物体污染都有可能产生跨行政区现象，如空气和水。跨行政区流域污染是指超越省（直辖市、自治区）、市、县或其他行政辖区管理边界的物理外部性。跨界断面水质是衡量跨行政区流域污染发生与否的重要指标。跨界断面，是指各行政区（省、市、县、乡）辖区内主要河流入境的水质监测断面和出境的水质监测断面。出境的水质监测断面为考核断面，入境断面为参考断面，当出境的水质低于入境的水质水平时，即可认为该区增加了污染水平。Siebert 指出跨行政区流域水污染体现的地区外部性，其特征可以用一个扩散函数 T 来表示：地区 j 的环境质量不仅由本地区决定，而且也通过扩散函数 T 由地区 i 的污染物排放水平决定，即 $U^j = G^j\ [E^j,\ T\ (E^j)]$，$T$ 可能是单向的。Weber 提出流域上游第 i 地区和它相邻的下游第 $i+1$ 地区的水质差别[①]：

$$q(i) - q(i+1) = f^i(c(i), e(i), v(i), q(i))$$

其中，$q\ (i)$ 和 $q\ (i+1)$ 分别代表第 i 地区和第 $i+1$ 地区的水质水平，$c\ (i)$、$e\ (i)$ 和 $v\ (i)$ 分别代表第 i 地区的水资源消费量、污染物排放量和水资源配置量。同时，第 i 地区的水质公式：

$$q(i) = \sum f^j(c(j), e(j), v(j), q(j)) + q_0$$

上式表明，第 i 地区的水质是通过函数 f 由前 $i-1$ 个地区累积形成的，上游地区不仅对下游地区的环境质量产生直接影响，还对其下游地区以下的各地区环境质量产生直接影响。在跨行政区流域污染上，如果污染物排放水平在上游 i 地区和下游 $i+1$ 地区的交界处达到了边界水质标准，则不存在跨行政区污染问题；如果超过了边界水质标准，就产生了跨行政区污染问题。

通过对跨行政区流域水污染性质的界定及治理实践的观察可知，跨行政区流域污染与一般污染的不同之处不仅在于它是一种可转移的外部性，

---

① Marian L. Weber, "Market for Water Rights under Environmental Constrains", *Journal of Environmental Economic and Management*, Vol. 42, No. 1, July 2001.

更在于其涉及的主体——政府，它既是本区域环境污染的规制者，又是跨行政区污染治理的谈判方。对跨行政区流域污染的这种溢出区外的企业污染行为进行规制由于执行成本太高而难以实现。因此，跨行政区流域污染治理必须考虑到流域上下游地区不同的利益诉求，跨行政区流域污染的性质和特征决定了其治理不是某一单独治理主体能够完成的任务，它需要来自政府、企业与社会的协同合作。

第二节　跨行政区流域污染协同治理的影响因素

跨行政区流域污染协同治理是指社会多元治理主体为提供更为整体化的服务，以制度化、经常化和有效的跨界合作打破条块壁垒及增进公共价值，使不同主体之间能更好地分享信息和协同作战，以实现跨行政区流域污染治理系统之间以善治为目标的合作化行为。在行政权力主导的体制下，它尤其是指各级政府和部门为实现流域的可持续发展，打破条块分割与职责交叉不清的状态，使流域治理走向善治。从协同学的角度，协同治理意味着能够通过一定规则的指导，使系统内部的各子系统相互作用，从而推动整个系统的演化，自发地实现在时间、空间和功能上的稳定有序结构①。但是作为一种实践的协同治理，它的产生需要一定的条件促进多元治理主体从碎片化状态向协同状态转变，如何识别影响协同治理的因素是实现跨行政区流域污染协同治理的重要前提。具体而言，影响跨行政区流域污染协同治理的因素可归纳为以下几个方面。

其一是流域管理体制“碎片化”与流域自然整体性之间的内在矛盾。体制是国家机关、企事业单位的机构设置、隶属关系和权利划分等方面的具体体系和组织制度的总称②。根据《中华人民共和国水法》（2016 年修订）第十二条规定：“国家对水资源实行流域管理与行政区域管理相结合的管理体制。国务院水行政主管部门负责全国水资源的统一管理和监督工作。国务院水行政主管部门在国家确定的重要江河、湖泊设立的流域管理机构（以下简称流域管理机构），在所管辖的范围内行使法律、行政法规

① 李胜、王小艳：《流域跨界污染协同治理：理论逻辑与政策取向》，《福建行政学院学报》2012 年第 3 期。

② 齐晔：《中国环境监管体制研究》，上海三联书店 2008 年版，第 53 页。

规定的和国务院水行政主管部门授予的水资源管理和监督职责。县级以上地方人民政府水行政主管部门按照规定的权限，负责本行政区域内水资源的统一管理和监督工作。”《中华人民共和国水污染防治法》（2017 年修订）第四条也规定：“县级以上人民政府应当将水环境保护工作纳入国民经济和社会发展规划。地方各级人民政府对本行政区域的水环境质量负责，应当及时采取措施防治水污染。”根据流域管理立法和机构设置的情况，中国流域管理体制呈现出统一监管与部门监管相结合、中央监管与地方分级监管相结合以及流域管理与区域管理相结合的特点[①]。但从目前来看，这种管理体制却出现了“碎片化”弊端，给跨行政区流域污染协同治理带来了重要影响[②]。

首先，“碎片化”往往使一个流域整体被多个行政区分割，从而造成流域上下游和左右岸之间的冲突。如长江干流流经 11 个省级行政区、黄河干流流经 9 个省级行政区、海河干流流经 7 个省级行政区，而《水污染防治法》又只规定了“地方各级人民政府对本行政区域的水环境质量负责”，但流域的分布和界线是自然形成的。与此同时，一个省级行政区也可能涉及几个流域范围，如在河南省的行政区域范围内就涉及黄河、淮河等多个流域。流域和行政区之间的这种彼此交叉性，使得流域上下游、左右岸之间的污染转移现象难以避免，由此也必然导致流域上下游和左右岸之间关于流域水环境治理的冲突。

其次，“碎片化”使职能部门之间存在多头管理和职能交叉——除生态环境部门外，交通、水利、自然资源、卫生、住房和城乡建设以及农业农村等部门与重要江河、湖泊的流域水资源保护机构，在各自的职责范围内均有对有关水污染防治实施监督管理的权力。虽然《水污染防治法》第十六条规定：“防治水污染应当按流域或者按区域进行统一规划。国家确定的重要江河、湖泊的流域水污染防治规划，由国务院环境保护主管部门会同国务院经济综合宏观调控、水行政等部门和有关省、自治区、直辖市人民政府编制，报国务院批准。防治水污染应当按流域或者区域进行统一规划。”然而，由于流域管理缺乏配套的机构设置和有效的管理措施，流域污染主要还是依靠各行政区进行治理，各大流域管理委员会的职责则局

---

① 吕忠梅：《水污染的流域控制立法研究》，《法商研究》2005 年第 5 期。

② 李胜、陈晓春：《跨行政区流域水污染治理的政策博弈及启示》，《湖南大学学报》2010 年第 1 期。

限于水利开发、工程建设和防灾减灾。多头管理和职能交叉使流域管理的组织权力过于分散，也使流域污染治理的工作能不能有效完成，不仅取决于流域管理部门的努力程度，还取决于诸如水利局、财政局、发展改革委等诸多部门的协调配合，同级部门之间不能对对方发布有约束力的政令——哪怕这是基于本部门的职能所为，使流域治理的政策执行极大地受到体制影响而陷入困境。

最后，“碎片化”从总体上降低了中央政府的组织协调能力，而中央政府的组织协调能力是跨行政区流域污染协同治理的必要条件。虽然从总体上看，中国在权力体制具有向上集中的特征，但体制内的权力分配实际上却是分散的[①]。以县级生态环境局为例，它既隶属于同级县政府，又受更高一级的生态环境管理部门的指导，而县级党委和组织部也对县生态环境局的干部有重大的影响力。与此同时，县政府又必须向同级县委和更高层级的省市政府负责，从而形成了条块交错的矩阵关系。因此，任何一个县生态环境局的官员都有几个来自不同部门的上司，形成多头领导的关系，这些权力横线和纵线的交错构成了组织力学中的“矩阵”难题。权力上的多头领导，也使得对于任何一个具体的生态环境部门或其他部门而言，判断哪一个领导对本部门更为重要就变得非常重要。于生态环境管理部门而言，同级地方政府是领导关系，而上级生态环境管理部门是业务指导关系，其财政和人事权力皆受控于地方政府。受本级地方政府而非上级生态环境部门领导，也就使生态环境管理部门很难从更大的区域范围内考虑政策的制定或执行对全局的影响。由此可见，流域管理体制的“碎片化”使流域治理缺乏整体性，在面对跨行政区污染时，“碎片化”的管理不利于流域的整体性治理。

其二是政府施政目标与官员政治晋升之间的利益冲突。十八大以来，中央审时度势地提出了“五位一体”的总体发展布局，并不断构建环境议题，同时着力建构一套与之相配套的制度，如生态文明先行示范区、“水十条”、“土十条”的施行，以及 2018 年组建新的生态环境部，期望实现生态文明的建设目标。然而，长期以来的官员绩效评价和晋升依然主要是以经济指标为中心。因此，在对待环境问题上，地方政府和中央政府的目

① ［美］李侃如：《治理中国：从革命到改革》，胡国成等译，中国社会科学出版社 2010 年版，第 188 页。

标与利益存在明显差异，地方政府对环境治理的态度更为复杂。因为对地方政府官员而言，要赢得政治晋升必然要求其在地方政府之间的竞争中获得优胜，而地方政府间的竞争又集中表现为经济资源的竞争和政治机会的竞争。从经济资源竞争上来说，分权化改革使地方政府获得了前所未有的发展地方经济、谋取地方利益的权力和能力，也使地方政府拥有了自己较为独立的经济利益，并且这种利益与本地区经济增长的相关度大大提高——地方经济的繁荣不仅为提高地方财政收入和政治晋升提供了机会，也为其实现劳动就业、社会福利和改善公共环境等社会目标创造了有利条件。因此，地方政府对招商引资、引进国家项目、争取财政转移支付以及其他政策优惠和资金支持等经济资源的竞争会给予极大的关注和投入，其目的是发展地方经济并使地方政府从中获益[①]，而对污染治理这类外部性很强的公共产品的投入则容易“搭便车”，甚至将本区域的污染转移到其他区域，使得政策在执行时产生偏离，从而损害了政府之间协同治理的利益基础。

政治机会的竞争则是指政府官员，特别是政府主要领导围绕着政治升迁而展开的竞争。中国特定的考评体制决定了地方政府官员通常通过经济竞争和上级评价来获取政治晋升[②]，追求经济增长成为政府官员谋求晋升的重要手段。政治、经济双重竞争对跨行政区流域水污染协同治理失败具有很好的解释力。相同和不同行政区的同一级别的地方官员，都处于政治竞争中，他们不仅要为经济增长而竞争，同时也要为政治晋升而竞争。与经济竞争不同的是，在政治竞争中，只有少数排名靠前者才能获得晋升。所以，在政治竞争中，参与人只关心自己与竞争者的相对位次。只有当合作不改变参与人的相对位次或可以提高其相对位次时，合作才可能实现。当经济增长作为考核官员政治升迁的重要依据时，地方政府对经济资源和政治机会的竞争就融合为一体，导致地方政府在环境监管上执行不力。因为地方经济发展靠的是企业，因此地方政府具有很强的意愿支持和保护，而不是监管产值大、利税高的污染企业。地方保护主义、欺上瞒下和变通执行等就成为地方政府在竞争中制胜的常用策略，这也是中国的环境监管制度在地方政府层面并不能得到有效实施的重要原因。

---

① 齐晔：《中国环境监管体制研究》，上海三联书店 2008 年版，第 5 页。

② 周黎安：《晋升博弈中政府官员的激励与合作——兼论我国地方保护主义和重复建设问题的长期存在的原因》，《经济研究》2004 年第 6 期。

在此情况下，为更好地对跨行政区流域污染进行治理，国家采取的策略是当跨行政区污染发生时由相关责任部门相互协商，协商不果则由上一级政府裁决。根据《水污染防治法》第三十一条："跨行政区域的水污染纠纷，由有关地方人民政府协商解决，或者由其共同的上级人民政府协调解决"；《水法》第五十六条："不同行政区域之间发生水事纠纷的，应当协商处理；协商不成的，由上一级人民政府裁决，有关各方必须遵照执行。在水事纠纷解决前，未经各方达成协议或者共同的上一级人民政府批准，在行政区域交界线两侧一定范围内，任何一方不得修建排水、阻水、取水和截（蓄）水工程，不得单方面改变水的现状"；《环境保护法》第十五条："跨行政区的环境污染和环境破坏的防治工作，由有关地方人民政府协商解决，或者由上级人民政府协调解决，作出决定"等条文规则可知，国家主要不是依靠法律手段或市场机制，而是寄希望于通过地方政府之间的协商或上级政府的裁决解决跨行政区流域污染纠纷问题。但从实践效果看，对于多数流域污染纠纷，上级政府参与协调也未必就能让各方满意。进言之，由于协商解决的随机性强，缺乏法律效力和稳定性——因为法律中有的只是一些原则性的条款，而没有具体的对跨行政区流域污染纠纷解决中各方的权限和职责的明确规定，以致在具体的操作层面上无法可依，由此也给跨行政区流域污染协商解决带来了很大的不确定性。

其三是环境监管的信息充分性要求与政府之间信息不对称的矛盾。信息对称是环境有效监管的基础，能否获取充分的信息也是一个组织能否高效处理问题的关键。因此，如何获取真实有效的信息，是上级政府进行环境监管的重要工作。由于中国政府组成的典型特征是"五级半"政府，这种层级密集的体制加上条块分割的现状使上级政府获取真实信息存在巨大的困难，政府之间的信息不对称被人为地放大①。因为上级政府的信息大多通过下级政府的逐级上报获得，或者上级政府通过调查、会议、群众路线、民众举报、媒体报道和智囊团等途径获取信息。然而，在实际运作过程中，上级政府获取信息的路径都或多或少地受到客观或主观因素的影响。

首先，受趋利避害的本能影响，为避免使自己陷入被动境地，不论是

---

① 邓志强：《我国工业污染防治中的利益冲突和协调研究》，博士学位论文，中南大学，2009 年。

群众还是官员都越来越不愿意在上级调研或各种会议上说真话，甚至一些领导也发出“说真话难”的感慨。其次，地方政府作为中央政府的代理人，它与中央政府的效用目标不尽一致，各级官员都具有根据自身偏好而扭曲信息的动机，部分官员为避免暴露群众对其工作的不满甚至谎报民情。不论是主观上的“不愿讲真话”或“刻意隐瞒”都使上级政府获取真实信息的能力大大减弱，也使中央政府或者地方高层难以收到真实有效的信息，不利于中央和地方高层对环境政策执行的监督和对区域环境的统筹管理。最后，上下级政府间的信息不对称还与社会组织和公众的监督能力不足有关。社会组织是公民社会的重要组成部分，社会组织的监督对促进企业遵守环境法规和减少排污发挥重要作用，调动社会组织的力量协助政府监督企业排污有利于缓解政府与企业之间的信息不对称和提高环境质量①。遗憾的是，在转型期，中国的社会组织能力还过于弱小。这一方面表现为社会组织，尤其是环境社会组织的数量发展还不充分，远远落后于环境监管与治理的需要；另一方面表现为多数社会组织为获取更多的资源而依附于行政机关或企业财团，偏离了公益身份，损伤了社会组织的自身能力和社会公信力。对于公众而言，“原子化”的公众在强势的排污集团面前显得弱小而无助，缺乏与政府和排污集团博弈的能力，当面对侵犯自身环境权益的行为时会产生不满，却很难采取理性的行动制止这种行为——他们要么沉默，要么希望通过上访或集群行为吸引上级的注意力来解决问题，而很少通过法律渠道解决问题。

上下级政府间的信息不对称很容易造成下级政府在环境治理上的道德风险和逆向选择。就环境治理而言，道德风险可能导致地方政府无法实施有效的环境监管，在控制排污方面最有责任的一方就可能产生懈怠情形，因为尽管它承担了控制污染的所有成本，却只能从中获取一部分收益——因为全社会都可以从中获益。在不考虑可转移外部性的情况下，地方政府在经济上就有动机降低排污控制的力度，甚至低于中央政府所设置的标准，于是配置在控制污染上的资源就会显得少，而污染程度则会大大超过社会最优水平。就逆向选择而言，由于官员的任职是有任期的，任期内的绩效是官员能否升迁的主要依据，而污染治理的效果则需要一个过程才能

---

① 李胜、陈晓春：《跨行政区流域水污染的政策博弈及启示》，《湖南大学学报》2010年第1期。

显现出来。因此，为了让中央发现自己的业绩，地方政府就不得不做一些“政绩工程”以达到让中央知道自己是努力工作的目的。这样一来，各个地方政府群起而效之，那些真正为污染治理付出过行动的官员由于其绩效不被中央政府察觉而被排除在晋升行列外。出于理性的考虑，这些官员在下一届任职时，自然也就会降低在环境保护上努力工作的动机，而把精力放在一些显性政绩上，导致地方政府官员进行环境保护的动机越来越弱。

其四是资本的逐利性和企业社会责任缺失之间的矛盾。自亚当·斯密提出“经济人”假设以来，企业便成了“经济人”的典型代表，它们最大限度地追求自身的利益，以利润最大化为核心。日本经济学家宫本宪一对资本逐利导致的公害分析认为，“公害可以说是依附于资本主义生产关系而发生的社会灾害。其原因是资本主义企业及私营企业在滥用国土及资源和生活资本的不足及城市规划的失败，是一种妨碍农民及城市居民的生产和生活的灾害”①。资本的逐利性使一些企业对公众的环境权益弃之不顾，通过不断增大不变资本（机器、设备与原材料等）和节约与直接生产过程无关的固定设施（如防止公害、保健等），并以此增加利润就成为一些不良企业的惯用伎俩。因此，必须强调企业在发展过程中的社会责任。企业社会责任是指企业不仅要创造利润承担对股东的法律责任，还要承担对员工、消费者、社区和环境的责任。企业的社会责任要求企业必须超越把利润作为唯一目标的传统理念，强调要在生产过程中对人的价值的关注，强调对消费者、对环境、对社会的贡献。

然而，企业能否履行社会责任，一方面与企业本身的企业文化与理念有关；另一方面也与国家的制度规则有关。从博弈论的角度而言，诺思认为制度是社会的博弈规则，是影响利益主体在经济活动中权利和义务的集合，是人类设计的制约人们相互行为的约束条件，它定义和限制了个人的决策集合②，但是参与博弈的主体并不是僵化地适应博弈规则，在更多的时候博弈规则和博弈参与人之间是相互促进和强化的关系：一方面，参与人在一定的博弈规则下进行博弈，博弈规则限定了参与人的决策集合；另一方面，参与人之间的博弈均衡进一步强化或瓦解现有的博弈规则。青木

① ［日］宫本宪一：《环境经济学》，朴玉译，生活·读书·新知三联书店 2004 年版，第 47 页。

② Douglass C. North, *Institutions, Institutional Change and Economic Performance*, London: Cambridge University Press, 1990, p. 3.

昌彦认为当不同的参与人基于主观博弈模型选择自己所认为的最优决策时，他们决策的正确与否将被未来的博弈结果证实，参与人的个人认知将被事实强化，并为未来的决策提供依据。当不同的参与人形成相似的认知时，制度就逐渐产生了[①]。因此，制度的本质是参与人关于博弈进行方式的共有信念：如果基于参与人个人信念所采取的决策没有产生预期的结果，并且这种结果大量出现，就会产生普遍的认知危机，参与人就会寻找新的博弈策略，并产生新的信念，直到新的均衡路径产生。这个过程就是旧信念瓦解和新信念建立的过程，同时也是制度变迁的过程。当所有参与人的预期一致或某一部分参与人的预期能在全部参与人中占据主导地位时，就能达到均衡，从而形成稳定的制度安排。

将制度作为博弈均衡的结果，意味着在后续类似的情况下，所有参与人无法忽视既往的博弈结果，也无法忽视既往的最佳策略，从而对参与人的后续策略选择产生影响，除非发生了能够动摇这种共有信念的重大变化。正是这种建立在共同认知基础上的博弈均衡的特征，决定了制度的内生性和客观性：制度既是参与人的策略互动形成的均衡结果，也是对参与人的外在约束。因此，制度在表现形式上可能是明确的、条文化的形式，如法律、协议，也可能是非明确的、约定俗成的规则和习俗。更进一步地说，成文的法律和规则（即条文规则）也未必能够成为真正的制度；而对于没有成文的规则，只要参与人认可，就可视为制度，它们构成了正式规则之外的“事实规则”，它们不同于正式规则，却可能比正式规则更有效。当参与人对制度的可信性产生怀疑而使共有信念发生改变时，它们在实际上也就不再作为制度而存在。不能形成一种稳定的预期和行之有效的规则，无疑是中国流域生态环境恶化的深层次原因[②]，也是跨行政区流域污染协同治理的制度困境。

第三节　跨行政区流域污染协同治理的实现路径

从理论上说，解决跨行政区流域污染存在三个可能的方案：一是取消

---

① ［日］青木昌彦：《比较制度分析》，周黎安译，上海远东出版社2006年版，第10页。

② 李胜：《跨行政区流域水污染府际博弈研究》，经济科学出版社2017年版，第56页。

行政区域的划分，建立单一政府；二是在行政区划之上成立跨行政区的治理机构（如长江水利委员会等）；三是实现跨行政区流域污染的协同治理。方案一从管理幅度上说不具有可行性，因此只有方案二和方案三是可行的方式。方案二和方案三之间具有内在的联系，因为设立跨行政区的治理机构，其目的也是在于实现行政区之间的协同合作，不同的是实现行政区之间的协同合作并不只有设立跨行政区治理机构一种方式。不过在中国目前的体制属下，流域委员会作为水利部的直属事业单位，其行政职能和地位尚待进一步明确。因此，从目前而言，还须进一步加强跨行政区流域污染的协同治理。但跨行政区流域污染协同治理机制不会自动建立起来，它需要能够在实现集体理性的同时满足流域各级政府和社会个体理性的制度安排，实现激励相容和参与约束，这样才能有效调动各治理主体的积极性，实现相互协同。

第一，重组流域治理组织结构，提高政府组织协调能力。根据结构—功能主义的观点，某种特定的功能与特定的结构是相联系在一起的。因此，奥斯本和盖布勒在《改革政府》中写道："围绕使命而非部门分管领域实施重组"。遗憾的是，组织结构重组的压力和障碍也很大，这或许正如著名公共政策分析学者尤金·巴达赫所言："如果说某一项观点在公共行政学界获得最坚定的支持和最广泛的共识，那就是结构重组在实践、精力和个人焦虑等方面付出高昂的代价，但往往产生不了有价值的结果。旧的组织单位和组织认同很少被真正废除，组织结构图上的方块只是被重新命名或移动位置。结果是虽然新的组织安排力图避免，但旧的忠诚与旧的担忧依然存在，并引导着人们的行为。因此，重大的行政改革必须认真思考改变部门间的工作关系，同时又不对各自的组织认同产生实质性的影响，合作只有在有助于提高组织绩效或降低成本时才有价值。"①

尽管如此，根据中国的实际情况，本书认为：如果要实现跨行政区流域污染的协同治理，那么组织结构的再次调整依然是不可少的。一是生态环境部门的权力过于分散，没有独立的财权和人事权，在环境问题的管理上受地方利益和部门利益的双重制约，其执法的有效性和公正性受到极大的限制，不利于其进行统一的环境执法；二是七大流域管理委员会作为水

① ［美］尤金·巴达赫：《跨部门合作：管理"巧匠"的理论与实践》，周志忍、张弦译，北京大学出版社2011年版，第5页。

利部的派出机构，其行政职能和地位尚待进一步明确，就跨行政区流域污染治理的角度而言，也还存在进一步改革的空间。因此，有必要以流域为基础进行结构重组，将流域视为一个单元，而不是将区域视为一个单元，这样可以有效避免由于区域分割而导致的权责不清。因为流域污染的自然地域性和区域管理解决措施的行政地域性人为阻碍了流域整体性治理的实现，因此实现跨行政区流域水污染协同治理必须将流域视为一个整体。从现实意义上，就是要明确中央政府对跨大江大河流域治理的职责，而不是实行“碎片化”的区域管理。国家应当以流域为单元设立专门从事流域环境保护的机构或改组现有的流域委员会，并赋予流域管理机构能履行其职能的权力。同时，应加强跨省、跨市的环境治理协商，成立由中央、流域委员会、沿岸地方政府及相关利益相关者组成的流域治理委员会，就流域内的水资源分配、污染治理、生态补偿和重要工程建设定期进行协商与谈判，在平等的基础上，通过重复动态博弈，增加相互间的激励和约束机制，逐步弱化地方本位主义和部门保护主义，实现个体理性和集体理性的统一。

第二，完善流域生态补偿和区际利益协调，实现治理主体之间的利益共容。利益共容是跨行政区流域污染协同治理的经济基础。于政府而言，合法性是政府存在的前提，它关系到一个政权的存续。如果环境被过度污染以至于侵犯到公民的人身和财产安全，它就将引起公民的抵抗。如果这种局面不能被改善，那么这种抵抗就将被激化，现实中因环境问题而引起的群体性事件正是这种矛盾激化的表现[①]。政府为获得持续的合法性，必然不能让形势恶化。与企业而言，如果企业不能有效地履行应有的环境责任，也会影响其市场的扩大。因此，在跨行政区流域水污染治理等环境治理问题中，政府、企业和公民是存在共容利益的，如何增进这种共容利益，并使之化为现实中的行动，是我们在政策制定时不得不考虑的重要因素。

实践中，完善流域生态补偿和区际利益协调是实现利益共容的有效方式。生态补偿是指以保护自然生态系统服务功能、促进人与自然和谐为目的，运用财政、税费、市场等多种手段，调节生态环境保护利益相关者的利益关系，以公平分配环境保护的责任与义务，并实现生态环境保护外部

---

① 李胜：《跨行政区流域水污染府际博弈研究》，经济科学出版社 2017 年版，第 215 页。

效益内部化的一系列制度安排和政策措施。异地开发补偿是近年来在中国流域治理实践中发展起来的一种生态补偿形式，其在内涵上是指流域内不同区域之间通过自主协商及横向的资源转移，通过改变自然地理意义上的生产区位，实现激励相容基础上的流域产业布局优化，充分利用污染治理的规模经济效应，从而减小单向负外部性，实现流域整体福利的改善。以浙江省磐安县和金华市之间的异地开发补偿为例，金华江是钱塘江最大的支流，位于浙江省金华市，为了解决金华江上游磐安县经济发展造成的水污染问题，金华市政府决定在金华市工业园内建一块属于磐安县的“飞地”——金磐扶贫经济技术开发区，开发区所得税收全部返还给磐安，作为下游地区对上游水源区保护和发展机会损失的补偿①。同时要求上游的磐安县拒绝审批污染企业，并把治污不达标的企业关闭以保护上游水源区环境，使上游水质保持在Ⅲ类水以上。金华市和磐安县通过异地开发补偿有效地解决了金华江流域生态补偿的矛盾，实现了流域生态保护的目的。磐安县和金华市之间异地开发生态补偿模式成功的关键在于，各行政区之间通过自主协商和横向转移政策，避免了横向财政转移支付时补偿标准难以确定的问题和谈判中的机会主义，从而有效地激励了上游地区对水污染进行监督和治理，进而实现了整个流域上下游的激励相容和治污合作，进而实现流域水污染治理和水环境的改善②。这一案例也说明，各行政区之间可以通过平等、互惠的自主协商签署环境治理协议，以事务关联的方式增强流域上下游地区的利益相容，从而促进上下游地区的协同治理。

第三，健全环境公益诉讼制度，减少污染治理中的信息不对称。环境公益诉讼制度是公民社会参与流域治理的重要途径，推动公益诉讼正成为当代环境法发展的一个重要趋势。公益诉讼起源于古罗马，是指环境作为一种公共利益在受到或可能受到损害的情形下，允许公民、企事业单位、社会团体和特定国家机关作为环境公共利益的代表人，对侵权民事主体或行政机关向法院提起诉讼，由法院依法追究侵权主体法律责任的诉讼活动。由于流域区在更广泛的意义上可以视作一个社群③，横向并存的各流

① 万本太、邹首民：《走向实践的生态补偿——案例分析与探索》，中国环境科学出版社2008年版，第126页。

② 曲昭仲、陈伟民、孙泽生：《异地补偿性开发：水污染治理的经济分析》，《生产力研究》2009年第11期。

③ 王勇：《论流域水环境保护的府际治理协调机制》，《社会科学》2009年第3期。

域地区或政府则是该社群的基本成员，作为平等的用水户，它们之间就有可能寻求类似于埃莉诺所揭示的自主治理的方式来解决流域水污染及治理中出现的问题和纠纷。环境公益诉讼有助于加强社会对环境污染行为的监督，从而减少不同主体之间的信息不对称，并有效克服"公地悲剧"的产生。

美国是现代公益诉讼制度比较完善的国家之一，在美国法律体系中，环境公益诉讼被称为公民诉讼。《清洁空气法》（1970 年）规定，"任何人都可以自己的名义对包括美国政府、行政机关、公司、企业、各类社会组织及个人按照规定提起公民诉讼"。此后，美国政府陆续制定了《清洁水法》《噪声控制法》等环境保护法律，其中都有公民诉讼的条款，这些实体法与《联邦地区民事诉讼规则》共同构成了美国的环境公益诉讼制度[①]。环境公益诉讼制度在美国环保史上起到了非常重要的作用，一些美国环保运动领导人在回顾美国环保历程的时候，认为一个最重要的进展就是为公民提起环境公益诉讼开启了司法大门，环保局有权对任何违反环境法律规定义务者提起民事诉讼和刑事强制执行。澳大利亚、印度、哥伦比亚、哥斯达黎加、菲律宾等许多国家，法院也已受理直接基于宪法规定的环境权所提起的环境诉讼案件。

中国环境公益诉讼在国家层面的立法支撑的主要规定具体分布在《宪法》第二十六条、《民法通则》第五条和第七十三条、《人民检察院组织法》第四条、《环境保护法》第六条和第五十八条、《环境影响评价法》第十一条、《海洋环境保护法》第九十条第二款、《水污染防治法》第八十八条，以及《民事诉讼法》第十五条和第五十五条等法律中[②]。但整体而言，法律支撑仍显不足，与十九大提出的"构建政府为主导、企业为主体、社会组织和公众共同参与的环境治理体系"尚有一定距离。环境权救济机制和公益诉讼立法的长期缺失，导致司法实践中大量环境公益诉讼案件无法得到有效的处理。以《环境保护法》的响应条款为例，尽管 2014 年修订的《环境保护法》赋予了环保组织"参与和监督环境保护的权利"，环保组织可以通过参加听证会、提出意见建议、进行投诉举报和提起环境民事公益诉讼等途径参与环境保护与治理，但环保组织参与政策倡议和环

---

① 祖彤：《环境公益诉讼法律问题探析》，《学术交流》2006 年第 5 期。

② 刘海鸥、罗珊：《中美环境公益诉讼立法比较研究》，《湘潭大学学报》（哲学社会科学版）2017 年第 5 期。

境公益诉讼的积极性较低①，而且满足2014年《环境保护法》规定的能够提起环境公益诉讼条件的社会组织在全国总共不过300家②，极大地限制了环保组织参与环境保护与突发环境事件治理的广度和深度。因此，对中国而言，完善环境公益诉讼制度首先要放宽公益诉讼原告资格。环境具有整体性，为社会成员共同所有，这就决定了环境侵权行为的公害性，使得每个人都可能成为公共环境权益的维护者，自发地为受到损害的环境公共权益寻求救济。根据《环境保护法》第六条的规定“一切单位和个人都有权对污染和破坏环境单位和个人进行检举和控告”。可见，控告权是一切单位和个人的合法权利，应当允许更广泛的法律主体进行公益诉讼，将原告资格扩大到包括公民、企事业单位、国家机关和社会团体在内的所有社会成员。其次，要降低公益诉讼的费用。公众提起环境公益诉讼是为了维护社会公共利益，如果让原告承担所有诉讼费用有违社会公平原则。为此，可以针对公益诉讼的特点，规范环境公益的费用，保证相关组织不致因诉讼费用问题而放弃对环境公共权益的保护。此外，可以设立相应的激励机制，对胜诉的原告给予一定奖励，用以弥补诉讼带来的相应支出。

第四，提高污染法律责任追究力度，强化企业社会责任。根据国外经验，提高法律执行力是对污染行为进行规制的首要前提。企业作为社会公民对资源和环境的可持续发展负有不可推卸的责任，企业履行社会责任有助于保护资源和环境，实现可持续发展。企业履行社会责任一方面可以通过技术革新减少生产活动对环境可能造成的污染，或与政府和社区共同建设环保设施，保护社区及其他公民的利益；另一方面要提高对企业污染环境行为的法律责任追究力度。“我们是法律的奴隶，所以我们能自由。”古罗马作家塔利尤斯·西塞罗如是说。法律的功能在于能够增进秩序，它抑制着人们可能采取的机会主义行为，但是法律总是依靠某种奖励或惩罚而得以实施，“没有惩罚的制度是无用的，只有运用惩罚才能使个人的行为

---

① 叶托：《环保社会组织参与环境治理的制度空间与行动策略》，《中国地质大学学报》2018年第6期。

② 王灿发、程多威：《新〈环境保护法〉下环境公益诉讼面临的困境及其破解》，《法律适用》2014年第8期。

变得较可预见”[①]。

在美国，违反《联邦水污染控制法》的超标排放行为，违法者要受到行政处罚、民事司法处罚和刑事处罚。行政处罚包括行政罚款和行政守法令，由联邦环保局决定并执行。行政处罚分为两类：第一类按次数计，一般对每次违法行为的罚款不超过 1 万美元，最高罚款上限为 2.5 万美元；第二类按日计，一般每日罚款不超过 1 万美元，最高处罚上限为 12.5 万美元。民事司法执法则通常首先由联邦环保局提出，由司法部向地区法院提起诉讼，申请适当的法律救济，包括临时强制令、永久强制令和赔偿金，最后由法院判决。此外，刑事制裁是更严厉的处罚。刑事制裁对象不仅包括违法排污者，还包括故意伪造、谎报法律规定上报或保存的文件资料，或故意伪造、破坏、篡改监测设施和方法的人。刑事处罚由法院裁定，主要措施有罚金和监禁。在刑事处罚中，过失犯罪将受到每天 2500—25000 美元的罚款或 1 年以下监禁或两者并罚；故意犯罪将受到每天 5000—50000 美元的罚款，或处以 3 年以下监禁或两者并罚，累犯者所受罚金与刑期均增加 1 倍；对故意加害致使他人死亡或受到永久性身体伤害的处以 25000 美元以下的罚金或 15 年以下监禁，或两者并罚。如加害方为组织机构将处以 100 万美元以下的罚金，对累犯者处罚加倍。对材料、数据造假者将处以上限 1 万美元以下的罚金或 2 年以下监禁或两者并罚，累犯者双倍处罚。对严重的违法行为可以处以 25 万美元以下的罚金，或 15 年以下的监禁，或二者并罚[②]。日本对危害环境的行为也追究刑事责任，公害罪与刑事责任在生产、经营活动中，所有导致有损于人体健康的行为都要受到惩罚。所以，公害罪不仅仅是指故意犯罪，对过失犯罪也要实施惩罚[③]。关于过失公害罪的规定有：“因业务上的疏忽，在工厂或企业的经营活动中排放对人体有害物质的，对公众的生命或健康产生危险的人，处以 2 年以下监禁，或 200 万日元以下的罚款”；“犯有上述罪行而导致伤亡的，处以 5 年以下监禁，或 300 万日元以下的罚款”。

中国对污染水环境的责任追究与美国基本对应，分为行政责任、民事

---

① ［德］柯武刚、史漫飞：《制度经济学——社会秩序与公共政策》，韩朝华译，商务印书馆 2000 年版，第 32 页。

② 王晓冬：《中美水污染防治法比较研究》，《河北法学》2004 年第 1 期。

③ 赵华林、郭启民、黄小赠：《日本水环境保护及总量控制技术与政策的启示——日本水污染物总量控制考察报告》，《环境保护》2007 年第 24 期。

责任和刑事责任。不过从目前来看，尽管2013年6月最高人民法院、最高人民检察院发布了《关于办理环境污染刑事案件适用法律若干问题的解释》，且于2016年12月最高人民法院、最高人民检察院再次修改了《关于办理环境污染刑事案件适用法律若干问题的解释》，自此，我国加强了对涉嫌“污染环境罪”的行为人的追究力度，进一步严格了环境犯罪案件的刑事责任，但对污染水环境的违法者的制裁偏轻，尤其是在民事和刑事方面制裁面窄、处罚轻，难以给污染者以威慑力。如“根据《中华人民共和国刑法修正案（八）》的规定，‘污染环境罪’的最高刑期为七年有期徒刑，其刑罚力度不但普遍低于财产型犯罪，也低于同属破坏环境资源保护罪的‘非法处置进口固体废物罪’（法定最高刑为十年以上有期徒刑）和‘擅自进口固体废物罪’（法定最高刑为十年有期徒刑），且这种本来就偏轻的刑罚在实践中也没有得到充分的运用。这种刑罚力度既违背了罪刑相适应原则，也造成了同类罪名刑罚适用上的不协调”①。对于民事责任的追究，主要是基于受害者的诉讼，而面对比受害者强大得多的排污者集团，受害者很难通过诉讼来维护个人的环境权益。可见，由于制度安排上的缺陷，“守法成本高，违法成本低”已成为跨行政区流域污染协同治理的重大阻碍，有必要提高“污染环境罪”的法定刑责，并提高环保部门联合公检法打击“污染环境罪”的力度。

结语

综上所述，在现行制度规则下，受区域利益、信息不对称和激励机制缺失等多方面的影响，跨行政区流域水污染协同治理还存在诸多障碍，地方政府及其职能部门在贯彻落实中央环境治理政策过程中也还面临一些困难，各行政区之间也难以形成对跨行政区流域污染的协同治理，这深刻反映出我国跨行政区流域污染治理制度在处理实际问题上的效率缺失。但也有充分的理由相信，在这场污染治理的博弈中总有一些人不会任由流域水环境恶化，这一方面是由于一些参与人认识到环境的持续恶化终将影响其整体福利的增进，从而在跨行政区流域污染治理博弈中改变其行为决策的模式，因为这符合他的终极理性；另一方面是由于人群中总有一部分人并

---

①　严厚福：《美国环境刑事责任制度及其对中国的启示》，《南京工业大学学报》2017年第9期。

不以经济利益最大化作为行为决策的指南，他们无私地为环境事业奉献着。更为重要的是，十八大以来，中央明确提出了“五位一体”的总体战略布局，提出“绿水青山就是金山银山”，不断强化生态文明和“美丽中国”建设在国家治理中的地位和重要作用。因此，尽管前进的路并不总是平坦的，但是跨行政区流域污染协同治理仍有拓展的空间，尽管它可能继续是在各方的博弈下前行的。

第九章

走向“利益协调”型流域水资源公共治理模式

美国著名投资人吉姆·罗杰斯（Jim Rogers）曾在 BBC 的 Hardtalk 节目中声称阻断中国持续繁荣的最大可能来自于中国的水危机：“我不关心中国内战、瘟疫、骚乱、萧条或者其他所有类似的问题。因为经济都可以从这些问题中复原，唯一无法复原的是水。”[①] 无独有偶，英国皇家三军联合研究所副研究员查尔斯·帕顿在英国《金融时报》亦撰文称，中国经济转型过程中面临着较为严重的水危机，水资源成为制约中国经济转型及增长的关键要素，并提出中国向“骆驼经济”转型的种种建议[②]。仔细推敲两人的言论，或许并非危险耸听。有数据揭示，中国淡水资源总量为28000 亿立方米，占全球水资源的 6%，仅次于巴西、俄罗斯和加拿大，居世界第四位，但人均只有 2200 立方米，仅为世界平均水平的 1/4、美国的1/5，在世界上名列第 121 位，是全球 13 个人均水资源最贫乏的国家之一。全国 600 多个城市，有 400 多个存在不同程度的缺水情况。在华北平原，每人每年的水资源少于 300 立方米，属于极度短缺水，至少 15% 的小麦生产依靠的是不可持续的超采地下水，可预见并且已然呈现的后果是湿地变干、河流枯竭、地面沉降、海水入侵……报道称，为解决“口渴”问题，作为最缺水省份之一的山西省，气象部门于 2015 年共组织实施飞机人工增雨作业 151 架次，地面增雨作业 282 次，增降雨水 30 亿吨[③]。2018 年上半年组织飞机人工增雨作业 76 架次，开展地面增雨（雪）作业 459 次，地

---

① 《如何避免“水破产”?》（http：//www. h2o - china. com/news/97818. html）。

② 王梦依、高波：《中国经济发展面临水危机》，《生态经济》2018 年第 5 期。

③ 《中国严重缺水省份山西一年向天“要水”30 亿吨》（http：//www. yellowriver. gov. cn/xwzx/lylw/201603/t20160307_ 162373. html）。

面防雹作业58次，累计增雨（雪）14.7亿吨[①]。

2017年10月，环境保护部水环境管理司负责人接受媒体采访时坦承：“十三五”是全面建成小康社会的决胜阶段，部分水体水环境质量差、水资源供需不平衡、水生态受损严重、水环境隐患多等问题依然十分突出。

> ——部分水体水环境质量差。全国地表水仍有近十分之一的断面水质为劣V类，约五分之一的湖泊呈现不同程度的富营养化，约2000条城市水体存在黑臭现象，氮、磷等污染问题日益凸显。其中海河流域北京、天津、河北，长江流域湖北、贵州、四川、云南、江苏，珠江流域广东等地污染问题相对突出。
>
> ——水资源供需矛盾依然突出。随着中国经济社会用水量不断增长，水资源过度开发问题十分突出，水资源开发利用程度已超出了部分地区的承载能力，黄河、淮河、海河等流域耗水量超过水资源可利用量的80%，造成部分河流断流甚至常年干涸。长江、珠江等流域中上游地区干支流高强度的水电梯级开发导致河流生境阻隔、生物多样性下降。
>
> ——水生态受损严重。湿地、海岸带、湖滨、河滨等自然生态空间不断减少，全国湿地面积近年来每年减少约510万亩。
>
> ——水环境隐患多。全国近80%的化工、石化项目布设在江河沿岸、人口密集区等敏感区域，水污染突发环境事件频发[②]。

2018年，在生态环境部4月例行新闻发布会上，生态环境部水环境管理工作有关负责人张波通报了近期水污染形势，在肯定各项成绩之外，亦指出，尽管我国水污染防治取得积极进展，但面临的形势依然十分严峻。一些地方还没有牢固树立“绿水青山就是金山银山”的绿色发展理念，发展方式粗放的问题还没有根本解决，城镇和园区环境基础设施建设欠账较多，面源污染控制尚未实现有效突破，流域水生态破坏比较普遍，水环境

---

① 《中国严重缺水省份山西今年上半年人工增雨近15亿吨》（http：//www.sx.chinanews.com/news/2018/0828/131702.html）。

② 《“十三五”时期中国水环境保护仍面临巨大压力》（http：//www.chinanews.com/cj/2017/10-27/8362363.shtml）。

风险隐患突出，年度水质目标完成压力很大①。

何以呈现这一情况？除去一些有可能损害水生态的长线因素，例如气候变化造成山岳冰川消融，以及水资源蒸发加快，从而亦会加剧水资源枯竭，海水倒灌，进一步侵蚀、破坏地下水；更主要的是，我国不断加深的水危机，与现行割据状的流域管理体制以及管理者治水消极懈怠有着不可分割的关系。一直以来，在“事实上的行为联邦制”② 下，受“官员晋升锦标赛”③ 的作用，导致地方政府间各自为政，针对跨界公共事务的处理相互“踢皮球”，以卸责和逐利作为自身的主要行为逻辑，从而导致流域水分配与污染治理的跨界矛盾难以协调解决，造成流域“公地悲剧”不断酿成或加剧。

总结本书以上分析，一言以蔽之，流域水分配与治理的地方政府协同机制亟待建立和完善，而由来已久的“指标下压”型环境管理模式对此往往无能为力，对其作出检讨和转换势在必行，仅就流域跨界协同治理而言，本书主张代之以“利益协调”型流域水资源公共治理模式。作为对前者的批判和反对，“利益协调”型模式意图解构公共环境管理一贯采取的层级命令体制以及地区间、部门间僵化的分工体制，转而建构各种维度的地方政府协同机制，增进利益相关各方协商与交流，达至平等、互利，从而最大程度地激发各自合作意愿，形成流域水资源公共治理的集体行动。“利益协调”型流域水资源公共治理模式具体内涵和机制、策略设计等可以理解如下。

---

① 《2018 年生态环境部 4 月例行新闻发布》（https：//www. xianjichina. com/special/detail_323588. html）。

② 理论上讲，在中国单一制的政治体系里，地方政府只是中央政府或者上级政府的派出机构，只具有操作层面的权力。但在实际操作中，中国地方政府所享有的权力，毋宁理解为有限的地方自治，一种（在单一制国家中形成的）相对制度化的放权模式。在这种模式下，中央是省的上级机关，但省具有一定的自主权。中央与省级政府之间可以进行或明或暗的讨价还价，中央给予各省常设的或特许的利益，以换取各省对中央的服从。当然，这也适用于省政府和市县政府之间的关系。此种纵向府际关系体制即可谓“事实上的行为联邦制”。参见郑永年《中国的“行为联邦制”——中央—地方关系的变革与动力》（http：//www. aisixiang. com/data/63193 -2. html）。

③ 是指上级政府对多个下级政府部门的行政长官设计的一种晋升竞赛，竞赛优胜者将获得晋升，而竞赛标准由上级政府决定，可以是 GDP 增长率，也可以是其他可度量的指标。改革开放以来晋升锦标赛的最实质性的变化是考核标准的变化，地方首长在任期内的经济绩效取代了过去一味强调的政治挂帅。参见周黎安《中国地方官员的晋升锦标赛模式研究》（http：//www. aisixiang. com/data/18217 -4. html）。

第一节　“包容性治理”指向的理念重塑

所谓包容性治理，“是指各利益相关主体参与、影响治理主体结构和决策的过程，并平等分享社会资源及治理收益，不同阶层、不同群体的权益能得到尊重和保障的公共治理”[①]。其理论向度主要有三。

一　包容性增长

2010年，时任总书记的胡锦涛同志在2010年第五届亚太经合组织人力资源开发部长级会议上如此阐述和强调包容性增长：“实现包容性增长，根本目的是让经济全球化和经济发展成果惠及所有国家和地区、惠及所有人群，在可持续发展中实现经济社会协调发展。”2014年亚太经合组织第二十二次领导人非正式会议上，习近平总书记倡导各国“共同构建互信、包容、合作、共赢的亚太伙伴关系”。2017年联合国日内瓦总部，习近平在演讲中主张构建人类命运共同体，为此继续强调推动建设开放、包容、普惠、平衡、共赢的经济全球化。2018年，习近平总书记出席亚太经合组织第二十六次领导人非正式会议所发表讲话中明确了包容性增长现时期的内涵和任务：“以2030年可持续发展议程为引领，采取更多务实举措，让发展更加均衡、增长更可持续、机会更加平等、社会更加包容。”[②] 概括来认识，包容性增长本质上与科学发展观和“两山”理论契合，强调由关注“物的增长观”转向关注“人的发展观”，重视“参与”和“共享”两个层面，核心是经济持续、机会均等、公平参与、成果共享[③]。“无论是包容性发展，抑或包容性体制、包容性制度，包容性理念旨在构建机会均等、合作共赢的发展模式，注重兼容性、共享性和参与性。”[④]

---

① 庞娟：《融合视角下城市非正规空间的包容性治理研究》，《探索》2017年第6期。

② 习近平：《认清世界大势　推动亚太合作迈向更高水平》，《人民日报》（海外版）2018年11月19日第1版。

③ 徐虹、王彩彩：《包容性发展视域下乡村旅游脱贫致富机制研究——陕西省袁家村的案例启示》，《经济问题探索》2019年第6期。

④ 张清、武艳：《包容性法治框架下的社会组织治理》，《中国社会科学》2018年第6期。

二 整体性治理

整体性治理为后新公共管理所倡导，相关理论酝酿于两个背景之上：一是盛极一时的新公共管理运动自 1997 年以来步入衰微，或者鼓励了各治理主体自行其是的倾向，影响公共服务目标的落实；二是信息技术的发展推动数字时代的到来[①]，公民与政府互动渠道、机会和能力大为拓展，呼唤政府部门提供更为便捷、连贯、高效且富有回应性的公共服务。基于这两方面背景，整体性治理核心主张在于矫治地方主义、部门主义等“碎片化”病症，以及排斥公众参与的政府单边主义顽疾。首倡者因此这样定义整体性治理：“以公民需求为治理导向，以信息技术为治理手段，以协调、整合和责任为治理机制，对治理层级、功能、公私部门关系及信息系统等碎片化问题进行有机协调与整合，为公民提供无缝隙且非分离的整体型服务的政府治理图式。”[②] 从治理理念看，整体性治理强调治理要以公民需求和公共利益为导向；从治理主体看，整体性治理主张公私部门的整合与协调；从治理结构看，整体性治理主张重新整合政府不同层级、部门以及区域，建立大部门制和网状组织结构；从治理手段看，整体性治理建立在信息技术条件之上，提倡建构统一的信息系统[③]。尤其值得注意的是，整体性治理以“整合、协作”为核心理念，以解决“碎片化”问题为导向，强调跨边界、跨层级、跨部门、跨领域全方位协同，由此，不仅包括上下级政府间的“纵向协同”，同一层级的不同政府间、不同职能部门间的“横向协同”，还包括公共部门与公民以及社会组织的“内外协同”[④]。针对当下流域水资源的跨界公共治理问题，整体性治理无疑可以提供理念良方。

三 协商民主

协商民主“是指政治共同体中的自由、平等公民通过参与立法和决策等政治过程，赋予立法和决策以合法性的治理形式。其核心概念是协商或

---

① 门理想、王丛虎：《“互联网 + 基层治理”：基层整体性治理的数字化实现路径》，《电子政务》2019 年第 4 期。

② 寇丹：《整体性治理：政府治理的新趋向》，《东北大学学报》2012 年第 3 期。

③ 阚琳：《整体性治理视角下河长制创新研究——以江苏省为例》，《中国农村水利水电》2019 年第 2 期。

④ 司晓悦、赵霞霞：《国内整体性治理研究的知识图谱——基于 2008—2018 年 CSSCI 及核心期刊来源的文献计量分析》，《东北大学学报》2019 年第 4 期。

公共协商，强调对话、讨论、辩论、审议与共识”[①]。协商民主的发展存在至少两个支系，一者是西方国家基于对选举民主批判性反思并且回应当代直接民主狂潮而生成的西式协商民主，但由于其本身理论和实践存在着一些固有缺陷，导致其难以在现实政治中有效发挥作用[②]；另一者则是扎根本土、在我国已有长期实践并被明确为“中国社会主义民主政治的特有形式和独特优势”的社会主义协商民主。中西协商民主既有同工之妙：就西式协商民主而言，其“协商”表达了一种更具公共理性的选择的要求，而这对于中式协商民主同样适用；但二者也有异趣呈现：西式协商民主解构色彩浓厚，中式协商民主实践特征则更为明显[③]。概括而言，中西协商民主在理论基础、基本内涵、历史演进、价值追求、实践样态、保障制度和内在本质等方面均存在着明显的相异之处[④]。也正基于此，“思考中国的协商民主，一定要放到整个中国宏观的政治发展背景中来考虑，要把协商民主当作中国特色民主的一个组成部分”[⑤]，比如中国传统文化特别强调“以和为贵”、“求同存异”，追求“天人合一”、“道法自然”、“仁民爱物”，这些文化观念都为中国特色社会主义协商民主的自洽运转提供了支持，亦使得中式协商民主与生态民主有着与生俱来的亲和感[⑥]，在二者相互作用下，可以形成中国特色的环境协商民主机制，此即政府、企业、公民团体三方互动解决环境问题的一套运行机制，通过该机制的运行，随时就环境问题涉及的重大利益进行协商、谈判，就权力的配置、环境法律责任的承担等重大问题达成共识。这种共识基于平等协商达成，必将具有良好的实施效果[⑦]。

兼及、融合包容性增长、整体性治理和协商民主三者的“包容性治理”，有学者定义为：强调发展主体上的全民参与和人人有责，发展内容上的经济社会协调发展，发展过程中的机会均等、公平公正，发展成果分

---

① ［南非］毛里西奥·帕瑟林·登特里维斯：《作为公共协商的民主：新的视角》，王英津译，中央编译出版社2006年版，第139页。

② 夏志强、曾莹：《协商民主理论与实践中政党的作用——中西比较的视角》，《新视野》2014年第3期。

③ 张敏：《中西协商民主的概念史考察：语义演变与要素辨同》，《探索》2015年第4期。

④ 郭红军：《中西协商民主：比较与启示》，《中州学刊》2018年第12期。

⑤ 俞可平：《中国特色协商民主的几个问题》，《学习时报》2013年12月23日第3版。

⑥ 陈家刚：《风险社会与协商民主》，《马克思主义与现实》2006年第3期。

⑦ 周坷腾、延娟：《论协商民主机制在中国环境法治中的应用》，《浙江大学学报》2014年第6期。

配中的利益共享[①]。也有学者如此阐释：包容性治理除了具有善治的一般特征以外，其边际创新集中体现在治理的“包容性”上，由此强调利益相关各方共同参与社会治理，共享发展成果与治理收益，特别关注弱势群体在社会治理中的实质性参与与参与渠道的展拓[②]，在此意义上，包容性治理意味着消减个人出生背景和所处环境等各方面的不平等[③]。还有学者将包容性治理详解为四个方面：一是治理主体上，包容性强调政府内外包括弱势群体、边缘群体等各种利益相关者的平等、能动参与；二是治理内容上，包容性治理期许政治、经济、文化和社会的全面协调发展；三是治理过程上，包容性治理以公平性为核心价值诉求，反对效率和经济取向的成本收益计算所导致的功能丧失；四是治理成果上，包容性治理确保社会各阶层尤其弱势群体公平地享有发展成果[④]。以上这些看法，确乎道出了包容性治理的本质特征，尽管如此，对于包容性治理之“包容”的看法仍显现生态维度的缺失。无论从“五位一体”总体布局[⑤]、“五大发展理念”[⑥]的向度，还是循着自然权利的角度，均应将人与生态环境的包容、共生引以为“包容性治理”题中应有之义。不仅如此，“生态治理的公共属性已毋庸置疑，引入包容性治理新理念，创新生态公共治理策略，有机整合多元治理力量，利于克服政府单一主导治理生态过程中的排斥与冲突，充分发挥各主体的效能互补和协同治理优势，从而促进我国生态文明建设目标的实现”[⑦]。有鉴于此，本书毋宁将包容性治理概括为一种新的发展理念与道路，其声张与传统发展主义志趣相左的人本主义（包括对于社会公众尤其弱势群体、对于自然资源与生态环境）。体现于流域跨界水分配和污染治理，即是强调打破地方政府及其部门间的等级主义、地盘主义、部门主义，以及总体上的单边主义，转而要求政府内外利益相关方以公共利益为

---

① 高传胜：《社会企业的包容性治理功用及其发挥条件探讨》，《中国行政管理》2015 年第 3 期。

② 李晓飞：《特大城市的群租治理模式转型：从运动式治理走向包容性治理》，《行政论坛》2019 年第 6 期。

③ 赵成福：《基于包容性治理的农民工市民化：逻辑与路径》，《河南师范大学学报》2015 年第 4 期。

④ 金太军、刘培功：《包容性治理边缘社区的治理创新》，《理论探讨》2017 年第 2 期。

⑤ 是指经济建设、政治建设、文化建设、社会建设和生态文明建设“五位一体”，全面推进。

⑥ 此即创新、协调、绿色、开放、共享的发展理念。

⑦ 林琼：《包容性治理：生态公共治理变革新向度》，《江西社会科学》2013 年第 5 期。

共同诉求，以“生态文明·美丽中国”为崇高目标，相互敞开胸怀，健全协商渠道和协调机制，实现利益交换与补偿，从而激发和形成流域水资源公共治理的跨界联合行动。

第二节　“利益协调”型流域水资源公共治理模式及其机制设计

一　中央与地方之间：创新流域水资源公共治理的科层型协同机制

应予理解，无论中央抑或地方，对于命令特征的“指标下压”型环境管理模式久已习惯，短期内实现其明显改观、骤变为“利益协调”型流域水资源公共治理模式确有难度，但中央政府可以另外加强一些诱导性政策工具的使用，从而在指标管理刚性之外增添更能为地方接受的柔性色彩。一是加大对于地方的专项资助力度。流域跨界水分配和治理需要大量投入，中央政府近年来不断加强专项资助资金投入，例如2013年，中央财政下拨中小河流治理专项资金88亿元，用于支持35个省、自治区、直辖市、计划单列市以及新疆生产建设兵团中小河流治理项目和中小河流治理重点县综合整治项目建设。相比科层命令手段，这样的资助可以激发地方政府对于流域治理投入更多兴趣和精力；二是注重法律手段的运用。正像启蒙学者洛克所言，法律的目的不是废除或限制自由，而是保护和扩大自由。是故，加强流域立法，从而增进流域水资源公共治理的地方政府协同，绝不是为了单一施加强制性力量以驯服地方政府，实际上也可以起到保护地方利益的效果。比如通过流域立法明晰地方政府对于辖区水资源产权使用和处置权的占有，可以起到保护流域跨界水分配公平的作用，还可以激发地方政府及其辖区微观主体的节水意识；再如在流域立法中明确规定流域生态补偿标准与程序，也有利于流域污染承受方对于排污方的追责，以及流域生态保护方对于受益者的追偿。

除诱导性政策工具之外，中央更须基于协商、互利、平等原则从下述三个方面改良水资源环境指标管理，实现地方政府对于指标的自觉认同与执行，由此促进“利益协调”取向的流域水分配和治理的地方政府科层型协同机制的形成。

（一）指标的民主化

“民主是个好东西”，其可以实现各方利益的制度化表达与协商，进而实现各方利益妥协和共容。推及于央地纵向关系，就应注意到促其走向民主化。在重大决策或法律制定过程中，应充分保障地方政府的参与权，使中央政策过程能够兼顾地方利益诉求，使央地关系由传统行政领导与服从关系转变为以相对经济实体为基础的对策博弈与合作关系，乃至形成相互制约之势①。见之于流域水资源公共治理进程中，由于我国各地资源禀赋、产业结构、科技水平、生态素质等均存在差异，中央向地方下达流域水资源环境指标，应能对此有所考虑，注重在订立过程中与地方磋商。可以参照法国“水议会”经验，建立央地人员、全国人大环境与资源保护委员会、专家学者等共同参与的流域委员会，采取民主协商的决策方式，提供有利于地方利益表达和平衡的机制平台。现行立法似乎已经对此有所关注，例如在流域水污染治理方面，《水污染防治法》第15条规定：“防治水污染应当按流域或者按区域进行统一规划。国家确定的重要江河、湖泊的流域水污染防治规划，由国务院环境保护主管部门会同国务院经济综合宏观调控、水行政等部门和有关省、自治区、直辖市人民政府编制，报国务院批准。”这一规定本可以构造一个利益相关各方民主协商制定流域水资源环境指标，进而实现利益共容的局面。遗憾的是，一方面，多元利益相关方参与流域水资源环境指标制定的机会和渠道仍属有限；另一方面，流域缺乏一个独立、高效的流域管理机构协调各地方政府的行为，以及搭建富有成效的对话平台，从而这一规定之下实际演现的却要么是地方政府间争吵不休，难以达成一致；要么水行政与水环境保护部门间各行其是，对于流域水环境指标的订立与监测各搞一套。对此，一个统一、有权威的流域管理机构的横空出世极为必要。当然也并非要将其打造成一个自成一体的“独立王国”，而是有能力牵头组织各方协商并维持协商秩序，实现各方对于流域水环境指标的民主订立，中央政府同时加强司法系统的垂直管理，维护流域跨界纠纷处理中的司法权威，避免其为地方司法保护主义所绑架②，为流域管理机构履责提供司法支持。

（二）指标的契约化

下达地方的流域水资源环境等方面的环保指标，在强制色彩之外另须

---

① 张紧跟：《以府际治理塑造新型央地关系》，《国家治理》2018年第12期。

② 张千帆：《流域环境保护中的中央地方关系》，《中州学刊》2011年第6期。

体现契约色彩。也即中央和地方以契约方式而非目标责任书的方式订立指标。契约中明确双方权利、义务关系。从中央或上级来说，有权要求地方完成经双方事先民主协商达成的指标，实施对于地方完不成指标的问责措施，诸如责令地方官员引咎辞职、剥夺其升迁机会，给予地方的环保专项经费和奖励资金相应减少或要求退回；其义务同时也是地方享有的权利为：

一是在官员考核机制方面相应做出变革。"纠正单纯以经济增长速度评定政绩的偏向，加大资源消耗、环境损害、生态效益、产能过剩等指标的权重。"① 进一步健全绿色 GDP 政绩考核制度，应该说，在这方面，十八大以来，中央政府已经做出了较多尝试，不仅决策层多次讲话中对此做出了强调，中央组织部于 2013 年印发的《关于改进地方党政领导班子和领导干部政绩考核工作的通知》也对此予以明文规定，要求一是考核不能唯 GDP；二是不能搞 GDP 排名；三是限制开发区域不再考核 GDP；四是要加强对政府债务的考核；五是考核结果的运用不能简单以 GDP 论英雄。中共中央办公厅、国务院办公厅 2016 年 12 月印发的《生态文明建设目标评价考核办法》中，《绿色发展指标体系》部分规定，资源利用权重占 29.3%，环境治理权重占 16.5%，环境质量权重占 19.3%，生态保护指标权重占 16.5%，增长质量权重占 9.2%，绿色生活权重占 9.2%。可见 GDP 增长质量权重不到资源利用、环境质量权重的一半，占全部考核权重不到 10%。目前在经济下行趋势下，仍应加大中央环保督察的频度与强度，谨防各级官员为获得领先的 GDP 增长率暗中较劲，从而继续走以牺牲流域水环境等为代价的老路。南宁市的经验值得关注，该市作为旅游城市和东盟枢纽城市，环境保护对于经济运行和城市形象至关重要。2016 年，该市出台《南宁市环境保护"一岗双责"目标责任制考评管理办法（试行)》，明确对各县（区）政府、开发区管委会的考评内容主要包括环境质量改善、环境管理及公众参与评价。环境质量改善包括辖区大气、水（包括饮用水源）、土壤等环境质量的改善情况以及主要控制指标的完成情况；环境管理包括履行环境保护职责，组织协调、统筹推进环境保护各项工作情况；公众参与评价包括辖区内公众参与环境保护工作情况、公众对辖区

① 参见《中共中央关于全面深化改革若干重大问题的决定》，《人民日报》2013 年 11 月 16 日第 1 版。

内环境投诉的处理情况以及公众对辖区环境保护和治理情况的满意度。考评实行奖惩制度，结果与单位、个人评优评先及单位绩效挂钩。例如，考评结果抄送组织部门，作为单位或个人评优评先以及干部职务晋升的参考依据；年度环境保护"一岗双责"目标责任制考评结果为不合格的单位，该单位年度绩效考核不得评为优秀等次①。2019 年，中央环保督察"回头看"反馈意见涉及南宁问题下达整改要求后，南宁市将督察考核贯穿整改工作全过程，进一步将完成中央环保督察整改"回头看"任务纳入环境保护"一岗双责"目标责任制考评并与绩效挂钩，由市政府与各县、城区、开发区及市直有关责任单位签订目标责任书，通过定期调度工作进展、不定期开展督察等方式督促有关责任单位加快解决突出环境问题，履行环境保护职责②。

二是对地方尤其重点区域完成预定指标实行奖励与约束相结合，更应加大奖励手段的运用。例如在大气治理中，中央政府 2013 年就曾投入华北 50 亿元大气治理资金，其中 20 亿元投向河北，所采取的即是"以奖代补"方式，令人耳目一新。与此相映成趣的是，河北省自 2008 年以来所实施的流域断面水质考核生态补偿机制则偏重惩罚手段，其具体做法为，当流域所经市县河流入境水质达标或无入境水流时，超标 0.5 倍以下，每次扣缴 10 万元；超标 0.5 倍以上至 1.0 倍以下，每次扣缴 50 万元；超标 1.0 倍以上至 2.0 倍以下，每次扣缴 100 万元；超标 2.0 倍以上，每次扣缴 150 万元。当河流入境水质超标，而出境断面污染物浓度继续增加时，超标 0.5 倍以下，每次扣缴 20 万元；超标 0.5 倍以上至 1.0 倍以下，每次扣缴 100 万元；超标 1.0 倍以上至 2.0 倍以下，每次扣缴 200 万元；超标 2.0 倍以上，每次扣缴 300 万元。从 2009 年开始，河北省流域断面水质考核生态补偿机制由试点流域开始向全省推开，取得了极为明显的效果，显示出经济杠杆的独特作用，2012 年，这一做法获评"中国地方政府创新奖"③。虽然如此，奖励的作用体现"做加法"，惩罚的作用体现"做减法"，本书仍

---

① 《南宁环保实行"一岗双责"考评将与评优绩效挂钩》（http：//news.eastday.com/eastday/13news/auto/news/china/20160729/u7ai5880276.html）。

② 《南宁推进生态环境问题整改》（http：//www.gxzf.gov.cn/zyhjbhdcfkyjwtzgzl/20190412-743485.shtml）。

③ 《河北省流域断面考核生态补偿金扣缴制度的调研》（http：//www.gdep.gov.cn/news/hbxw/201201/t20120120_122502.html）。

主张在惩罚的同时更须加大对地方政府流域断面水质生态考核达标行为的奖励措施，可以预期的是，其所取得的成效很可能更好于惩罚措施。

此外，为保障流域水资源环境指标的契约化履行，抵制中央以及地方政府均可能作出的机会主义行为从而损及彼此利益，可以由全国人大环境与资源保护委员会、最高法院对于双方可能出现的违约行为分别行使仲裁与判决职能。

（三）指标的意义化

在“指标下压”型管理下，中央单方面行政命令下达地方的环境指标，对于地方而言，体现出外在性和强制性，缺少内在的意义性：指标的完成需要付出巨大努力，然而完成之后却很长时间以来绝少可能有助于地方主要领导的仕途晋升。基于这一理性算计，利用相比中央的信息优势，地方往往会在落实指标时出现委托—代理理论所谓败德或逆向选择行为，亦即消极、欺骗行为。对此，中央政府意识形态功能须相应加强。交易成本理论认为意识形态能修正个人行为，减少集体行为中的“搭便车”倾向，准确地说，意识形态有助于降低衡量与实施合约的交易费用[①]，运用意识形态的权威手段进行统治要经济得多[②]。鉴于这些道理，中央政府应在原有的革命意识形态、经济意识形态之外，注重创新、宣传并且组织党员干部学习生态意识形态，所谓生态意识形态，“是一种基于自觉的生态意识，以一定社会群体或利益集团的要求为出发点，旨在认识世界和改造世界的思想观点和价值体系，既包含着体现人与自然和谐相处的生态维度，也包含着表达政治理念、改造社会生产关系的社会维度”[③]。十八大以来，中央领导人正是创新了以“生态文明·美丽中国”为统领的生态意识形态，并且将其与“中国梦”建立内在联系，强调“青山常在，绿水常在，让孩子们都生活在良好的生态环境之中，这也是中国梦中很重要的内容”[④]，对于以往经济意识形态的过度泛滥在一定程度上起到了纠偏作用，当前应进一步强化其地位，乃至形成“生态是硬制约”的统一认识和要

① ［美］道格拉斯·诺思：《经济史中的结构与变迁》，陈郁等译，上海三联书店1994年版，第59页。

② ［美］罗伯特·达尔：《现代政治分析》，吴勇译，上海译文出版社1987年版，第77—79页。

③ 史小宁：《生态意识形态的功能性解释及其价值取向》，《求实》2014年第5期。

④ 《习近平：良好的生态环境是中国梦重要内容》（http://www.xinhuanet.com/politics/2014-11/13/c_1113234034.htm）。

求，与“发展是硬道理”、“维稳是硬任务”的经典信义大体取得同等地位，一起见之于官员，环保指标则可以相应硬化，如此，中央下达的环境指标对于地方官员而言，更可以具备内在性和自受性，对其产生意义性，更好地推动指标的贯彻落实。具体针对流域水资源公共治理而言，两方面的意识形态另需要进一步加大倡导与推广的力度，一是“两山”理论，二是“节水型社会”。后者有益于流域水资源节约，进而有利于协调跨界流域水分配矛盾的解决；前者则有益于流域水资源环境保护，端正各级官员乃至社会成员的发展观，自觉增进流域生态与经济的协调，实现可持续发展。

二　地方政府及其部门之间：创新流域水资源公共治理的府际治理型协同机制

环境指标属地化和发包制管理阻碍了邻近地方政府间相互达成流域水资源公共治理的协同，尽管如此，仍有其意义所在：属地化管理体现分工与亲民，发包制运用得当，则可以显现对于经济增长良好的激励作用。然而为避免“行政区行政”的负面后果，实现地方政府间流域水资源公共治理的跨界合作，需要对其做出一些方面的重要改进，与此同时，努力增进各地方政府体系内环保部门与其他部门的治污协调。

其一是加强流域水分配与治理的属地间合作，构建流域政府间联盟。在承认属地间行政界别和利益区分的前提下，引入各种正式与非正式的制度安排，加强相互间磋商、合作，形成松紧适度的流域政府间联盟安排。一是定期举办邻近地方政府间流域水资源公共治理论坛，吸纳中央政府人员、NGO、企业和公民代表一齐参与，打造流域水资源公共治理的“公共能量场”，在辖区和官员私益考虑以外，共同发现流域水资源公共治理之“公益”所在，强化彼此治理共识，亦可形成对于地方政府的舆论压力；二是打造流域水资源公共治理电子信息平台，实现违法与执法信息相互公开，流域水分配与水权交易信息、水污染治理监测信息等及时共享，共同交流流域水资源保护心得，并设立与公众之间的互动论坛，及时回应公众举报、询问及流域水资源利益诉求；三是建构由相邻地方政府代表、特邀中央政府代表参加的流域水资源公共治理协调组织。可以效仿外域经验，设立具有跨界治理功能的“流域管理特区”或“专业治理委员会”，专门负责邻近区域内流域水资源问题的统筹规划、综合协调与跨界治理事宜，具体包括流域水权分配与交易市场设立和规制；流域水污染范围的确立、流域水资源环境质量检测与发布、流域水污染治理技术推广等内容，以中央政府《水污染防治行动计划》为基础，督促成员共同制定并执行流域水分配与污染治理法律，并可设立区域性流域法院提供司法保障。

其二是以流域政府间联盟的订立为基础，改变行政发包制[①]面向单一地方政府的做法，中央与流域政府间联盟共同协商，打包订立、下达流域水资源环境指标与水权分配指标。由联盟基于大数据手段进行科学分析，体现历史原则（考虑各地地理结构、产业结构等形成的客观历史原因）与公平原则（考虑各地人口多寡、各地产业结构转变难度和经济、科技水平），在中央政府指导、监督下，经过协商一致将指标以配额方式分配至各成员政府。成员政府间可以进一步以互利方式进行地区间异地排污权交易与水权交易，相互买卖配额，以市场方式调剂余缺，释减一些地方政府客观形成的水环境排污压力与水资源消费压力，同时发挥成本倒逼作用，鼓励各个地方政府尽可能减少排污和节约用水。

其三是打破属地产业割据，制定区域性产业规划，配套建立流域府际生态补偿机制。产业结构与能源结构调整通常被认为是改善流域水资源环境的治本之策。以流域水资源不断枯竭、水污染持续加重的海河地区来说，为有效管控流域水资源环境问题，河北、北京，乃至天津、山西、内蒙古、辽宁、河南等地须能以海河流域水资源公共治理协调组织（水利部海河水利委员会）为互动平台，加强各方定期会晤和磋商，中央政府亦可以运用人事控制权有意促成各方的非正式合作：形成这几个地区主要领导人的轮换和交流机制，进而促成区域性产业规划的出台，打破属地因素对于产业的分割，以海河流域水资源生态阈值为界线，在区域范围内统筹规划产业布局，压缩高耗能、高排放产业，实现区域整体产业结构的合理化和高度化。为此，作为海河流域生态环境重要守护方，同时又是经济落后省区的河北、内蒙古等地必然被要求淘汰相当一部分落后产能，由此造成的经济机会的损失，应健全配套的生态补偿制度跟进实施，基于“流域统

---

① 是指一种居于科层制和公司外包制之间的混合治理形态。意指：第一，中央政府将行政事务分解为各项任务和指标层层发包给地方政府，以此降低中央政府治理成本；第二，中央政府通过实行预算包干和财政分成体制，鼓励地方政府自筹资金，增加财政收入；第三，中央政府牢牢控制着人事权、干预权、审批权和指导权、剩余分配权等，促使地方政府即便“尾大不掉”亦能有效地完成发包任务（参见周黎安《行政发包制》，《社会》2014 年第 6 期）。

筹、系统治理”和跨界水环境补偿为指导思路，设立全流域综合治理基金，主要由经济社会发展水平较高的地区拨付款项并结合中央财政转移支付，形成启动资金，进而成立基金管理与运营委员会，实施跨界流域水环境生态补偿①。

其四是增进地方环保、水利部门以及同级其他相关部门的横向协调关系。一方面须加强环保部门、水行政部门与同级其他部门尤其经济发展部门的协作，另一方面须实现流域水分配与治理事项所涉各部门间的职能协调，改变地方“九龙治水”的局面。从前一方面来说，2016 年 9 月 14 日，中共中央办公厅、国务院办公厅印发《关于省以下环保机构监测监察执法垂直管理制度改革试点工作的指导意见》，启动省级以下环保监测监察执法机构垂直管理，具体做法是市级环保部门一改之前的属地管理，实行以省级环保部门为主的双重管理，虽仍为市级政府组成部门，但在人事上，主要领导均由省级环保部门提名、审批和任免，不再受本级地方政府的统管。而县级环保部门调整为市级环保部门的派出机构，其人财物均由市级环保部门直接管领。这一安排意在实现地方环保部门挣脱地方政府掣肘，强化其环保执法职能。环保“垂改”实施三年多来，确实取得了较好的成效，分析显示，其对于当地高污染企业的数量具有负效应，意味着环保部门“垂改”导致污染企业面临更加严格的环境管制②。尽管如此，在本书看来，这一思路有可能会继续强化“指标下压”型命令管理，并且与质检、工商等部门直管的效果一致：地方政府空心化，中央集权繁杂化，进而易于造成环保部门与地方政府的对立情绪，进一步削弱后者对于环保工作的配合与支持，增加地方政府和地方环保部门沟通与协作的难度。从后一方面来说，通常一个不假思索的选择是实行大部门制改革，将其他部门环境管理事项统统转移给环保部门，十九大以来的新一轮党政机构改革在中央和各地设立生态环保部（厅、局），即体现出这一主旨，力求让环保部门统一行使生态和城乡各类污染排放监管与行政执法职责，开启大生态监管时代。但这样做也需警惕：一是部门再大，也得有个边界，超越这一界限，职责交叉就是必然的，相互扯皮在所难免③；二是大部门制的环保

---

① 陈雯丽：《跨区域河流整治，应成立全流域治理基金》，《晶报》2016 年 1 月 27 日第 4 版。

② 赵琳、唐珏、陈诗一：《环保管理体制垂直化改革的环境治理效应》，《世界经济文汇》2019 年第 2 期。

③ 周志忍：《“大部制”：难以承受之重》，《理论参考》2008 年第 5 期。

部门职能增多，人员与机构随之增加，管理与协调成本必然加大，这会减缓其行动能力；三是大部门制改革本身也较难达成全部目标，如果涉及部门利益调整，就可能遭到环保事项转出部门一定程度的抵制。综合这两方面，实现地方政府涉及环境事项的管理部门间协调，未来更可行的选择是成立各部门共同参与的跨部门协作组织——环境治理委员会，采取成员协商议事的方式，分享生态文明共同愿景，设法减少经济项目对于环境的破坏性影响，推进信息共享与联合执法。委员会会议吸纳民间人士和专家学者参与，全程向公众直播，造成舆论对参与各方的外在压力，促其拿出建设性态度，达成合作。针对流域水资源治理问题较为突出的地区，亦可以进一步在环境治理委员会内设立专门委员会——流域水资源治理委员会，并可以与“河长制领导小组”合署办公。

三　地方政府与社会之间：创新流域水资源公共治理的公共参与型协同机制

（一）建立政府与企业协同机制

1. 改变水资源交易式管理，代之以互促性管理。企业间向水体排污或对于水资源处置造成的收益各不相同，基层环保或水利部门对企业实施以罚款为主的交易式管理，本身即内蕴着不公平，而且受信息获得限制，交易式管理长于对大企业的点源污染与水资源消费管理，短于对分散布局的中小企业面源污染和水资源消费管理。对此，应设法做出改变：首先要根据水资源环境指标下沉式管理需要，对基层环保、水利等涉水机构人财物倾斜配置，推动其走出交易式管理泥沼。其次要加强顶层设计，推动基层环保、水利部门更多采用非罚款的排污权交易、水权交易、环境税费、削减污染补贴、使用者收费、押金—退款制度等经济工具，使得企业将排污或水资源消费的外部性内化为成本—收益核算系统，激励其主动减少排污和节约用水。最后，国家层面设立绿色基金，各级政府部门健全绿色公共采购制度，环保部门授发产品“水资源安全标签”，通过这些做法对企业施以经济引力与市场压力，促其减少污染与水资源消耗，进而一样能替代罚款为主的交易式管理。更深意义上，应努力促使环保与企业结成伙伴关系。驱使环保部门“一手抓规范执法，一手抓务实服务”，帮助民营企业克服环境治理困难，提高绿色发展能力，营造公平竞争的市场环境，提升服务保障水平，完善经济政策措施，形成支持服务民营企业绿色发展长效机制。2019 年 1 月，生态环境部联合全国工商联出台的《关于支持服务民营企业绿色发展的意见》就明确提出了这一设想，并细化为 18 条举措①，有研究发现，企业高管绿色认知对企业绿色技术创新、绿色生产以及末端治理行为有显著正向影响②，进一步提示，各级环保部门还应重视对于企业高管绿色发展与相关政策引导措施的培训，强化其认知，提升其领导企业走绿色发展道路的决心和能力。

2. 扶持、推广同样体现政企协调的流域水资源环境治理民营化做法。流域水资源治理据估计需要上万亿级的资金投入，光靠政府部门投入难以为继，为此另需鼓励民营化，引入民间资本以 PPP 方式对于流域水资源治理设施实行投资、建设、运行的一体化特许经营。与此同时，政府部门应综合运用法律手段、奖惩手段、信息公开手段、社会参与手段等持续完善 PPP 项目监管机制。

（二）建立政府与社会公众的协同机制

十九大报告强调"着力解决突出环境问题"，"加快水污染防治，实施流域环境和近岸海域综合治理"，"提高污染排放标准，强化排污者责任，健全环保信用评价、信息强制性披露、严惩重罚等制度"③。在社会主义生态文明体制总体改革持久战中，这些问题都涉及生态环境监管体制改革④，目标是"构建政府为主导、企业为主体、社会组织和公众共同参与的环境治理体系"⑤。流域水资源治理形势复杂、任务繁重、利益纠葛，更须打一场"人民战争"，公众社会责任意识的提高，乃至纷纷从自我做起，参与流域水资源环境保护，进而从外部乃至进入内部参与到流域水资源公共治理的地方政府协同行为中，关乎流域水资源公共治理的成败。鉴于此，2014 年十二届全国人大常委会第八次会议表决通过的《环保法修订案》，专设了"信息公开和公众参与"一章，明确公民参与环境保护的各项权利

---

① 《生态环境部 全国工商联关于支持服务民营企业绿色发展的意见》（http://www.acfic.org.cn/zzjg_327/nsjg/fpb/fpbtzgg/201901/t20190122_102902.html）。

② 邹志勇、辛沛祝、晁玉方、朱晓红：《高管绿色认知、企业绿色行为对企业绿色绩效的影响研究——基于山东轻工业企业数据的实证分析》，《华东经济管理》2019 年第 12 期。

③ 习近平：《决胜全面建成小康社会 夺取新时代中国特色社会主义伟大胜利——在中国共产党第十九次全国代表大会上的报告》，《人民日报》2017 年 10 月 19 日第 1 版。

④ 沈坤荣、金刚：《中国地方政府环境治理的政策效应——基于"河长制"演进的研究》，《中国社会科学》2018 年第 5 期。

⑤ 《党的十九大报告辅导读本》，人民出版社 2017 年版，第 51 页。

与义务。在《环境保护法》正式确立公众环境保护权利之后，环保部门就有义务保障公众权利的行使和实现。公众在环境保护的过程中，可以要求建设单位、环保部门或者其他依法履行相应义务的主体为或不为某种行为①。就流域水资源保护而言，公民有权要求地方政府及其环保部门公开流域水资源环境质量与检测数据、突发流域水资源环境事件以及流域水资源提取行政许可、行政处罚、排污费的征收和使用、流域水资源环境质量限期达标情况、污染物排放期限治理情况等信息，进而才可以为公众参与提供必备前提。除此之外，另须精细化引入和助推各种形式的公民参与。

一是环保理念参与。政府宣传部门与媒体以及环保 NGO 合作，形成舆论宣传和教育合力，鼓励和指导居民形成各种节水、亲水的环保生活方式。为推动此项工作，各级生态环境部门、水利部门应健全内设公共环境或水资源与水利教育机构，配备专门力量，并与高校、环保专业团体达成合作，实现环保教育和水利教育下基层、下企业、下学校、下村社，更须顺应新媒体发展形势，借助“两微一端”、制作短视频平台传播等方式，争取和掌握受众，以此增强社会公众和企业部门从业人员爱护水资源及水利设施、保护流域水资源环境的观念，提升其流域水资源保护素质及能力。

二是政策过程参与。设立流域水资源管理咨询机构、听证制度、民意调查制度、新闻发布制度等公众参与议事的制度平台，并且充分发挥“互联网＋政务服务”优势，积极发展电子政务、公共服务多媒体平台、网上市民论坛、政府会议公开直播、电子会议和网络对话等，使其成为便捷化的公众参与机制②，从而推动政府与公众共同商定流域水资源公共治理决策，使得公众在流域水资源法律法规制定过程中以及有关项目建设开发、建设全程中均能参与和发挥影响，从而利于收集分散于公众中的水资源环境信息，集中水资源治理智慧与“地方性知识”，以及实现公众对政府和企业涉水行为的外部监督。

三是技术手段参与。流域水环境执法既要“严”也要“准”，然则以往环境执法或是“西瓜芝麻样样要，眉毛胡子一把抓”，或是“普遍撒网，重点捞鱼”，缺乏精准性和针对性，很可能导致该发现的问题没发现，该

---

① 朱谦、楚晨：《环境影响评价过程中应突出公众对环境公益之维护》，《江淮论坛》2019年第2期。

② 张紧跟：《以府际治理塑造新型央地关系》，《国家治理》2018年第12期。

处理的问题疏于处理。有报道称，北京市生态环境局在全市范围内探索开展“点穴式”执法。例如针对流域执法重点聚焦水环境问题，对顺义区小中河流域的马坡、南法信和李桥3个镇的涉水企业、排污口、污水站、小微水体及岸线管护情况进行重点检查。行动中，各“流域”执法组充分依托1—9月水质监测数据，检查点位23个，巡河10余千米，发现的9个环境问题主要包括生活污水输送管道破损溢流、农村生活污水纳污坑塘、河道垃圾漂浮水质较差及沿河村级污水处理站工艺简单难以达标排放等[①]。但显然，为实现精准环保，在流域水环境治理过程中更须善用外部技术力量助力“点穴”执法，在浙江温州、宁波等地“五水共治”进程中，地方政府即整合外部技术力量，形成强大的技术智囊团，为实现科学治水提供了智力支持。各地流域水资源环境执法应高度重视与大数据、遥感等社会技术部门的密切合作，加强水资源环境精准执法的能力。

四是利益救济参与。重点在于完善环境公益诉讼制度，以及实施直接受害人补偿制度。针对环境公益诉讼制度的改革，未来应进一步从立法上肯定公民的起诉资格、赋予专门的社会团体起诉权、完善多元化主体共同诉讼机制[②]。检察机关作为提起民事公益诉讼的参与主体以及行政公益诉讼的唯一主体，亦须探索建立公益诉讼大数据平台，加强对于来自社会的流域涉水焦点事件新闻舆情、群众投诉等情况的吸纳和分析[③]，构建合作发现线索机制，并将公众举报纳入案件线索发现机制[④]。统计显示，2018年，全国“12369环保举报联网管理平台”共接到公众举报710117件，同比增长14.7%，其中电话举报365361件、微信举报250083件、网上举报80771件。各级环保部门实际受理605665件，有104452件举报因提供线索不详或不属于生态环境管理范围而未受理，受理率为85.3%。从查处情况来看，受理的举报中属实比例约为七成[⑤]。这一数据恰好说明了公众举

---

① 《北京开展“点穴”“流域”双执法行动》（http://www.epwho.com/news/201911/26/181301.html）。

② 曾哲、梭娅：《环境行政公益诉讼原告主体多元化路径探究——基于诉讼客观化视角》，《学习与实践》2018年第10期。

③ 卢杰昌：《长江流域生态现状及公益诉讼若干问题研究——以E市长江水系调查为视角》，《中国检察官》2018年第19期。

④ 胡宜振、张娟：《公益诉讼案件线索发现机制完善——以长江流域安徽段生态环境资源保护公益诉讼案件为样本》，《中国检察官》2019年第16期。

⑤ 《去年全国环保举报超过70万件，约七成属实》（http://www.sohu.com/a/310065171_120043298）。

报在提供环境案件线索方面的巨大作用与应用前景。

结语

概而言之，流域水资源是自由流动的，流域水资源陷入衰败或枯竭，流域区各地方政府以及企业、社会公众等，谁也无法独善其身。面对日益严峻的流域水资源危机，各地方政府、各种公权与私权主体均需要相互携手，共同做出应对。然而传统“指标下压”型公共环境管理模式恰恰很大程度上造成了各种治理力量的断裂，中央、地方和基层之间，政府与企业、社会公众之间，呈现出对于流域水资源保护的体制性隔绝，彼此形成深厚的“柏林墙”乃至对立关系。为有效保护流域水资源，“指标下压”型公共环境管理模式须能走向“利益协调型”流域水资源公共治理模式，后者虽非对前者彻底否定，而应理解为一种扬弃，然而迥异于前者，其更注重建立和完善地方政府科层型、市场型、府际治理型、公共参与型等协同机制，实现利益相关各方的平等话语协商，彼此分享生态文明愿景和交换利益，从而更可以达成和深化政府内外各种治理力量的制度化协作，形成流域水资源公共治理合力，乃至将“搭便车”者变为合作者，将被管理者变为管理者，毫无疑问，这才是推动流域水资源公共治理的跨界协同、改善流域水资源环境的根本希望所在。

参考文献

一　经典文献

《马克思恩格斯选集》第 1 卷，人民出版社 2012 年版。

《马克思恩格斯选集》第 3 卷，人民出版社 2012 年版。

《毛泽东选集》第 2 卷，人民出版社 1991 年版。

二　中文著作

埃莉诺·奥斯特罗姆：《公共事物的治理之道》，陈旭东等译，上海译文出版社 2012 年版。

安德鲁·桑克顿、陈振明：《地方治理中的公民参与——中国与加拿大比较研究视角》，中国人民大学出版社 2016 年版。

查尔斯·J. 福克斯、休·T. 米勒：《后现代公共行政——话语指向》，楚艳红等译，中国人民大学出版社 2002 年版。

陈瑞莲等：《区域公共管理理论与实践研究》，中国社会科学出版社 2008 年版。

戴维·奥斯本、彼得·普拉斯特里克：《再造政府》，谭功荣、刘霞译，中国人民大学出版社 2010 年版。

道格拉斯·C. 诺思：《制度、制度变迁与经济绩效》，杭行译，格致出版社·上海三联书店·上海人民出版社 2008 年版。

多丽斯·A. 格拉伯：《沟通的力量——公共组织信息管理》，张熹珂译，复旦大学出版社 2007 年版。

盖瑞·J. 米勒：《管理困境——科层的政治经济学》，王勇等译，格致出版社·上海三联书店·上海人民出版社 2014 年版。

胡伟：《政府过程》，浙江人民出版社 1998 年版。

姬鹏程、孙长学：《流域水污染防治体制机制研究》，知识产权出版社 2009

年版。
卡琳·肯珀等：《基于分权的流域综合管理》，李林等译，中国水利水电出版社2017年版。
柯武刚、史漫飞：《制度经济学——社会秩序与公共政策》，韩朝华译，商务印书馆2003年版。
李侃如：《治理中国》，赵梅等译，中国社会科学出版社2010年版。
李胜：《跨行政区流域水污染府际博弈研究》，经济科学出版社2017年版。
W. 理查德·斯科特、杰拉尔德·F. 戴维斯：《组织理论——理性、自然与开放系统的视角》，高俊山译，中国人民大学出版社2011年版。
林尚立：《国内政府间关系》，浙江人民出版社1998年版。
流域组织国际网、全球水伙伴：《跨界河流、湖泊与含水层流域水资源综合管理手册》，中国水利水电出版社2013年版。
罗伯特·B. 登哈特：《公共组织理论》，扶松茂、丁力译，中国人民大学出版社2003年版。
罗志高等：《国外流域管理典型案例研究》，西南财经大学出版社2015年版。
曼瑟尔·奥尔森：《集体行动的逻辑》，陈郁等译，上海三联书店1995年版。
尼古拉斯·亨利：《公共行政与公共事务》，张昕译，中国人民大学出版社2002年版。
青木昌彦：《比较制度分析》，周黎安译，上海远东出版社2006年版。
王勇：《政府间横向协调机制研究——跨省流域治理的公共管理视界》，中国社会科学出版社2010年版。
魏特夫：《东方专制主义：对于极权力量的比较研究》，徐式谷等译，中国社会科学出版社1989年版。
文森特·奥斯特罗姆：《美国公共行政的思想危机》，毛寿龙译，上海三联书店1999年版。
杨桂山等：《流域综合管理导论》，科学出版社2004年版。
英国赠款小流域治理管理项目执行办公室：《参与式小流域管理与可持续发展》，中国计划出版社2008年版。
詹姆斯·C. 斯科特：《国家的视角——那些试图改善人类状况的项目是如何失败的》，胡晓毅译，社会科学文献出版社2012年版。

张紧跟：《当代中国地方政府间横向关系协调研究》，中国社会科学出版社 2006 年版。

张维迎：《博弈论与信息经济学》，上海三联书店 2004 年版。

赵来军：《我国湖泊流域跨行政区水环境协同管理研究——以太湖流域为例》，复旦大学出版社 2009 年版。

珍妮特 · V. 登哈特、罗伯特 · B. 登哈特：《新公共服务——服务，而不是掌舵》，丁煌译，中国人民大学出版社 2010 年版。

郑永年：《中国的“行为联邦制”：中央—地方关系的变革与动力》，东方出版社 2013 年版。

周黎安：《转型中的地方政府：官员激励与治理》，格致出版社 · 上海人民出版社 2008 年版。

三 中文期刊

蔡守秋：《论公众共用自然资源》，《法学杂志》2018 年第 4 期。

陈国权、陈洁琼：《名实分离：双重约束下的地方政府行为策略》，《政治学研究》2017 年第 4 期。

陈明明：《双重逻辑交互作用中的党治与法治》，《学术月刊》2019 年第 1 期。

陈瑞莲、孔凯：《中国区域公共管理研究的发展与前瞻》，《学术研究》2009 年第 5 期。

陈瑞莲：《论区域公共管理研究的缘起与发展》，《政治学研究》2003 年第 4 期。

陈剩勇、马斌：《区域间政府合作：区域经济一体化的路径选择》，《政治学研究》2004 年第 1 期。

陈晓景：《流域生态系统管理立法研究》，《中州学刊》2006 年第 4 期。

崔晶：《水资源跨域治理中的多元主体关系研究——基于微山湖水域划分和山西通利渠水权之争的案例分析》，《华中师范大学学报》2018 年第 2 期。

邓大才：《中国农村产权变迁与经验》，《中国社会科学》2017 年第 1 期。

何渊：《美国的区域法制协调——从州际协定到行政协议的制度变迁》，《环球法律评论》2009 年第 6 期。

贺东航、孔繁斌：《公共政策执行的中国经验》，《中国社会科学》2011 年第5期。

胡熠：《我国流域区际生态利益协调机制创新的目标模式》，《中国行政管理》2013年第6期。

黄俊尧：《作为政府治理技术的“吸纳型参与”——“五水共治”中的民意表达机制分析》，《甘肃行政学院学报》2015年第5期。

黄宗智：《集权的简约治理——中国以准官员和纠纷解决为主的半正式基层行政》，《开放时代》2008年第2期。

黄宗智：《中国经济是怎样如此快速发展的？——五种巧合的交汇》，《开放时代》2015年第3期。

江华、郁建兴：《民间商会参与地方治理——温州个案研究》，《阴山学刊》2011年第3期。

金太军、沈承诚：《政府生态治理、地方政府核心行动者与政治锦标赛》，《南京社会科学》2012年第6期。

金太军、唐玉青：《区域生态府际合作治理困境及其消解》，《南京师大学报》2011年第5期。

金太军：《行政体制改革的中国特色》，《行政管理改革》2012年第10期。

李菲：《水资源、水政治与水知识：当代国外人类学江河流域研究的三个面向》，《思想战线》2017年第5期。

李汉卿：《行政发包制下河长制的解构及组织困境：以上海市为例》，《中国行政管理》2018年第11期。

李奇伟：《流域综合管理法治的历史逻辑与现实启示》，《华侨大学学报》2019年第3期。

李原园等：《国际上水资源综合管理进展》，《水科学进展》2018年第1期。

吕志奎：《美国州际流域治理中政府间关系协调的法治机制》，《中国行政管理》2015年第6期。

马奔、付晓彤：《协商民主供给侧视角下的环境群体性事件治理》，《华南师范大学学报》2019年第2期。

倪星、王锐：《权责分立与基层避责：一种理论解释》，《中国社会科学》2018年第5期。

冉冉：《“压力型体制”下的政治激励与地方环境治理》，《经济社会体制比较》2013年第3期。

沈坤荣、金刚:《中国地方政府环境治理的政策效应》,《中国社会科学》2018 年第 5 期。

锁利铭:《地方政府间正式与非正式协作机制的形成与演变》,《地方治理研究》2018 年第 1 期。

锁利铭、廖臻:《京津冀协同发展中的府际联席会机制研究》,《行政论坛》2019 年第 3 期。

陶希东:《欧美大都市区治理:从传统区域主义走向新区域主义》,《创新》2019 年第 1 期。

田雷:《中央集权的简约治理——微山湖问题与中国的调解式政体》,《中国法律评论》2014 年第 2 期。

汪锦军:《合作治理的构建:政府与社会良性互动的生成机制》,《政治学研究》2015 年第 4 期。

汪伟全:《论府际管理:兴起及其内容》,《南京社会科学》2005 年第 9 期。

汪伟全:《区域合作中地方利益冲突的治理模式比较与启示》,《政治学研究》2012 年第 2 期。

王浦劬:《中央与地方事权划分的国别经验及其启示——基于六个国家经验的分析》,《政治学研究》2016 年第 5 期。

王亚华、胡鞍钢:《水权制度的重大创新——利用制度变迁理论对东阳—义乌水权交易的考察》,《水利发展研究》2001 年第 1 期。

王勇:《政府改革乏效现象探究》,《中共宁波市委党校学报》2018 年第 3 期。

徐勇:《历史延续性视角下的中国道路》,《中国社会科学》2016 年第 7 期。

薛刚凌、邓勇:《流域管理大部制改革探索——以辽河管理体制改革为例》,《中国行政管理》2012 年第 3 期。

杨爱平、陈瑞莲:《从“行政区行政”到“区域公共管理”——政府治理形态嬗变的一种比较分析》,《江西社会科学》2004 年第 11 期。

杨爱平:《论区域一体化下的区域间政府合作——动因、模式及展望》,《政治学研究》2007 年第 3 期。

杨爱平:《区域合作中的府际契约:概念与分类》,《中国行政管理》2011 年第 6 期。

杨立华、张云：《环境管理的范式变迁：管理、参与式管理到治理》，《公共行政评论》2013 年第 6 期。

叶航：《利他行为的经济学解释》，《经济学家》2005 年第 3 期。

张紧跟：《从抗争性冲突到参与式治理：广州垃圾处理的新趋向》，《中山大学学报》2014 年第 4 期。

张紧跟：《以府际治理塑造新型央地关系》，《国家治理》2018 年第 12 期。

张劲松：《去中心化：政府生态治理能力的现代化》，《甘肃社会科学》2016 年第 1 期。

张俊峰：《清至民国山西水利社会中的公私水交易——以新发现的水契和水碑为中心》，《近代史研究》2014 年第 5 期。

张俊峰：《水权与地方社会——以明清以来山西省文水县甘泉渠水案为例》，《山西大学学报》2001 年第 6 期。

张振华：《“宏观”集体行动理论视野下的跨界流域合作——以漳河为个案》，《南开学报》2014 年第 2 期。

赵世瑜：《分水之争：公共资源与乡土社会的权力和象征——以明清山西汾水流域的若干案例为中心》，《中国社会科学》2005 年第 2 期。

郑也夫：《利他行为的根源》，《首都师范大学学报》2009 年第 4 期。

周建国、熊烨：《“河长制”：持续创新何以可能——基于政策文本和改革实践的双维度分析》，《江苏社会科学》2017 年第 4 期。

周黎安：《行政发包制》，《社会》2014 年第 6 期。

周黎安：《中国地方官员的晋升锦标赛模式研究》，《经济研究》2007 年第 7 期。

周望：《超越议事协调：领导小组的运行逻辑及模式分化》，《中国行政管理》2018 年第 3 期。

周雪光：《基层政府间的“共谋现象”——一个政府行为的制度逻辑》，《社会学研究》2008 年第 2 期。

周雪光、练宏：《政府内部上下级部门间谈判的一个分析模型——以环境政策实施为例》，《中国社会科学》2011 年第 5 期。

周雪光：《运动型治理机制：中国国家治理的制度逻辑再思考》，《开放时代》2012 年第 9 期。

周志忍：《“大部制”：难以承受之重》，《理论参考》2008 年第 5 期。

朱德米：《公共协商与公民参与——宁波市 J 区城市管理中协商式公民参与

的经验研究》,《政治学研究》2008 年第 1 期。

朱德米:《回顾公民参与研究》,《同济大学学报》2009 年第 6 期。

竺乾威:《政社分开的基础:领导权与治理权分开》,《中共福建省委党校学报》2017 年第 6 期。

[加] 戴维·卡梅伦:《政府间关系的几种结构》,张大川译,《国际社会科学杂志》2002 年第 1 期。

[美] 李侃如:《中国的政府管理体制及其对环境政策执行的影响》,李继龙译,《经济社会体制比较》2011 年第 2 期。

[挪] Tom Christensen、Per Laegreid:《后新公共管理改革——作为一种新趋势的整体政府》,张丽娜等译,《中国行政管理》2006 年第 9 期。

四 英文著作

David Rusk, "*Cities without Suburbs*". Washington D. C. : Woodrow Wilson Center Press, 1995.

Douglass C. North, *Institutions, Institutional Change and Economic Performance*, London: Cambridge University Press, 1990.

Janos Kornaï, *The Socialist System: The Political Economy of Communism*, Princeton, New Jersey: Princeton University Press, 1992.

J. Hardin Garrett, *The Tragedy of the Commons*, London: Oxford University Press, 1968.

J. Stuart Mill and C. V. Shields, *On Liberty*, New York: Liberal Arts Press, 1956.

Kaulman H. , *Time, Chance, and Organization: Natural Selection in a Perilous Environment*, Chatham N. J. : Chatham House Publishers, 1985.

Max Weber, *Economy and Society*, Berkeley: University of California Press, 1978.

Vivienne Shue, *The Reach of the State: Sketches of the Chinese Body Politic*, Stanford: Stanford University Press, 1988.

五 英文论文

Arild Underdal, "Complexity and Challenges of Long-term Environmental Governance", *Global Environmental Change*, Vol. 20, No. 3, August 2010.

Katarina Eckerberg, Marko Joas, "Multi - level Environmental Governance: A Concept Understress?", *Local Environment*, Vol. 9, No. 5, October 2004.

Elinor Ostrom, "Coping with Tragedies of the Commons", *Annual Review of Political Science*, Vol. 2, No. 2, 1999.

Neil Gunningham, "The New Collaborative Environmental Governance: The Localization of Regulation", *Journal of Law and Society*, Vol. 36, No. 1, March 2009.

Helmut Weidner, "Capacity Building for Ecological Modernization: Lessons from Cross National Research", *American Behavioral Scientist*, Vol. 45, No. 9, May 2002.

Marian L. Weber, "Market for Water Rights under Environmental Constrains", *Journal of Environmental Economic and Management*, Vol. 42, No. 1, July 2001.

Peter P. Mollinga, Ajaya Dixit and Kusum Athukorala, "Integrated Water Resources Management: Global Theory, Emerging Practice, and Local Needs, Water in South Asia (volume-1)", *American Journal of Agricultural Economics*, Vol. 90, No. 3, August 2007.

Richard B Stcwart, "A new generation of environment regulation?", *Capital University Law Review*, Vol. 29, No. 21, January 2001.

Skinner M. W., Joseph A. E. and Kuhn R. G., "Social and Environmental Regulation in Rural China: Bringing the Changing Role of Local Government into Focus", *Journal of GeoForum*, Vol. 34, No. 2, May 2003.

后　记

我出生于苏北农村，一处淮安、扬州、盐城三市交界的水乡，境内分布数条宽宽窄窄、纵横交织的河流，比较大些的有绿草荡、大溪河、马家荡，小些的有东横河、四叉河等，它们都属于射阳湖水系，彼此相连。广袤的水域面积，春夏雨季时常引发涝灾，但也滋润、灌溉了稻麦谷物，并提供了大量水生渔业资源，使得家乡成为远近有名的“鱼米之乡”。我最熟悉不过的儿时风光，便是家门口宽阔、清澈的大溪河徐徐流过，不时有载着南瓜等农产品沿途叫卖的旧帆船摇撸行过，一些渔民在河面上用罾罾等工具摆下“天罗地网”捕鱼，自门口码头撑渔船往前或者往后一两里路，便可来到长满芦苇的绿草荡。春夏时，水面上渐次长出荷藕、菱角、鸡头莲、茨菇等具有很高食用价值的水生植物；农人饲养的鸭子成群结队浮游水面，或钻进苇丛觅食；间或可以看到各种水鸟，例如雉鸡、野鸭等嬉戏水流间，有时又腾空飞起，展露惊艳羽毛。隆冬时的绿草荡，水面结的厚厚的冰冻上可以行走，水生植物尽显败叶残枝，鸟类已不见踪迹，并无景致可寻，但农人有空还是会去荡里，要么割苇草晒干生火，要么会捕鱼的人抓住机会，凿开冰面，徒手摸鱼。这样的季节，不但绿草荡，经过我家门口的大溪河同样“千里冰封”，我们这些小孩子可以径直走上去欢腾地溜冰嬉戏。

这些，成为我童年的美好回忆。但自20世纪90年代伊始，以上景象便不断消逝。因为对发展经济、激活资源的追求，驱使基层主政者将家乡水面不断承包给私人搞水产养殖，芦苇以及其他水生植物被大把大把地割掉，没了栖息地，各种水鸟也就鲜有光顾；水面上筑起一个个方形的土圩，隔开彼此，原先的活水逐渐变成一片片死水；不仅如此，人口增加迅速，生活垃圾、化肥农药肆无忌惮排入河道，上游钛白粉、化工、盐业等企业又陆续开工，污水顺流而下侵入绿草荡、溪河机体……一直到近些年，在乡村振兴和美丽乡村建设的政策推力作用下，这些问题才开始引发地方政府和水利部门的反思，绿草荡被划定为江苏省自然生态保护区，绿草荡退圩还湖专项规划也已经编制并着手实施。

回顾这些，是想说明这些年，自己为何会选择在公共管理学科中近乎“冷门绝学”的流域水资源公共治理作为主要的研究方向。因缘际会，家乡水资源环境的变迁其实是中国流域水资源环境变化的一个缩影，对于家乡水资源环境的关注和思考，使我很早以前就十分自然地注意到观察、分析我国流域水环境开发与保护的现状，思考体制的困境与出路。但这一历程却并不简单，一是自身研究能力有限，专业基础不牢，往往捉襟见肘，心有余而力不足；二是一直苦于各种琐事缠身，用于实地调研的精力和时间投入难以保证，致使本书留有不少缺憾，这些都有待日后的追问求索。

本课题研究形成的全书内容，建立于前修今贤已有研究基础上，在此我表示由衷的敬意和深深的钦佩！我已于参考文献中列出学界有代表性的论著，但挂一漏万在所难免，思虑不周还望诸位贤达海涵。在撰写过程中，我也得到家人与众多师友的无私襄助，在此一并致谢！

温州大学　王勇

2020年4月9日于茶山寓所